竹林真菌

高　健　侯成林 ▣ 编著

中国林業出版社

图书在版编目（CIP）数据

竹林真菌 / 高健，侯成林编著 . -- 北京：中国林业出版社，2024. 9. -- ISBN 978-7-5219-2911-9
Ⅰ . S646.9

中国国家版本馆 CIP 数据核字第 2024609GL0 号

策划编辑：马吉萍
责任编辑：马吉萍

出版发行：中国林业出版社
（100009，北京市西城区刘海胡同 7 号，电话 010-83143595）
电子邮箱：cfphzbs@163.com
网址：https://www.cfph.net
印刷：河北京平诚乾印刷有限公司
版次：2024 年 9 月第 1 版
印次：2024 年 9 月第 1 次
开本：889mm×1194mm 1/16
印张：13
字数：270 千字
定价：98.00 元

《竹林真菌》

编　　著

高　健　　　侯成林

参与人员

童　心　　　隋晓楠　　　郭美君

卓　兰　　　周　昊　　　程燕林

李向敏　　　冯　飞　　　孙中元

前言

竹林是一个特殊的生态系统，蕴含大量真菌资源。中国是一个竹子大国，有竹子 34 属 534 种，按照竹子种类与真菌比例关系估测，中国可能有多达 5000 种与竹子相关的真菌（维管植物∶真菌 =1 ∶ 9.8）。但目前中国的竹林真菌除林地上真菌外，仅记载了 200 余种。

本书所述竹林真菌包括两类：一类生于竹子活体或者枯死植株上，统称为竹生真菌，包括寄生类、内生类和腐生类；另一类生于竹林林地上，营腐生生活，包括小型真菌和大型真菌。很多竹林真菌是经济真菌，如竹黄、红竹黄和肉球菌等是中国传统的药用真菌；林地上的大型真菌，如竹荪则是美味的食用菌。此外，还有一些竹林真菌会引起竹林病害并造成经济损失，如竹喙球菌会引起毛竹梢头枯死，炭疽菌会引起竹子的竹秆和叶片感染炭疽病。

本书是基于我们对中国竹林真菌的研究而著。在过去的 20 年里，通过对中国主要竹产区的竹林真菌进行考察、采样并对样本进行室内形态学鉴定，对大部分种类进行了分子系统学分析，进一步确定它们的系统学位置，并发表了多个新种。由于大型真菌种类特别多，它们既可以生于竹林林地，也可以生于其他林地上，因此本书只涉及近些年在竹林大面积推广栽培的种类，如竹荪、冬荪、大球盖菇等。本书未详细描述的竹林真菌种类在附录列出了其名录和参考文献。

在竹林真菌的研究过程中，得到了国家林业和草原局“948”项目、国家“十一五”科技支撑项目和北京市教育委员会重点项目资助。特别感谢李挺教授、李泰辉教授、费世民研究员、蔡春菊研究员、王士娟副教授、王兰青高级农艺师、周远钢先生、吴宏伟先生和张磊磊先生提供照片资料。

本书是第一部较为完整收集中国竹林中最重要和常见真菌种类的参考书，对竹林病害防治、林下经济发展和竹林可持续经营有重要意义，可供生物学、生态学、森林病理学、菌物学、食药用菌栽培等科研工作者以及相关专业院校师生等学习研究。由于时间有限，书中肯定还存在诸多疏漏和需要改进的地方，望各位同行和读者批评指正。

高健 张林

2024 年 6 月

目录

第一篇　竹林真菌概述

竹林真菌概念

竹林（图1）生态系统是一个独特的生态系统，它的真菌种类和组成明显不同于其他森林生态系统。本书竹林真菌包括两大类，一类是竹林地上真菌，另一类是竹生真菌。

1. 竹林地上真菌

竹林地上真菌是指一些生于竹林林地上，营腐生生活的真菌，包括小型真菌和大型真菌。很多竹林地上真菌是经济真菌，如大球盖菇、竹荪、冬荪和羊肚菌等，既是美味的食用真菌，又是中国传统的药用真菌（图2）。

图1 竹林

图2 药用菌（肉球菌）

2. 竹生真菌

竹生真菌（bambusicolous fungi）是指一类寄生、腐生或共生在竹子上，包括竹秆、竹叶、竹枝、竹鞭、竹根和花序，以及竹子的种子上的所有真菌。广义上，包括所有与竹子有关的真菌，即竹子相关真菌；狭义上，一般不包括生活在已死的竹子或竹类加工品上的真菌。Bambusicolus fungi，即 Fungorum bambusicolorum，一词最早由 Hino 于 1938 年提出，但是他没给出具体定义；此处的定义总结自周德群等（2000）在《贵州科学》上发表的《中国竹类真菌资源和多样性》（英文）一文和 Hyde 等人（2002）发表于 *Fungal Diversity* 上的 *Bambusicolous fungi: A review* 一文。

根据生活方式的不同，可以把竹生真菌分为三类（Mohanan，1997）：

第一类为腐生型真菌，它们通过分解死亡的有机体来获取食物和能量。

第二类为寄生型真菌，这类真菌寄生于竹类植物活组织体表或体内，通过分解和代谢活组织成分获取营养。一般又可分为两个亚群，第一种是专性寄生型，该亚群在自然条件下始终营寄生生活，可被称为专一性寄生菌或活体寄生菌；第二种是兼性寄生型，因为在不同情况下，此类真菌的生活方式会发生变化，有时营寄生生活，有时营腐生生活（Lucas，1998）。营专性寄生的病原真菌寄主范围非常狭小，甚至可能只寄生于某个特定的变种上，如柄锈菌属（*Puccinia*）的一些物种；而兼性寄生型真菌的寄主范围则较广。

第三类为内生真菌，这类真菌从寄主活组织获取营养物质，它们在与竹类植物长期的共同进化过程中形成了互利共生的关系，特定的时候有些内生真菌也可能转化成病原真菌（图3~图5）。

图3 病原菌（毛竹枯梢病病原菌）

图4 病原菌（黑痣病病原菌）

图5 病原菌（竹秆锈病病原菌）

竹生真菌的多样性

真菌是仅次于昆虫的物种最丰富的生物类群（Purvis & Hector，2000）。最近，Hawksworth和Lücking（2017）根据新物种的描述率、隐含种、未开发的栖息地以及环境DNA样本中的物种，估计全世界有220万~380万个物种，该修订后的估计值的依据是维管植物与真菌数量的比例为1：9.8，以及公认的约38万个维管植物物种（Willis，2017）。中国目前已发现菌物约为1.5万种，且中国已知维管植物约3万种，若按最新的Willis（2017）的估算方法（维管植物:真菌=1：9.8）推算，中国真菌物种数应为29.4万以上，而目前已知真菌种数约占估计种数的5.1%（戴玉成和庄剑云，2010；王科 等，2021）。

根据 Hyde 等人（2002）的报道，全球已报道或被描述的竹生真菌超过 1100 种，它们由 630 种子囊菌、150 种担子菌和约 330 种半知菌（包括 100 种腔孢菌和 230 种丝孢菌）组成，其中大部分是来自日本的报道（Hino et al.，1954；1961）。而目前已描述的竹生真菌中数目最多的是遍布于 70 个科中的 228 个属的子囊菌。最大的科是肉座菌科（Hypocreaceae），其次依次为炭角菌科（Xylariaceae）、毛球壳科（Lasiosphaeriaceae）和麦角菌科（Clavicipitaceae）；描述最清楚的科分别为炭角菌科、肉座菌科和黑痣菌科（Phyllachoraceae）。担子菌大约占所有已报道的竹生真菌的 13%，它们隶属于 42 科 70 属。在所有的半知菌中，已有 45 属 230 种丝孢菌纲竹生真菌被描述或记录。其中研究较透彻的有：密格孢属（*Acrodictys*）、梨孢霉属（*Coniosporium*）、黑团孢霉属（*Periconia*）、束柄霉属（*Podosporium*）和葚饱属（*Sporidesmium*）（Hino，1961；Ellis，1971；Ellis，1976；Farr，1989）。腔孢菌纲是描述最少的竹生真菌。只有格孢属（*Asochyta*）和小假毛壳孢属（*Pseudolachnella*）的研究较详细（Hara，1913；Nag，1993）。

全球竹生真菌种类最多的是亚洲，大约有 500 种，其次是南美洲、北美洲。Sydow、Rehm、Höhnel、Petrak、Hino、Katumoto 及 Matsushima 已经对竹生真菌的高度多样性作出了巨大贡献。在亚洲，全球 38% 的竹生真菌来自日本，大约有 307 种，这些几乎都是 Hino 和 Katumoto 的贡献（Tanaka，2004）。南美洲的大量竹生真菌中大部分都是来自巴西，由 Spegazzini、Hennings 和 Möller 描述；而北美洲的种则是由 Cooke、Saccardo、Atkinson、Ellis、Everhart、Morgan-Jones 及 Barr 研究并记录的；印度的一些种大部分是 Rao、Theissen 和 Kapoor 及 Gill 的贡献（Hyde，2002）。

中国是一个竹子大国，有竹子约 34 属 534 种，即可能有真菌约 5000 种（维管植物 : 真菌 = 1 : 9.8），但目前中国的竹生真菌仅报道和记载了 200 种左右。张立钦和王雪根（1999）记载了 206 种和 7 个变种；周德群等人（2000）统计，截至 2000 年 1 月，中国内地报道了 189 种竹生真菌，而中国香港和台湾的报道分别是 75 种和 149 种；徐梅卿等人（2006；2007）收集了 1975—2006 年的有关科研资料，发现仅竹类病原真菌种类就有 183 种。首都师范大学微生物实验室对竹子内生真菌多样性研究发现，毛竹种子内生真菌多达 18 个属，而水竹内生真菌涉及的有 14 个属，但这些研究没有鉴定到种（Shen et al.，2012；Zhou et al.，2017）。本书作者从 Index Fungorum（http://indexfungorum.org/）、The US National Fungus Collections Fungus-Host Distribution Database（https://nematode.ars.usda.gov/）等数据库中整理得到目前中国大陆共报道竹生真菌 349 种（详见附录）。

材料来源

本书主要是依据过去 20 年来对中国主要竹产区的竹林真菌实地考察、采样和鉴定结果，部分种类参考了已发表的文献。实地考察的省（自治区、直辖市）有：安徽、北京、福建、广东、贵州、广西、湖北、湖南、江西、云南、四川、浙江、江苏等。

研究方法

野外研究基于实地考察，详细记录每种竹林真菌的生态习性、寄主、子实体新鲜时的形态学特征。对每种竹林真菌的生境进行拍照，且对竹林病原菌造成的危害进行记录和拍照。对每种真菌的标本进行采集、记录。本书中绝大部分照片都源于作者实地的考察和采样，非作者拍摄均已标明摄影者。

形态学方法是最传统，也是最经典的用于真菌分类与鉴定的常规方法，一般是观察菌体的基本外形，以及产孢结构的形状、颜色和大小等；在有条件的情况下，可通过制作压片、徒手切片、电子扫描图片来观察得到真菌的解剖特征。为了确保形态学鉴定准确性，每个物种按照不同类群进行了单基因或者多基因分析。

中国竹生真菌 349 种，很多种类是竹秆或者叶片上腐生菌。本书对于中国最重要的 19 种竹林真菌，包括竹子病原真菌、竹生药用真菌，以及在竹林下推广栽培的几种食用菌的分类历史、形态学特征、分布与危害、生态习性、栽培方式、经济价值等方面进行了详细阐述，其他报道的竹生真菌则作为附录列在正文后。本书的竹林真菌按照属名拉丁文的首字母排列，同属的种类按照种加词首字母排列，真菌命名人缩写按照最新的国际缩写标准（Kirk et al.，2015）。

参考文献

戴玉成，庄剑云，2010. 中国菌物已知种数 [J]. 菌物学报，29（5）:625-628.

王科，蔡磊，姚一建，2021. 世界及中国菌物新命名发表概况（2020 年）[J]. 生物多样性，29（8）:1064-1072.

徐梅卿，戴玉成，范少辉，等，2006. 中国竹类病害记述及其病原物分类地位（上）[J]. 林业科学研究（6）:692-699.

徐梅卿，戴玉成，范少辉，等，2007. 中国竹类病害记述及其病原物分类地位（下）[J]. 林业科学研究（1）:45-52.

张立钦，王雪根，1999. 中国竹类真菌资源 [J]. 竹子研究汇刊（3）: 66–72.

周德群，凯文·海德，丽莲·维瑞蒙德，2000. 中国竹类真菌资源和多样性 [J]. 贵州科学，18（1）:9.

ELLIS M B, 1971. Dematiaceous Hyphomycetes. X.[J]. Kew Bulletin，27(2)：375-376.

FARR D F, BILLS G F, CHAMURIS G P, et al, 1990. Fungi on plants and plant products in the United States[J]. Mycologia, 42(3)：243–246.

HARA K, 1913. Fungi on Japanese Bamboos Ⅱ [J]. Botanical Magazine, Tokyo, 27: 245–256.

HAWKSWORTH D L, LÜCKING R, 2017. Fungal Diversity Revisited: 2.2 to 3.8 million Species[J]. Microbiology Spectrum, 5(4).

HINO I, 1961. Lcones Fungorum Bambusicolorum Japonicorum[M]. Japan: The Fuji Bamboo Garden.

HINO I, KATUMOTO K, 1954. Illustrationes fungorum bambusicolorum Ⅱ [J]. Bulletin of the Faculty of Agriculture(5)：213–234.

HINO I, KATUMOTO K, 1961. Illustrationes fungorum bambusicolorum IX[J]. Bulletin of the Faculty of Agriculture(12)：151–162.

HYDE K D, ZHOU D Q, DALISAY T E, 2002. Bambusicolous fungi: a review[J]. Fungal diversity, 9: 1–14.

KIRK P M, STALPERS J A, Braun U, et al, 2015. International Code of Nomenclature for algae, fungi, and plants[J].

LUCAS J, 1982. Plant Pathology and Plant Pathogens[M]. Oxford: Blackwell Scientific.

MOHANAN C, 1997. Diseases of bamboos in Asia[M]. India: International network for Bamboo and rattan.

NAG R T, 1993. Coelomycetous anamorphs with appendage−bearing conidia[M]. Canada: Mycologue Publications.

ROGERSON R B, 1990. Fungi on plants and plant products in the United States. By David F. Farr, Gerald F. Bills, George P. Chamuris, and Amy Y. Rossman[J]. Brittonia, 42(3)：243−246.

SHEN X, ZHENG D, GAO J, et al, 2012. Isolation and evaluation of endophytic fungi with antimicrobial ability from *Phyllostachys* edulis[J]. Bangladesh Journal of Pharmacology, 7(4)：249-257.

TANAKA K, HARADA Y, 2004. Bambusicolous fungi in Japan (1)：four *Phaeosphaeria* species[J]. Mycoscience, 45(6)：377−382.

WILLIS K J, 2017. State of the world's plants 2017[M]. Richmond: Royal Botanic Gardens, Kew.

ZHOU Y K, SHEN X Y, HOU C L, 2017. Diversity and antimicrobial activity of culturable fungi from fishscale bamboo (*Phyllostachys heteroclada*) in China[J]. World Journal of Microbiology and Biotechnology, 33(6)：104.

第二篇　主要竹林真菌

竹丛枝病病原菌 I

竹针孢座囊菌 *Aciculosporium take* I. Miyake

Aciculosporium take I. Migabe, Bot. Mag., Tokgy 22(Beibl.): (307)(1908)

竹丛枝病是竹类常见的真菌病害之一，目前已知是由多种病原引起的小枝丛生，除类菌原体（mycoplasma–like organism，MLO，1994 年后称植原体）、竹小蜂和介壳虫能引起外，其余均由真菌引起。可根据病原真菌分为以下几类：第 1 类为丛枝型，由竹瘤座菌（*Aciculosporium take*，有性型为 *Balansia take*）或赤竹瘤座菌（*Aciculosporium sasicola*）引起；第 2 类为叶枯型，由竹暗球壳菌（*Phaeosphaeria bambusae*）引起；第 3 类为黑粉型，也称为黑粉病，由竹黑粉菌（*Ustilago shiraiana*）引起；第 4 类为香柱型，由竹香柱菌（*Epichloë bambusae* 或 *Epichloë sasae*）引起，Tanaka（2002）根据分子系统学研究结果，将其更名为 *Heteroepichloë bambusae* 和 *Heteroepichloë sasae*（程燕林 等，2009）。本书只介绍由竹针孢座囊菌和竹香柱菌引起的竹丛枝病。

竹针孢座囊菌隶属于真菌子囊菌门（Ascomycota）盘菌亚门（Pezizomycotina）粪壳菌纲（Sordariomycetes）肉座菌亚纲（Hypocreomycetidae）肉座菌目（Hypocreales）麦角菌科（Clavicipitaceae）针孢座囊菌属（*Aciculosporium*），异名为瘤座菌属（*Balansia*）的竹瘤座菌（*Balansia take*）。竹针孢座囊菌是引发丛枝型（竹瘤座菌型）竹丛枝病病原菌，该病害是竹类植物的常见病害之一（邓叔群，1963；魏景超，1979；Tanaka et al.，2021）。

分类历史

针孢座囊菌属（*Aciculosporium*）由 Miyake 在 1908 年确立，模式种即为竹针孢座囊菌（*Aciculosporium take*）；竹针孢座囊菌与瘤座菌族（*Balansieae*）具有一些相似的特征。例如：

① 具有 2 种类型的分生孢子：一种是两端膨大的三细胞丝状分生孢子，另一种为细胞的全壁芽生式大型分生孢子，其两端具有二叉状分枝的顶端附属物并通过中间分隔破裂而分开，新芽从底端发生。

② 内寄生于禾本科竹子的营养枝。

③ 在丛枝梢端，形成分生孢子座和无柄的子囊座（Tanaka，2008）。

1919 年，Hara 将竹针孢座囊菌（*Aciculosporium take*）修订为竹瘤座菌（*Balansia take*）；1962 年，Hino 指出白孢座囊菌（*Albomyces*）是针孢座囊菌（*Aciculosporium*）的无性世代（Oguchi，2001）；2002 年，Tanaka 等人（2008）通过对 ITS 序列分析发现竹针孢座囊菌在系统发育上应隶属于一个独立的组；Tanaka 等人（2008）对 ALDH1-1（1 种编码乙醛脱氢酶家族成员的基因）第 3 个外显子（Exon-3）的序列分析也表明竹针孢座囊菌属在系统发育上更接近麦角菌属（*Claviceps*），而不是瘤座菌属（*Balansia*）。2008 年，第 10 版真菌词典（Kirk，2008）将竹针孢座囊菌归类为子囊菌门粪壳菌纲肉座菌目麦角菌科针孢座囊菌属，无性世代为白孢座囊菌。Oguchi（2001）在赤竹属的竹种日本矮竹（*Sasa senanensis*）上发现了 1 个新种，并将其命名为矮竹针孢座囊菌（*Aciculosporium sasicola*），它的子囊和子囊孢子较竹针孢座囊菌的小，但两者所引起的竹类植物丛枝症状相似，均表现为感病枝条叶片变小呈鳞片状，顶端产生白色米粒状假子座（由菌丝和部分竹组织共同形成）。

形态学特征

竹针孢座囊菌子座的内部不规则地分为多室，在腔室内产生数量众多的分生孢子，分生孢子无色，由 3 个细胞组成，两端的细胞较粗短，中间的细胞较细长，6 月形成淡紫褐色子座，内生瓶状子囊壳并露出乳状孔口。子囊圆筒状，子囊孢子 8 个束生，线形，有隔膜，会断裂（图 1）。

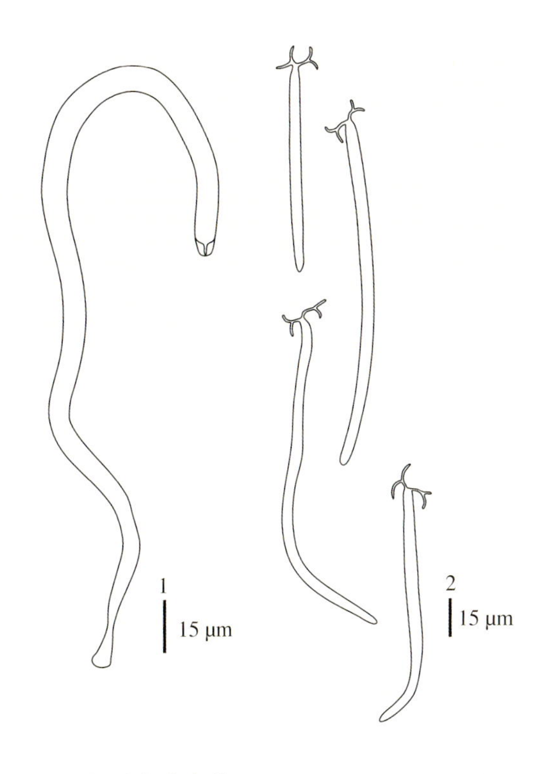

图 1　竹针孢座囊菌（仿 Tanaka et al.，2021）

1. 子囊；2. 子囊孢子

病菌于病枝梢端由菌丝包裹寄主组织形成米粒状的假子座，假子座内有多个不规则相互连通的腔以及大量的分生孢子。分生孢子无色、细长，34.5~62.1 μm，有 3 个细胞，两端的细胞稍宽，1.1~1.3 μm，中间的细胞稍细，1.0~1.1 μm。6—7 月，在部分假子座的一侧产生淡褐色垫状子座，子座长 3~6 mm，宽

2~2.5 mm，两者相连处稍缢束。子座表层成列，埋生多个子囊壳。子囊壳瓶状，成熟时露出乳头状孔口，276~538 μm × 69~193 μm。子囊细长，棍棒状，193.2~358.8 μm × 6.9~10.6 μm。子囊孢子单细胞，线形，无色，117.3~165.6 μm × 1.1~1.3 μm。

成熟的分生孢子在 12~30℃都能萌发，但以 24~25℃为最适，同时需要 100% 的相对湿度。分生孢子萌发缓慢，经 24 h 萌发率仍很低，48 h 后才有提高，浓度为 2% 的葡萄糖会促进它的萌发。子囊孢子在 10~35℃下萌发，以 25℃为最适，萌发时要求 92% 以上的相对湿度。

分布与危害

竹丛枝病（图 2）又称竹扫帚病，或竹雀果病。在中国分布极广，江苏、浙江、安徽、山东、河南、湖北、湖南、广东、贵州、四川、陕西和台湾等地都有发生。被害竹种众多，其中以刚竹属

图 2　竹瘤座菌型（米粒型）竹丛枝病病害症状

为最多，病竹生长衰弱，发笋减少，重病植株常呈濒死状，重病竹林常因此而衰败。近年来该病有进一步发展加重的趋势，有些地方毛竹已开始发病，浙江定海、四川长宁等地毛竹发病已很重，重病株已近枯死。

症状

初期症状及其发展：在老竹春梢生长和新笋竹的枝叶展开期，竹枝可受病原菌侵染，经过 40 天左右的潜育期后，于 5 月下旬起陆续发病，其症状表现为发病小枝细长，呈蔓枝状，叶片退化呈小鳞片状，光合作用几乎丧失；也有部分枝条发病前叶片生长正常，发病后则小枝继续伸长，初期长出的第 1~3 片叶片逐步缩小，之后才退化成鳞片状。据调查，病情严重竹林的新竹发病率可达 80% 以上。病枝到 8 月初停止生长，最长的可达 24 cm，少数末端枯黄，少部分已有分枝，多的达 7 个侧枝；9—11 月，丛枝可继续生长，最长达 60 cm，有的可再次分枝，多的达 4 个侧枝，在气候适宜的条件下少数病枝顶端叶鞘内可产生白色米粒状无性子实体（假子座）；11 月中旬以后，病枝生长基本停止，22.2% 的丛枝末端 1/3~1/2 枯死脱落，少数整枝枯黄脱落；入冬后 55.6% 的丛枝末端枯黄脱落（薛振南 等，2005）。

后期症状及其发展：翌年 3 月上旬开始，越冬后的老丛枝从节间或末端萌发大量新丛枝，到 4 月底平均萌发 22.2 枝，最多萌发 54 枝，其节间短，枝条更细，数量更大，形成了典型的扫帚状或鸟巢状丛枝病症状；从 3 月下旬开始，大多数病枝顶端叶鞘内产生白色米粒状无性子实体（假子座）；4 月下旬至 5 月上旬，在假子座上产生褐色垫状的有性子实体；5 月中下旬，子实体逐渐消失后，因顶端优势丧失，病枝第二次分枝；6 月初，从少数分枝上仍可产生子实体，同时新的感病枝条又开始发病；8 月，第二次的分枝大多数停止生长，末端脱落或枯黄；9—10 月温度、湿度适宜时，丛枝形成当年第二次生长小高峰，抽出较多的丛枝，为全年第三次分枝；10 月下旬至 12 月下旬，在部分丛枝顶端仍可产生无性子实体，但未见产生有性子实体。病情循环往复，竹林逐年衰败（薛振南 等，2005）。

发病规律

发病初期，个别细弱枝条受害，节间缩短，叶子退化成鳞片状，叶形变小，后不断长出侧枝，密集成丛，形如雀巢。4 月下旬至 5 月中旬，病枝先端、叶鞘内长出白色米粒状物，实为病菌菌丝和寄主组织形成的假子座。雨后或潮湿的天气，在子座上可看到乳状的液汁或白色卷须状分生孢子角。6 月，子座的一侧又长出一层淡紫色或紫褐色的疣状有性子座。8 月，子座消失。9—10 月，出现第 2 次丛枝，也可产生白色米粒状物，病竹从个别枝条丛枝发展到全部枝条发生丛枝，导致整株枯死。

该病在刚竹属、苦竹属、箭竹属和短穗竹等很多竹种中发生。在刚竹属中感病的竹种最多，1985—1990年于江苏、浙江、安徽等地调查的72种刚竹属竹种中就有59种发病。但它们的感病程度有很大差异，如江苏等地的淡竹、浙江余杭等地的旱竹、湖南益阳等地的水竹都是当地的主栽竹种，发病都较严重；又如黄槽刚竹和红壳竹虽都发病，但在相同条件下，紧相邻的竹林，前者发病后会迅速蔓延扩展成为重病竹林，后者发病后多年竹林病情仍很轻。毛竹在许多地方未见发病，如在南京等地与重病的淡竹林、刚竹林紧相邻，多年来也未见发病。但浙江、四川等地有的毛竹林已发病，甚至有的发病已很重，是何原因，尚待进一步探讨。

病原菌侵入途径

薛振南等人（2005）对竹针孢座囊菌侵染寄主毛竹的方式进行了深入研究。该团队在2002—2003年的接种试验结果表明，剪顶注射、不剪顶注射、剪顶涂抹等造成伤口的接种方法，其平均发病率分别为5.87%、5.18%和2.11%，单次最高发病率可达7.26%，不剪顶涂抹（未造成伤口）以及对照的接种发病率均为0，从而证实竹瘤座菌是通过伤口侵入感染的。

此外，他们还发现携菌昆虫传播是该病原菌的另一种侵入途径。竹尖胸沫蝉是毛竹林中发生普遍而且为害严重的昆虫之一，虫口密度有的高达500头/株，主要是在小枝、嫩梢端吸取竹子的汁液造成危害。该虫在桂林地区1年1代，卵于枯死的丛枝或嫩枝中越冬，若虫期在3月上旬至5月中下旬，2龄后分散为害，成虫期在5月中下旬至11月。若虫潜于白色泡沫中取食、为害，泡沫团随虫龄增加逐渐增大，形成黏稠的唾液状。此时正是丛枝病无性子实体孢子的扩散期，病原菌的孢子随风雨飘散，黏附在沫蝉的泡沫中或虫体上，而泡沫有助于病原菌孢子的附着、萌发和侵染。另外，取食伤口便于病原菌的侵入，随着取食刺吸伤口侵入健康小枝，引起发病。

同时，该团队还通过试验证实了竹尖胸沫蝉为害与毛竹丛枝病发生的关系。他们标记竹尖胸沫蝉为害的健康小枝121枝，发病小枝16枝，当年发病率为13.22%；对照组标记的健康小枝113枝，发病小枝3枝，当年发病率为2.66%。可见竹尖胸沫蝉为害后发病率提高了3.97倍，说明竹尖胸沫蝉是毛竹丛枝病发生流行的重要携菌传播昆虫（薛振南 等，2005）。

病害发生流行因子

薛振南等人（2005）对于林间孢子捕捉研究的结果表明，病菌孢子主要通过风雨吹溅作近距离传播。传播时间、距离与数量如下：①孢子扩散的时间，始见期为3月末至4月初，峰值期为4月中旬至5月中旬，4月27日达到顶峰，末见期为6月上旬；②孢子传播与距离相关，距离林地越近，收集的孢子越多，距离林缘1 m以外孢子数量逐渐减少，5 m以上孢子的数量平均每视野仅1个孢子，当距离林缘 10 m 时，已经很难捕捉到孢子；③就单株毛竹而言，林冠内孢子量较多，林冠下孢子量较少，病情重的竹株孢子量较多，病情轻的竹株孢子量较少，但整个病竹林内均可捕捉到病原菌的孢子。

调查还表明，病菌的侵染循环与竹尖胸沫蝉等林间昆虫的生活史是密切相关的。病原菌在病枝上越冬（竹尖胸沫蝉卵期）；2 月中下旬，病原菌萌发繁殖；3 月上旬，老丛枝上长出大量新丛枝（竹尖胸沫蝉孵化期）；3 月下旬开始至 5 月上旬，在丛枝上产生无性子实体、有性子实体（竹笋萌动破土，老竹抽出新枝梢，竹尖胸沫蝉若虫及其他害虫为害）；孢子扩散传播侵入新、老竹的新枝梢；5 月下旬开始，感病枝条陆续发病（竹尖胸沫蝉成虫期）；6 月上旬，老病枝第二次分枝后长出子实体；新老丛枝进入 8 月后停止生长；9—10 月温度、湿度适宜时，抽出新的丛枝，丛枝形成当年第二次生长小高峰；10 月下旬开始一直延续到 12 月下旬，在部分丛枝上仍可产生无性子实体；11 月中旬后，丛枝停止生长；12 月中下旬至翌年 2 月上中旬，病竹带病越冬。

此外，毛竹生长季节与毛竹丛枝病的发生发展是紧密关联的。3—5 月是毛竹林生长和毛竹丛枝病发生发展最旺盛的时期，越冬后老丛枝比毛竹春梢萌发始期提早 1 旬萌发新丛枝，此后病原子实体形成，进入孢子扩散传播侵染期，正好与毛竹春梢萌发生长和春笋出土后枝叶生长期相吻合，是毛竹一年中的易感病期。

同时，气象因子与该病害发生流行也存在一定的关系。桂林位于广西北部，气候温和，雨量充足，年平均温度 19℃，年平均相对湿度 78%。3—5 月的降雨量占全年降雨量的 42.4%，月平均气温在 14~23℃，相对湿度达 80% 以上，正是毛竹丛枝病菌生长、繁殖、侵染最适宜的温度、湿度，也是毛竹丛枝病发生、发展的大高峰期。10 月，灵川县的温度、湿度仍有较长的一段时间能满足丛枝病菌发生发展的条件，毛竹丛枝病还可形成一个小高峰期。观测结果表明：感病指数与降雨量相关极显著，与温度、相对湿度相关显著。

薛振南等人（2005）还对立地条件与病害发生流行的关系进行了研究，抽样调查结果表明，毛竹丛枝病的发生、发展与立地条件关系密切：①林缘较林内严重；②密林较稀疏林严重；③小溪旁、山涧地、马蹄形山凹地的竹林先发病（病情最重），然后逐渐向上、向左右扩展蔓延；④从地形上看，不论谷地还是脊地，上坡均较轻，中坡稍重，下坡最重。

该病害的发生流行与温度、湿度、降雨量密切相关，3 月下旬至 5 月中旬的温度、湿度及降雨量最适宜毛竹丛枝病菌的生长、繁殖、侵染，是毛竹丛枝病发生流行的主要季节。病害的发生流行还与毛竹生长期以及立地条件密切相关，密林、林缘、溪边、凹地、下坡的竹林先发病且病情最重（薛振南 等，2005）。本书作者调查发现，近年来在浙江、福建、江西等地的雷竹笋用林中发生了较为严重的丛枝病，应该引起重视。

致病机制

朱熙樵等人（1989）通过对病株系、健株系剖析调查、自然发病和人工接种发病以及剪除病枝连续多年的观察，认为丛枝型（竹瘤座菌型）竹丛枝病是局部侵染性病害。Tanaka 等人（2003a）推测竹瘤座菌型丛枝病的发生可能与生长素失衡有关，他们认为如果是赤霉素（GA_3）诱导则病枝将会更长而节点更少；如果与细胞分裂素有关，则分枝将会异常。通过研究他们发现竹针孢座囊菌确实能够产生生长素（IAA），且生长素的浓度比影响植物生长的浓度要高 100~1000 倍；另外，他们还证实竹针孢座囊菌生长素的合成途径主要为吲哚丙酮酸途径（L- 色氨酸 - 吲哚丙酮酸 - 吲哚乙醛 - 生长素）。Tanaka（2009）以种特异性寡核苷酸探针定位竹针孢座囊菌 18S rRNA 的比色原位杂交技术来检测内生菌丝在寄主中的分布情况，发现菌丝主要在寄主植物的枝条顶端分生组织内部生长，因而进一步证明竹针孢座囊菌产生的外源生长素可以在寄主中不断诱导原基分化，从而导致丛枝症状的发生和发展。

Tanaka 等人（2003b）研究发现丛枝型（竹瘤座菌型）竹丛枝病的感病枝条中生长素大大少于健康枝条中生长素，枝条中的游离型生长素分别是（5.4 ± 1.8）mg/g 和（31.2 ± 21.2）mg/g。庄启国等人（2005）对竹丛枝中过氧化物酶活性的研究也证实了感病叶片的过氧化物酶活性显著高于健康叶片。这些研究结果表明，竹针孢座囊菌的致病机制可能并非只是简单的产生外源生长素刺激竹丛枝病的发生。

Tanaka 等人（2003b）证实，感病竹枝能产生并积累一种吲哚类化合物（N-p-coumaroylserotonin），其对竹针孢座囊菌菌丝生长的半数效应浓度（EC_{50}）值为 84 g/L，但是对竹异香柱菌（*Heteroepichloe bambusa*）无抑制作用；研究还证实，N-p-coumaroylserotonin 在发病较重的桂竹（*Phyllostachys bambusoides*）中的质量分数较低，而在发病较轻的毛竹（*Phyllostachys edulis*）中质量分数较高，因此他们推断丛枝型（竹瘤座菌型）竹丛枝病症状的发展可能受到寄主体内 N-p-coumaroylserotonin 积累的影响。

朱熙樵（1989）对竹针孢麦角菌的生物学特性进行了相关报道，而刘思怡等人（2022）的研究显示竹针孢麦角菌在马铃薯葡萄糖琼脂（PDA）培养基上生长最佳，结果与朱熙樵（1989）的一致；刘思怡等人（2022）还对竹针孢麦角菌其他方面的生物学特性进行了探究，发现其最适生长和产孢的碳源为葡萄糖，氮源为牛肉膏和酵母膏，光照条件为 24 h 全光照。刘思怡等人（2022）将竹针孢麦角菌以单个分生孢子在 PDA 培养基上培养时，生长极为缓慢，约 80 d 才出现很小但肉眼可见的乳白色菌落，而以 2 mm 菌饼接种至 PDA 培养基上培养，50 d 平均直径可达 37.25 mm，与庄启国（2005）的研究结果一致，说明该病原菌个体生长长势不强，远远弱于群体生长的长势。

防治措施

竹丛枝病的药剂防治研究近 15 年未见报道，早期报道中，防治该病的方法主要为：在每年春、秋两季，病原菌孢子还未释放前，直接移除病竹或剪去病枝，集中就地烧毁；化学防治选择比较单一，多使用三唑酮和多菌灵在孢子释放期连续喷施数次，加以施肥抚育等营林措施（朱熙樵和黄焕华，1989；楼君芳 等，2001；薛振南 等，2005）。近年来，三唑类、其他唑类、甲氧基丙烯酸酯类及琥珀酸脱氢酶抑制剂类等化学杀菌剂得到发展，因其性能优异，其施药量大幅下降，类似药剂获得了更为广泛地使用。如刘思怡等人（2022）的研究中，苯醚甲环唑比三唑酮防治效果更好，后续或将开展复配杀菌剂对雷竹丛枝病的防治试验，以期降低病原菌对单一杀菌剂的抗性，从而提高防治效果。

结合刘思怡等人（2022）对于竹丛枝病的最新研究，初步拟定防治技术如下：

①预防为主，新造林应选育没有丛枝病的竹子为母竹。合理密植，适时除草，加强施肥、松土，及时砍除长势衰老的老竹以保证林内密度适宜；去掉死、老的鞭根，为新鞭的伸展创造优良条件。

②及时发现和处理病害。竹丛枝病是全株性病害，其发病的程度和发生的面积会逐年增加，因此经营者需常巡视竹林，仔细观察，做到早发现，早防治，减少损失。当竹林中小面积出现有丛枝病发病初期的特征时就要及时开展防控措施，以免发生更大范围的感病。

③化学防治措施。选择苯醚甲环唑或苯醚甲环唑与其他杀菌剂复配喷洒，如吡唑醚菌酯，需注意苯醚甲环唑不可以与铜制剂混用。使用电动高压喷雾器在竹林内大面积喷洒药剂，做到每株竹子上全株均匀喷药。选择早晚气温低、无风无雨时进行施药。以四川省雅安市雨城区为例，每年施药的建议时间为：2 月底孢子还未释放的初侵染期（出笋前）、4 月中下旬采完笋后、8 月底喷洒，每次喷洒后可间隔 14 天再进行一次喷洒以加强巩固。先施药，施药后要人工将雷竹林内发病的枝条、植株及时砍除干净，以及将清除的病枝全部集中清理、堆埋并撒上石灰粉。此外在 4 月采完笋后，新生竹将长出非常多的丛枝，应将这批新生竹及时砍除。

本病的防治，目前主要是结合竹林抚育管理，按期砍伐老竹和重病竹，保持适当密度。定期进行樵园、压土、施肥，以减少跳鞭和促进新竹生长。对轻病株及早剪除病枝，可有效地抑制该病的迅速蔓延扩展。新栽竹林应不用带病母竹。竹丛枝病的防治不仅需要以营林管理为基础，更应加强对竹林施肥抚育、对病害及时处理和防治，以免造成更大的损失。

化学成分

Tanaka 等人（2021）对竹针孢座囊菌进行了化学分析，该研究发现其产生了 4 种含有 L- 脯氨酸的环状二肽，分别是：环 -（L- 脯氨酰 -L- 缬氨酰）、环 -（L- 脯氨酰 -L- 亮氨酸）、环 -（L-

脯氨酰 -L- 苯丙氨酸）以及环 -（L- 脯氨酰 -L- 异亮氨酸）。这些化合物被认为是多肽麦角生物碱和麦角胺的一部分，它们通常由麦角菌属物种产生。环状二肽的产生表明，竹针孢座囊菌与麦角菌属物种都具有产生这些化合物的能力。鉴定出的环状二肽属于脯氨酸 -Xaa 环状二肽（Xaa 表示未指定的氨基酸）。据报道，这些分子来自各种真菌属，具有植物毒性［环 -（L- 脯氨酰 -L- 缬氨酰）、环 -（L- 脯氨酰 -L- 亮氨酸）和环 -（L- 脯氨酰 -L- 苯丙氨酸）］或抗真菌活性［环 -（L- 脯氨酰 -L- 亮氨酸）和环 -（L- 脯氨酰 -L- 异亮氨酸）］（Wang et al.，2017；Carrieri et al.，2020）。竹针孢座囊菌还能产生吲哚 -3- 乙酸（辅酶）（Tanaka et al.，2003a），这是一种著名的植物生长调节剂，参与侵袭性和非侵袭性的植物或真菌相互作用（Chanclud & Morel，2016）。除了吲哚 -3- 乙酸，其他新发现的环状二肽可能是导致感染竹针孢座囊菌的植物出现宿主生长缺陷的原因。

参考文献

邓叔群，1963. 中国的真菌 [M]. 北京：科学出版社.

刘思怡，杨春琳，曾倩，等，2022. 雷竹丛枝病病原生物学特性及药剂防效试验 [J]. 菌物学报，41(11)：1867−1888.

楼君芳，胡国良，俞彩珠，等，2001. 笋用竹丛枝病的防治方法 [J]. 浙江林学院学报，18(2)：69−71.

魏景超，1979. 真菌鉴定手册 [M]. 上海：上海科学技术出版社 .

薛振南，文凤芝，全桂生，等，2005. 毛竹丛枝病发生流行规律研究 [J]. 广西农业生物科学，2（10）：130−135.

朱熙樵，黄焕华，1989. 竹丛枝病的研究Ⅲ：病菌的侵染特点和防治试验 [J]. 南京林业大学学报 (自然科学版)，2(7)：46−51.

朱熙樵，1989. 竹丛枝病的研究Ⅱ：病原菌的形态及其生物学特性 [J]. 竹子研究汇刊，8(1)：44−51.

庄启国，2005. 四川竹丛枝病调查和斑竹丛枝病的初步研究 [D]. 成都：四川农业大学 .

CARRIERI R, BORRIELLO G, PICCIRILLO G, et al, 2020. Antibiotic activity of a *Paraphaeosphaeria sporulosa*−produced diketopiperazine against Salmonella enterica [J]. Journal of Fungi, 6: 1–9.

CHANCLUD E, MOREL J, 2016. Plant hormones: a fungal point of view[J]. Molecular Plant Pathology, 17(8)：1289−1297.

KIRK P M, CANNON P F, Stalpers J A, et al, 2008. Dictionary of the Fungi.10th ed[D]. Wallingford: CABI.

OGUCHI T, 2001. *Aciculosporium sasicola* sp. nov. on witches' broom of Sasa *senanensis*[J]. Mycoscience, 42(2)：217−221.

TANAKA E, TANAKA C, MORI N, et al, 2003a. Phenylpropanoid amides of serotonin accumulate in witches' broom diseased bamboo[J]. Phytochemistry, 64(5)：965−969.

TANAKA E, TANAKA C, ISHIHARA A, et al, 2003b. Indole−3−acetic acid biosynthesis in *Aciculosporium take*, a causal agent of witches' broom of bamboo[J]. Journal of General Plant Pathology, 69(1)：1−6.

TANAKA E, TANAKA C, 2008. Phylogenetic study of clavicipitaceous fungi using acetaldehyde dehydrogenase gene sequences[J]. Mycoscience, 49(2)：115−125.

TANAKA E, 2009. Specific in situ visualization of the pathogenic endophytic fungus *Aciculosporium take*, the cause of witches' broom in bamboo[J]. Applied and Environmental Microbiology, 75(14)：4829–4834.

TANAKA E, HOSOE T, DEGAWA Y, et al, 2021. Revision of the genus *Aciculosporium* (Clavicipitaceae) with a description of a new species on wavyleaf basketgrass, and proline containing cyclic dipeptide production by *A. take*[J]. Mycoscience, 62(3). 166–175.

WANG X, LI Y, ZHANG X, et al, 2017. Structural Diversity and Biological Activities of the Cyclodipeptides from Fungi[J]. Molecules, 22(12)：2026.

竹丛枝病病原菌Ⅱ

箬竹异香柱菌 *Heteroepichloë sasae* (Hara) E. Tanaka, C. Tanaka, Gafur & Tsuda

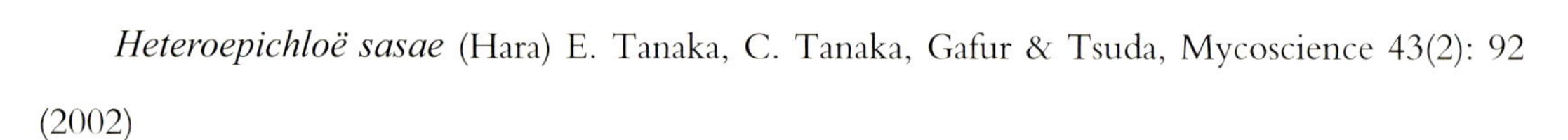

Heteroepichloë sasae (Hara) E. Tanaka, C. Tanaka, Gafur & Tsuda, Mycoscience 43(2): 92 (2002)

= *Epichloë sasae* Hara, Bull. Fac. Agric. Shizuoka Univ. 300: 163 (1922)

= *Parepichloë sasae* (Hara) J.F. White & P.V. Reddy, Mycologia 90(2): 231 (1998)

White 等人（1998）在研究一些香柱菌属真菌（*Epichloë* spp.）和一个瘤座菌（*Balansia cynodontis*）之间的系统发育关系时提出一个新属——似香柱菌属（*Parepichloë*），并将寄生在竹子上的 2 种香柱菌撑篙竹香柱菌和赤竹香柱菌归入其中，该新属模式种为寄生于禾本科画眉草属（*Eragrostis*）和鼠尾粟属（*Sporobolus*）上的灰香柱菌（*Parepichloë cinerea*，异名 *Epichloë cinerea*）。然而，Tanaka 等人（2008）提出这两种竹生真菌与其他似香柱菌种存在一些不同的特征，如似香柱菌种没有无性世代的记录，而竹香柱菌（*Epichloë bambusae*）和箬竹香柱菌（*Epichloë sasae*）在 CM 琼脂培养基上能产生无性的分生孢子；此外，寄生于竹子的两个香柱菌种的子囊座发生在寄主植物的叶鞘上，子囊壳规则地埋生于子囊座，而灰香柱菌生长在寄主植物的花序上并且包裹整个花序，子囊稀疏且无规律地排列在子囊座上。Tanaka 等人（2002）通过对 ITS 1，ITS 2 和 5.8S rDNA 的序列分析发现这两种竹生真菌与 *Epichloë*，*Parepichloë* 在系统发育树上处于不同分支，因此，他们为这两种竹生真菌提出了一个新属——异香柱菌属（*Heteroepichloë*）。在 2008 年出版的第 10 版真菌词典中，Kirk 等（2008）采纳了这个新属，将这 2 种竹生真菌归为子囊菌门（Ascomycota）粪壳菌纲（Sordariomycetes）肉座菌目（Hypocreales）麦角菌科（Clavicipitaceae）异香柱菌属（*Heteroepichloë*），无性型为 *Ephelis*。因而，雳竹香柱菌和箬竹香柱菌的学名相应地变更为雳竹异香柱菌（*Heteroepichloë bambusae*）和箬竹异香柱菌（*Heteroepichloë sasae*）（杨永刚和吴小芹，2011）。而目前国内对于竹香柱菌引起的丛枝病研究甚少。朱熙樵（1985）曾报道在中国江苏、浙江等地的短穗竹（*Semiarundinaria densiflora*）、刚竹属的淡竹（*Phyllostachys glauca*）、白哺鸡竹（*Phyllostachys dulcis*）及毛竹（*Phyllostachys edulis*）上采集到雳竹香柱菌的标本。王华清等人（1999）对广东由竹香柱菌引起的毛竹丛枝病做了调查研究。对于箬竹香柱菌，国内目前只有张立钦和王雪根（1999）、徐梅卿等人（2006）以及魏景超（1979）记载过该菌能引起箬竹丛枝病，但其发病的地区不详。

形态学特征

子座（图 1）包裹着叶鞘呈开口圆筒状，大多弯曲细长，往端部渐细，形如香柱，深紫色至黑色，长 2~7 cm，新鲜时肉质，风干后革质。子囊壳椭圆形或卵形，有规律地埋生于子座外围，300~380 μm × 120~200 μm，成熟时朝子座外表面产生 1 个孔口；子囊长圆筒形，头部浑圆加厚，遇碘未变蓝，显微观察其顶端结构不是很清晰，隐约见有的子囊端部加厚处有环状开口，尾端较细，大小为 175~250 μm × 5~8 μm。子囊孢子线形，比子囊稍短，150~230 μm × 1~2 μm，无色透明，多分隔且极易断裂成断裂孢子，断裂孢子哑铃形，长 10~17.5 μm × 1~2 μm。在完全培养基的平板上，

图 1　箬竹异香柱菌子座

产生了白色光滑的分生孢子堆，位于菌落中央。分生孢子无色透明，形状多样，多数杆状，中间稍缢缩，偶见有隔膜；5~15 μm × 1~3 μm，平均值在 10 μm × 2.3 μm（程燕林 等，2009）（图 2）。

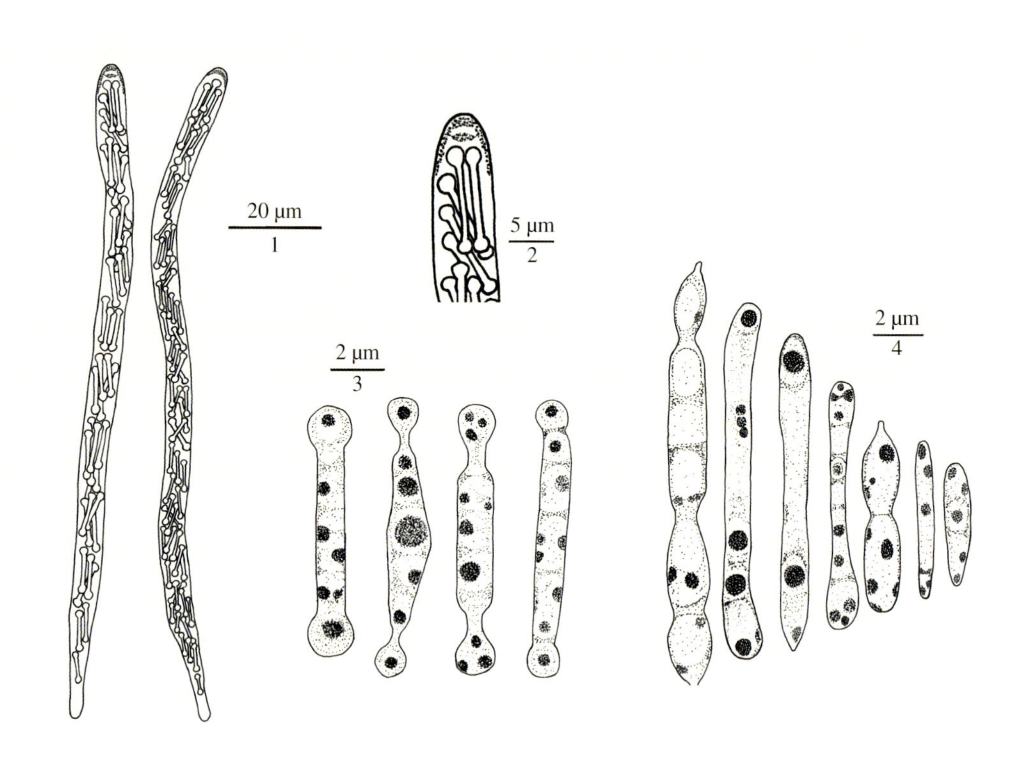

图 2　箬竹异香柱菌

1. 子囊；2. 子囊顶部结构；3. 断裂孢子；4. 分生孢子

分布与危害

该病原菌于中国，其中安徽、浙江有过报道（程燕林 等，2009；李洪滨 等，2016），在日本冷凉地区也有分布（Tanaka et al.，2002）。在中国寄主有箬竹（*Indocalamus tessellatus*）（徐梅卿 等，2006）、短穗竹（*Semiarundinaria densiflorum*）（程燕林 等，2009）、红哺鸡竹（*Phyllostachys iridescens*）（李洪滨 等，2016），在日本寄主主要为赤竹属（*Sasa* spp.）的一些物种（Tanaka et al.，2002）。竹丛枝病能导致竹类植物长势衰弱发笋量减少，竹秆材质降低，还能对风景园林中竹林所形成的景观造成严重破坏，是引起竹林退化的重要病害之一（杨永刚和吴小芹，2011）。近年来，竹丛枝病在中国各地竹林内危害日益严重，根据广东清远笔架山林场和清新等地的调查，毛竹的发病率超过 90%，轻者小枝丛生，新梢枯死，重者整株枯死，竹林枯黄，严重影响了出笋量和竹材质量（王华清 等，1999）。

症状

图 3 箬竹异香柱菌引起病害症状

竹香柱型丛枝病症状表现为感病枝条不断长出细长的蔓枝，多至几十根组成一束，呈丛枝状下垂（图 3）。子囊座随着滚筒状幼叶而生长，从叶鞘顶端突出或从叶鞘中部膨胀而出，初期柔软呈肉质，后期变硬呈革质，黑色形如香柱，所以又称竹香柱病。病原通过菌丝体在感病枝条的叶鞘或隐叶芽中越冬，成熟的子囊孢子借助风雨传播，侵入新枝叶鞘或隐叶芽（杨永刚和吴小芹，2011）。

发病规律

受侵幼芽春季萌发十分旺盛，节间短，并再次分枝，细长小枝常数根至数十根丛生在一起，病枝上叶常变小（为正常叶的 1/2）。3—4 月，病枝梢端叶鞘逐渐肿大；5—6 月，从叶鞘中逐渐抽出灰黑色到黑色细长子实体（常稍弯曲，端部稍细）。子实体成熟后，常断成数段，嫩梢随后干枯，翌年春天其附近嫩芽萌发快，抽成细长小枝，并长出香柱状物。有报道称这两种类型的症状可同时发生在同一植株上，甚至在同一枝条上，加重了其危害性（朱熙樵，1985；庄启国，2005）。毛竹丛枝病的发生、发展与立竹密度、竹子年龄有密切关系。生长过密、通风透光条件差的竹林比生长较疏、密度合理、通风透光条件好的竹林发病重。1~2 年生的竹子发病明显比 3 年生以上的老竹轻，随着年龄的增长，病害会逐步加重。坡向、坡位对此病的发生、发展影响不大，只在林缘、路旁的竹子发病较重，尤其是多年生老竹（王华清 等，1999）。

防治措施

预防为主。新造林应选育没有丛枝病的竹子为母竹。合理密植，适时除草，加强施肥、松土，及时砍除长势弱的老竹以保证林内密度适宜。去掉死、老的鞭根，为新鞭的伸展创造优良条件。

及时发现和处理病害。丛枝病是全株性病害，其发病的程度和发生的面积会同步增加，因此经营者需常巡视竹林，仔细观察，做到早发现、早防治，减少损失。当竹林中小面积出现有丛枝病发病初期的特征时就要及时开展防控措施，以免发生更大范围的感病。

化学防治措施。选择苯醚甲环唑或苯醚甲环唑与其他杀菌剂复配喷洒，如吡唑醚菌酯，需注意苯醚甲环唑不可以与铜制剂混用。使用电动高压喷雾器在竹林内大面积喷洒药剂，做到每株竹子上全株均匀喷药。选择早晚气温低，无风无雨时进行施药（刘思怡 等，2022）。

培养

常规组织分离培养 21 d 后，观察平板上开始出现菌丝，30 d 后测量菌落直径大小约为 26.8 mm，为白色疏松丝状，菌落反面亦呈白色，无特殊气味，生长非常缓慢；且观察发现 20℃、25℃和室温下培养的菌落大小几乎相等。同等条件下，将菌丝分别接种于 Czapek、CM 及 PDA 上培养。15 d 后该菌在 25℃培养的 CM 和 PDA 上出现菌丝，而 Czapek 上未发现菌丝。进一步观察发现，该菌在这 3 种培养基上的生长速率：CM > PDA > Czapek，其中，在 Czapek 上几乎不生长。培养 1 个月左右后，试验菌株在 CM 平板上产生白色光滑的分生孢子堆，而在其他培养基上均未产生分生孢子，在 Czapek 上仍然不生长。在不同碳源的 PDA 培养基上培养 15 d 后，每隔 2 d 测 1 次各培养基上生长的菌落平均直径并比较数据，观察发现该菌在葡萄糖为碳源的 PDA 培养基上的生长明显超过其他几种碳源的培养基，试验表明，该菌对葡萄糖和蔗糖的利用优于麦芽糖和淀粉，且对葡萄糖的利用优于蔗糖；在以麦芽糖或淀粉为碳源的 PDA 培养基上几乎不生长，且在各种 PDA 上均不如在 CM 培养基上生长快。随着时间的推移，该菌的生长速度趋于缓慢，这可能与培养基中养分的减少或者自身产生的抑制物质有关（程燕林 等，2009）。

参考文献

程燕林，侯成林，高健，2009. 短穗竹上一种异香柱菌的形态学及分子鉴定 [J]. 北京林业大学学报，31(1)：84-90.

李洪滨，朱诚棋，周湘，等，2016. 红哺鸡竹异香柱菌的形态学和分子鉴定 [J]. 浙江农林大学学报，33(6)：1040-1044.

刘思怡，杨春琳，曾倩，等，2022. 雷竹丛枝病病原生物学特性及药剂防效试验 [J]. 菌物学报，41(11)：1867-1888.

王华清，陈岭伟，李馥纯，等，1999. 广东省毛竹丛枝病研究初报 [J]. 森林病虫通讯，1(3)：22-25.

魏景超，1979. 真菌鉴定手册 [M] . 上海 : 上海科学技术出版社 .

徐梅卿，戴玉成，范少辉，等，2006. 中国竹类病害记述及其病原物分类地位 (上)[J]. 林业科学研究，1(6)：692-699.

杨永刚，吴小芹，2011. 竹丛枝病病原研究进展 [J]. 浙江农林大学学报，28(1)：144−148.

张立钦，王雪根，1999. 中国竹类真菌资源 [J]. 竹子研究汇刊，1(3)：66−72.

朱熙樵，1985. 竹类几种丛枝病的特征 [J]. 森林病虫通讯，1(2)：42−44.

庄启国，2005. 四川竹丛枝病调查和斑竹丛枝病的初步研究 [D]. 成都：四川农业大学 .

KIRK P M, CANNON P F, DAVID J C, et al, 2008. Ainsworth & Bisby's Dictionary of the fungi [M]. Wallingford: CAB International.

TANAKA E, TANAKA C, TSUDA M, et al, 2002. *Heteroepichloë*, gen. nov. (Clavicipitaceae; Ascomycotina) on bamboo plants in East Asia[J]. Mycoscience, 43(2)：87−93.

WHITE J F, REDDY P V, 1998. Examination of Structure and Molecular Phylogenetic Relationships of Some Graminicolous Symbionts in Genera *Epichloë* and *Parepichloë* [J]. Mycologia, 90(2)：226−234.

毛竹基腐病病原菌

暗色节菱孢菌 *Arthrinium phaeospermum* (Corda) M. B. Ellis

Arthrinium phaeospermum (Corda) M. B. Ellis, Mycol. Pap. 103: 8 (1965)

= *Stilbospora sphaerosperma* Pers., Observ. mycol. (Lipsiae) 1: 31 (1796)

= *Uredo sphaerosperma* (Pers.) F. Strauss, Ann. Wetter. Gesellsch. Ges. Naturk. 2: 112 (1811)

= *Melanconium sphaerospermum* (Pers.) Link, in Willdenow, Sp. pl., Edn 46(2): 91 (1825)

= *Melanconium sphaerosporum* (Pers.) Wallr., Fl. crypt. Germ. (Norimbergae) 2: 180 (1833)

= *Papularia sphaerosperma* (Pers.) Höhn., Sber. Akad. Wiss. Wien, Math.-naturw. Kl., Abt. 1 125(1-2): 114 (1916)

= *Stilbospora sphaerospora* Pers., Neues Mag. Bot. 1: 94 (1794)

= *Melanconium arundinis* Pers., Traité champ. Comest. (Paris): 134 (1818)

= *Gymnosporium phaeospermum* Corda, Icon. fung. (Prague) 1: 1 (1837)

= *Coniosporium phaeospermum* (Corda) Sacc., Michelia 2(7): 292 (1881)

毛竹基腐病是当年生嫩竹上的一种常见的病害。在中国南方毛竹分布区都有不同程度的发生，个别地区为害较严重。嫩竹感病后，病斑迅速地蔓延扩展，重者可使整个嫩竹基部腐烂随即枯死；轻者嫩竹带病成竹，竹秆基部留下1至数个块状或带状腐烂斑，遇风易折倒，明显削弱了毛竹的生长势和抗逆性，降低了竹林的利用价值（陈雁，1989）。毛竹基腐病是由暗色节菱孢菌侵染引起的（张素轩 等，1995a）。该菌隶属于子囊菌门（Ascomycota）粪壳菌纲（Sordariomycetes）粪壳菌亚纲（Sordariomycetidae）梨孢假壳科（Apiosporaceae）节菱孢属（*Arthrinium*）。节菱孢属的主要特征是分生孢子由基部增长型的分生孢子梗产生，单细胞，暗色。现已知该属有21种（Ellis, 1971）

菌。竹子上常见的病原菌主要是暗色节菱孢菌。

分类历史

暗色节菱孢菌最初由 Corda（1837）命名为 *Gymnosprium phaeospermum*，后由 Saccardo（1881）转属，修订为 *Coniosporium phaeospermum*，并在此前后还有其他 8 个异名，其中以 *Papularia sphaerosperma* 最为著名。1965 年，Ellis 确认该菌隶属于节菱孢属，因此将其转属重命名为 *Arthrinium phaeospermum*。暗色节菱孢菌是一种世界性分布的真菌，基物涉及竹、芦苇、苔草等 33 属的 37 种植物及其土壤，主要营腐生生活（Ellis，1965）。

形态学特征

1. 菌落

菌丝生长迅速，在 PDA 培养基上于 24℃恒温条件下，3 d 后的菌落直径可达 6.7 cm。气生菌丝白色，絮状，后因大量暗色孢子的产生而呈灰白色。菌落底部起初无色，逐渐在中央部位变为淡黄色到深褐色。菌丝多分枝，粗细变化大，宽 2~6 μm。后期局部菌丝产生很多隔膜，细胞变大，颜色变为黄褐色到黑色，最后形成球状或桶状的厚垣孢子，轮生或顶生，单生或串生。

2. 分生孢子梗母细胞

典型的为葫芦状，5~8 μm × 4~5 μm，常见的还有桶状、圆锥状等，少数可呈圆筒状或丝状。

3. 分生孢子梗

纤细，宽 1~1.6 μm，少数可超过 3 μm；很短，通常长 3~6 μm，有的更短，少数可超过 50 μm；无色，不分枝，隔膜不明显。

4. 分生孢子形成方式

分生孢子梗从母细胞伸出后顶生第 1 个孢子，然后孢子梗从基部增长，在顶生孢子的下方侧生第 2 个孢子，并沿着不断伸长的孢子梗侧面形成一系列向基性成熟的分生芽孢子。此外还发现有向顶性陆续形成的分生孢子链和孢子堆，在孢子之间偶可看到很细、很短的连接丝（图 1）。

5. 分生孢子

单细胞，扁球形，由 2 个盔状凸面体构成呈透镜状，黑褐色，直径 7.3~11.7（8.8）μm，厚 4.6~6.5（5.5）μm，在两凸面体连接处为一无色的发芽缝。此外还观察到一种椭圆形到棍棒状的分生孢子，这种长形孢子通常着生在孢子梗的顶端，13.8~26.0（16.7）μm × 3.9~6.0（5.1）μm（夏黎等，1995）。

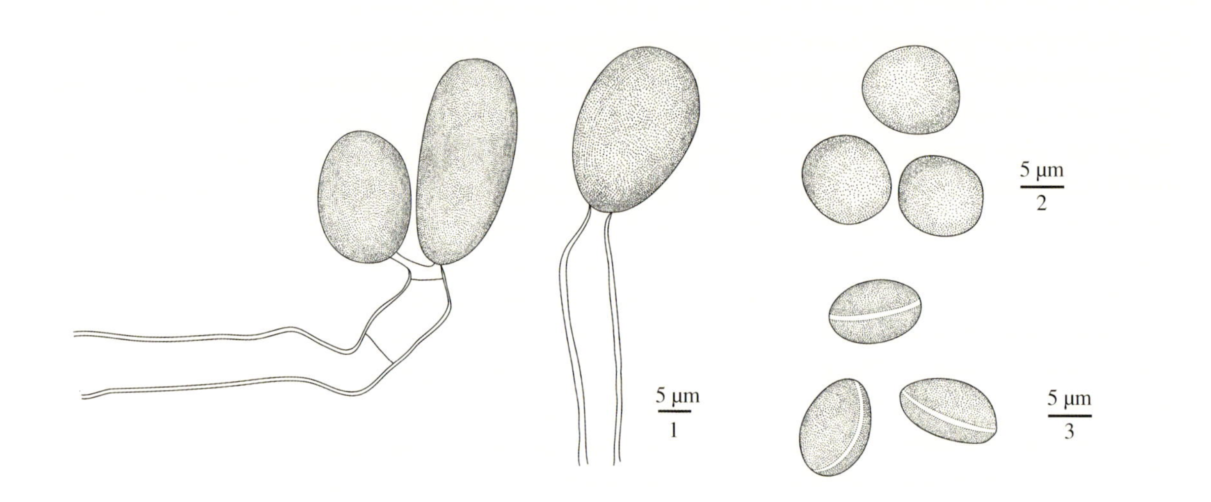

图 1　暗色节菱孢菌

1. 分生孢子梗及分生孢子；2. 分生孢子正面；3. 分生孢子侧面

症状

竹基腐病（图 2）为害毛竹等新竹竹秆，竹秆基部的第 3~5 节的竹壁上首先出现病状，初为黄褐色至紫褐色的点状小斑，星状或条状分布。初发生时竹秆基部由于有笋箨包裹，往往不易被发觉。小病斑迅速向上扩展，当笋箨脱落后斑点连成条状或块状大斑。新竹竹秆从基部开始发生腐烂，受到侵染的竹肉组织变为浅褐色，纤维疏松。病斑没有固定形状，内部病斑向上扩展的速度远比外壁的病斑快，有的病株褐色病斑由基部向顶梢蔓延，病斑一旦到达竹节处，则迅速横向发展，使竹节整圈或大部分变为褐色，并以此竹节为基点，大幅度地沿着竹秆内的输导组织向上扩展，同时从竹秆内部逐渐向外壁蔓延，在竹秆上可以看到从竹节上发展的块状或条状的云纹斑，颜色初为黑褐色，后转为淡褐色，最终导致全株枯死，竹叶全部脱落。剖开病竹竹秆，竹腔内有白色绒

图 2　竹基腐病

垫状菌丝，多集中于竹节处，病斑处有时可见黄色菌丝体杂生其间，偶见油菜籽大小黑色菌核。病竹竹腔基部积水，有腐臭味，竹蔸腐烂，有恶臭味，须根发生褐色腐烂，后期须根皮层剥离，但周围竹鞭正常。5—6 月，病部表面布满白色或略呈粉红色的菌丝体及红色的分生孢子堆。嫩竹木质化后，病斑停止扩展，中部凹陷或有纵向皱纹，色泽由酱紫色转为苍白色。干后留下白色粉状物，竹节处更为明显。这些粉状物不易用手指擦掉。9—10 月，病斑干枯。

发病条件

通过几年的观察发现，毛竹基腐病的发生及严重程度与其周围环境条件有着密切的关系，其中主要因素有以下几点。

1. 湿度

毛竹基腐病的发生与湿度条件的关系最为密切，尤其表现在每年 4 月至 5 月初雨量的多少上。根据 1983 年、1984 年 4 月的气象资料得知，1983 年 4 月连续阴雨天多于 1984 年 4 月，且最大一次降雨量是 4 月 28 日的 20.4 mm。通过观察便发现，1983 年毛竹基腐病的发病时间为 5 月 1 日。而 1984 年最大一次降雨量的日期推迟到 5 月 4 日，日均降雨量为 22 mm，则发现毛竹发病期亦推迟到 5 月 7 日，从病害的发病规律中发现孢子的传播、入侵等与雨量和湿度的联系也很密切。另据观察，发病初期即将笋锋剥去，减少笋基的积水，则病斑扩展较慢；如笋箨包裹时间过久，笋基大量积水，病斑则迅速扩展。

2. 温度

经测定，毛竹基腐病原菌对温度的适应范围较广，8~36℃条件下均能生长，最适温度为 20~28℃。据 1984 年气象资料记载，4 月日均温度多在 10~15℃，病菌虽能生长，但此时出笋较慢，笋箨包裹较紧，病菌难于入侵。进入 5 月，气温迅速上升到 15℃以上。抽笋较快，笋箨开始张开或脱落，加上雨水的作用，为病菌的萌发、侵入提供了良好的条件，毛竹即开始发病。5 月以后，温度逐渐上升到 20℃左右，此时虽为病菌生长的最适时期，但由于温度的上升，毛竹也迅速生长，竹基组织老化，失水较多，不再适于病菌的生长蔓延，所以病斑不再扩展。

3. 土壤

生长较好的毛竹一般都分布在海拔 800 m 以下的丘陵山地，毛竹生长快、生长量大，枝叶蒸腾作用强，鞭根系统集中而稠密，既需要充足的水湿条件，又不耐积水，对土壤的要求高于一般树种，在厚层酸性土壤上生长良好，在碱土或低洼积水的地方生长较差。由于这些土壤条件直接影响到毛竹的生长势，也就削弱了毛竹对病害的抵抗能力，容易导致病害的发生。

防治措施

毛竹基腐病的防治是在搞清真正病原，基本掌握了该病的侵染循环特点（张素轩 等，1995a）、流行规律和短期测报技术（张素轩 等，1997）的基础上进行研究的，其旨在针对该病流行规律中的薄弱环节进行对策研究，再通过试验制定出一套以栽培技术为基础、化学防治为辅的综合防治技术措施。

张素轩等人（1999）对土壤杀菌剂的毒力测试结果表明，40% 的拌种双可湿性粉剂对于毛竹基腐病的病原菌的抑制作用最强，在浓度为 40 mg/kg 的条件下，即稀释 1 万倍后，仍能完全抑制病菌的生长。且对于内吸杀菌剂的毒力测定结果表明，农药甲基托布津、粉锈宁和稻瘟净对毛竹基腐病病原菌有极强的抑制力，可作为田间小型试验的供试农药，做进一步筛选。

张素轩等人（1995a）通过在常熟市虞山林场长期的实地观测分析毛竹基腐病的病原菌是通过分泌毒素，杀死寄主表皮细胞后直接侵入的。因此只当竹笋表皮十分幼嫩时，才有可能被侵染，一旦笋皮木质化，病菌就难以侵入了，室内和室外的无伤接种和分离培养试验也证明了这一点。由此可见寄主的感病期很短，可以通过垦抚、施肥等栽培措施培育大笋和壮笋，从中挑选最优者留养，其余的全部挖除，促使留养的竹笋快速生长，到 4 月底初侵染开始时，笋高已超过 2 m，笋壁已外露而木质化了，从而达到避病的效果。根据多年的实地观测和 1994 年的调查，结果表明竹笋的出土期与 4 月底的竹笋生长状态（基部笋皮木质化程度和笋高等）有密切联系，凡是 4 月 10 日前出土的竹笋，到 4 月底笋高基本 2 m 以上，基部笋皮已外露而老化。因此，竹笋的挑选和留养时间应在清明后的 10 d 内完成。且凡是地势低洼，或地下水位高容易积水的，或土壤黏重排水不畅的生长环境，竹林发病严重，这是因为竹子根系不耐积水淹浸，因此在这种不利的环境条件下，竹子生长缓慢，长期处于感病状态。对于重病区首先要进行开沟排水，改善竹子生长环境。

通过对越冬病竹、枯死竹、竹桩、病竹残体和病土进行田间观测和分离培养试验，结果表明，病菌能以菌丝或孢子的形态在上述基物内长期存活，成为翌年初侵染来源（张素轩 等，1995b）。因此，结合竹林秋冬期间的砍伐工作，清除重病竹、枯立竹、竹桩和烂鞭等，并用拌种双可湿性粉剂消毒竹林林地土壤，可以大大减少初侵染来源。及时剥除病株基部的笋箨，不仅能防止竹笋基部积水，而且竹笋表皮外露，可以加速木质化，并且缓解病情的发展。

参考文献

陈雁，1989. 毛竹基腐病发病规律初探 [J]. 贵州林业科技，17(3)：71-75.

夏黎明，张素轩，黄建河，1995. 毛竹基腐病菌（*Arthrinium phaeospermum*）的研究 [J]. 南京林业大学学报 (2)：23-28.

张素轩，曹越，张宁，1995a. 毛竹基腐病侵染循环的研究 [J]. 南京林业大学学报，19(2)：1-5.

张素轩，曹越，张宁，等，1997. 毛竹基腐病发生发展规律的研究 [J]. 林业科学研究，10(4)：17-20.

张素轩，张宁，陈震云，等，1999. 毛竹基腐病综合防治技术的研究 [J]. 林业科学 (2)：68-72.

张素轩，章卫民，曹越，等，1995b. 毛竹基腐病病原的研究 [J]. 南京林业大学学报，19(1)：1-7.

ELLIS M B, 1965. Dematiaceous hyphomycetes. 6.[J]. Mycol Pap, 103: 1–14.

ELLIS M B, 1971. Dematiaceous Hyphomycetes. X.[J]. Commonwealth Mycological Institute, England, 608.

竹黑粉病病原菌

竹黑粉菌 *Bambusiomyces shiraianus* (Henn.) Vánky

Bambusiomyces shiraianus（Henn.）Vánky, Mycol. Balcanica 8（2）: 142（2011）

= *Ustilago shiraiana* Henn., Bot. Jb. 28（3）: 260（1900）

竹黑粉菌隶属于担子菌门（Basidiomycota）黑粉菌纲（Ustilaginomycetes）黑粉菌目（Ustilaginales）黑粉菌科（Ustilaginaceae）竹黑粉菌属（*Bambusiomyces*）（Vánky et al.，2011）。竹黑粉菌是引起竹黑粉病的病原菌。

分类历史

竹黑粉菌（*Ustilago shiraiana*）最早由Hennings（1901）描述，在维氏熊竹（*Bambusa veitchii*=*Sasa veitchii*）的嫩梢表面发现。随后，在中国、日本和东南亚竹亚科的青篱竹属（*Arundinaria*）、簕竹属（*Bambusa*）、箬竹属（*Indocalamus*）、刚竹属（*Phyllostachys*）、苦竹属（*Pleioblastus*）、赤竹属（*Sasa*）、东芭竹属（*Sasaella*）、华箬竹属（*Sasamorpha*）、业平竹属（*Semiarundinaria*）和箭竹属（*Sinarundinaria*，现为*Fargesia*）等属的竹子上都采集到了这种真菌（Clayton & Renvoize，1986），之后该菌又从日本传入了美国（Patterson & Charles，1916）。Hori（1907）对这种真菌进行了详细研究，并修订了其描述。Mordue（1991）提供了关于竹黑粉菌的综述和插图。尽管Vánky等人（2011）根据寄主植物分类、孢子堆和孢子形态以及竹黑粉菌特殊的孢子萌发情况建议将其归入新属——竹黑粉菌属，但该新属的提出仅依赖于形态学特征，尚未进行分子系统学分析验证，其系统学地位仍有待进一步研究。

形态学特征

竹黑粉病病株的显著特征是其梢端被黑粉覆盖（图 1），这些黑粉实际上是病菌的厚垣孢子。初期孢子堆常呈半胶结状，以后随着孢子的成熟，逐渐疏松飞散。厚垣孢子暗褐色。单孢，一般为圆球形；外壁有微细刺痕，在电镜下有明显的网状斑痕微突。直径为 5.4~11.0 μm。成熟的厚垣孢子无休眠期，立即就可萌发。厚垣孢子萌发时，不产生明显的担子（先菌丝），只形成一个很短的芽管，然后再从芽管上连续地以芽殖方式产生担孢子，担孢子成熟后很容易脱落（朱熙樵，1988）。

图 1　竹鞘感染竹黑粉菌症状

分布与危害

竹黑粉病又称黑穗病，广泛分布于中国的多个省份，包括江苏、浙江、安徽、江西、福建、河南、湖南、贵州、云南、四川、陕西和台湾等，在安徽主要分布在宁国、旌德、泾县、绩溪、黄山等地。为害春梢或嫩竹，造成春梢和嫩竹枯死。在发病重的竹林，如旌德县云乐乡一集体林场，毛金竹发病率高达 80%，由于连年春梢大量枯死，致使发笋量显著减少，竹林明显衰败（朱谦和高健，2007）。此外，江苏金坛王母观，毛金竹发病率高达 89%（朱熙樵，1988）。

症状

病株在春天当芽萌动伸长时，或在新梢放叶前，整个芽或新梢顶端稍肥大叶鞘外部呈淡紫红色

（与健株的芽或嫩梢明显不同），不久叶鞘开裂，露出黑粉。发病部逐渐向下延伸，使整个新梢（或芽）布满黑粉并枯死。病株通常全株大多数春梢（芽）发病，严重的竹林似火烧一般枯黄。病株连年发病后小枝呈丛生现象。笋（嫩竹）发病初，外表失去光泽和新鲜感，笋箨逐渐张开，端部露出黑粉，并渐向下延伸，最后全株枯死（朱熙樵，1988）。

病原

竹黑粉病由竹黑粉菌引起（图 2）。病株梢端的黑粉是病菌的厚垣孢子（冬孢子），初期孢子堆常埋在胶质堆中，成熟的厚垣孢子无休眠期，可立即萌发。厚垣孢子萌发时不产生明显的担子，只

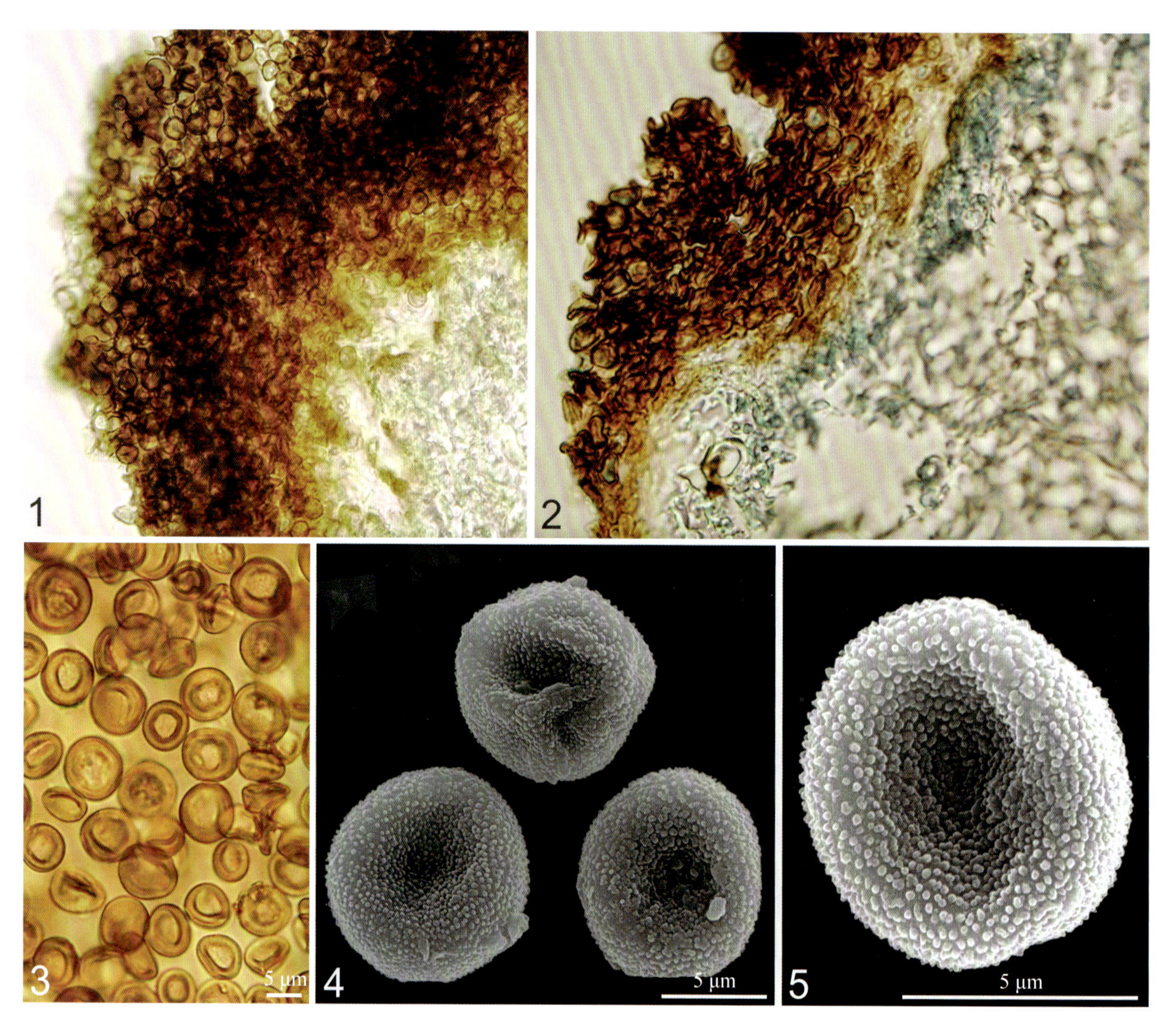

图 2　竹黑粉菌

1、2. 冬孢子堆；3. 冬孢子；4、5. 冬孢子的扫描电镜

形成一个很短的芽管，然后从芽管上连续地以芽殖方式产生担孢子。担孢子椭圆形至长椭圆形，成熟后很容易脱落分散。这种特殊的萌发方式可以将其与近似种茎黑粉菌（*Tranzscheliella hypodytes*=*Ustilago hypodytes*）区分开，因为后者会在分枝的芽管顶端产生卵形或椭球形的孢子（Vánky et al，2011）。

厚垣孢子在10~28℃条件下都能萌发，但以20~24℃为最适；在相对湿度93%时开始萌发，98%~100%时萌发率最高。在适宜的条件下2 h即开始萌发，10 h达萌发高峰。成熟的厚坦孢子1个月后即丧失萌发能力（朱熙樵，1988）。

发病规律

朱熙樵（1988）研究了厚垣孢子萌发的特性，使用采自南京附近的淡竹和毛竹上成熟的黑粉病菌厚垣孢子，配成孢子悬浮液，在低倍镜下每个视野有50~100个孢子，作为测定萌发的试验材料。使用厚垣孢子悬浮液，作悬滴法、纸环法和水琼脂法，各种萌芽方法都重复3次，在25℃下保湿，经24 h后检查。结果显示，厚垣孢子萌发率以水琼脂法为最高，为21.3%（毛竹）和25.6%（淡竹）；悬滴法的萌发率为8.7%（毛竹）和10.6%（淡竹）；纸环法的萌发率为10.2%（毛竹）和14.5%（淡竹）。用水琼脂法设置3个重复于不同温度下试验，24 h后检查，得到不同温度下厚垣孢子的萌发率。由试验结果可知，淡竹厚垣孢子萌发最适温度为20~24℃，毛竹黑粉菌厚垣孢子在21~23℃室温变温下萌发率最高。两种厚垣孢子在28℃时萌发率都显著下降，32℃即完全不萌发，说明厚垣孢子萌发不耐高温，相反，较能适应偏低的温度，在10℃下还能萌发。在研究后垣孢子萌发高峰与时间关系时，使用与上文所述相同的材料和方法，置于室温22~24℃变温下，间隔一定时间检验萌发率，结果表明厚垣孢子在变温条件下2 h或4 h开始萌发，10 h达萌发高峰，这可能是由于厚垣孢子在萌发后小孢子容易脱落，而芽管又很短，常常不易看清，致使统计时容易造成遗漏而造成的。将孢子悬液涂在玻片水琼脂薄膜上，让其自然风干后，置于不同湿度梯度的保湿缸内，于室温下21~23℃保湿24 h，检查萌发率，通过试验结果可知，厚垣孢子萌发要求有93%以上的湿度，但在98%相对湿度下萌发率最高。在研究竹黑粉菌厚垣孢子的寿命时，使用5月初从南京附近采回的成熟厚垣孢子，装在纸袋中，分别置于室内和室外竹林内，每隔一定时间取样，用水琼脂法作萌发试验，在20℃下，经24 h检查发现，无论室内还是室外，萌发率都会随时间的延长而逐渐降低，寿命均只有1个月左右。将采自南京附近的淡竹和毛竹上的厚垣孢子用灭菌水配成孢子悬浮液，振荡，离心（3000 r/min）3 min，倒去上液，添加灭菌水，振荡，离心，重复6次（后3次离心1.5 min）。离心后的孢子悬浮液用毛笔涂刷或用接种环划线于PDA培养基的平板上，在24℃下培养。培养7 d后，在涂膜或划线的培养基表面，均长出了酵母状的菌落；初白色，表面稍隆起呈蜡状，边缘整齐，近圆形。镜检菌落，边缘明显可见由厚垣孢子萌发产生的小孢子，及其芽殖产生的次生小孢子和少量的菌丝。以后菌落逐渐变为咖啡色，但边缘仍有一白色圈。经试验测定可知，菌落生长的最适温度为20~24℃，12℃下生长缓慢，28℃下即不能生长，表现了不耐高温性。

竹黑粉病菌的寄主，主要是刚竹属中的一些竹种，如毛竹、淡竹、水竹、桂竹、刚竹、毛金竹、甜笋竹、红壳竹、人面竹等，还有青篱竹属的少数竹种和箭竹等。病竹多数从下到上的侧枝全部发病，少数病株顶部侧枝不发病或部分侧枝上部的春梢不一定都发病。这些病株中，下部侧枝（或小枝）发病较重，向上逐渐减轻。病竹一般每年春梢连年发病，但第二次萌发的新梢（6月后）多不发病，所以该病一年只发生一次。病株（或笋）常成簇出现，多数竹鞭相连。跳鞭或浅鞭上的笋容易受侵染发病，可见病菌可能从幼小的笋芽或鞭芽侵入，以后菌丝追随幼嫩的鞭梢端生长，成为系统侵染性病害。一般老竹林发病多于新造竹林（朱熙樵，1988；朱谦和高健，2007）。

防治措施

对竹黑粉病的防治应在发病初，在黑粉（厚垣孢子）飞散前，把病竹（笋）连竹鞭一起挖除。新造竹林避免在病竹林内取用母竹。老竹林应结合抚育管理，每隔数年进行压土，加厚竹林的表土层，减少跳鞭和浅土鞭，这样既有利于竹林的生长，又可减少发病（朱熙樵，1988）。

参考文献

朱谦，高健，2007. 皖南毛金竹黑粉病发生与防治 [J]. 安徽林业科技，1(1)：12.

朱熙樵，1988. 竹黑粉病及其病原菌 (*Ustilago shiraiana* P. Henn) 生物学的研究 [J]. 南京林业大学学报 (自然科学版)，1(3)：64–71.

CLAYTON W D, RENVOIZE S A, 1986. Genera graminum: Grasses of the world[J]. Kew Bulletin Additional Series, 13(1)：208.

HENNINGS P, 1901. Fungi japonici[J]. Botanische Jahrbücher für Systematic, 28: 259–280.

HORI S, 1907. Smut on cultivated large bamboo (*Phyllostachys*)[J]. Bulletin of the Imperial Central Agricultural Experimental Station, Nishigahara, Tokyo, 1: 73–93.

MORDUE J, SIVANESAN A, SUTTON B C, et al, 1991. IMI descriptions of fungi and bacteria [J]. Mycopat hologia, 115(1)：45−64.

PATTERSON F W, CHARLES V K, 1916. The occurrence of bamboo smut in America[J]. Phytopathology, 6(1)：351–356.

VÁNKY K. 2011. *Bambusiomyces*, a new genus of smut fungi (Ustilaginomycetes)[J]. Mycologia Balcanica, 8: 141−145.

毛竹枯梢病病原菌

竹喙球菌 *Ceratosphaeria phyllostachydis* S. Zhang

Ceratosphaeria phyllostachydis S. Zhang, Journal of Nanjing Technological College of Forest Products, 1: 157 (1982)

竹喙球菌隶属于子囊菌亚门（Ascomycotina）间座壳科（Diaporthaceae）竹喙球菌属（*Ceratosphaeria*）（欧兆胜 等，1993）。该菌是引发毛竹枯梢病的病原菌。由于该病原菌没有进行分子鉴定，其系统学位置有待进一步确定。

形态学特征

子囊壳埋生在病枝竹节处的组织内，聚生，偶单生，扁球形到球形，直径 225~385 μm，壳壁拟薄壁组织性，暗色，顶生一个圆筒形的暗色长喙，破寄主表皮而外露；喙长 300~570 μm，宽 70~100 μm，喙的外壁上具有稠密的细长毛。子囊圆筒形，长 85~95 μm，宽 12~16 μm，基部有 1 个很短的柄，内含 8 个子囊孢子；子囊孢子双行排列，偶有单行排列，或排列不整齐。子囊单壁，两侧薄，顶部增厚，厚 6~9 μm，中间有 1 个小孔道，在孔道周围有 1 个折光性强的非淀粉质的顶环。子囊孢子椭圆形，大小为 19~34 μm × 6~11 μm，无色到淡黄色，具 3 个隔膜，少数具有 4~5 个隔膜，在同一个子囊内，孢子的隔膜数不定，在隔膜处无明显的缢缩现象。无性繁殖在病组织的表皮下产生黑色炭质的分生孢子器，224.3~251.2 μm × 287.0~249.8 μm；分生孢子梗长 19.5~29.9 μm，宽 2.6 μm，无隔膜；分生孢子为单细胞，无色，茄形或香肠形，有些弯曲成钩状，具 2~4 个油点，13.0~19.5 μm × 2.6~3.9 μm（图 1）。

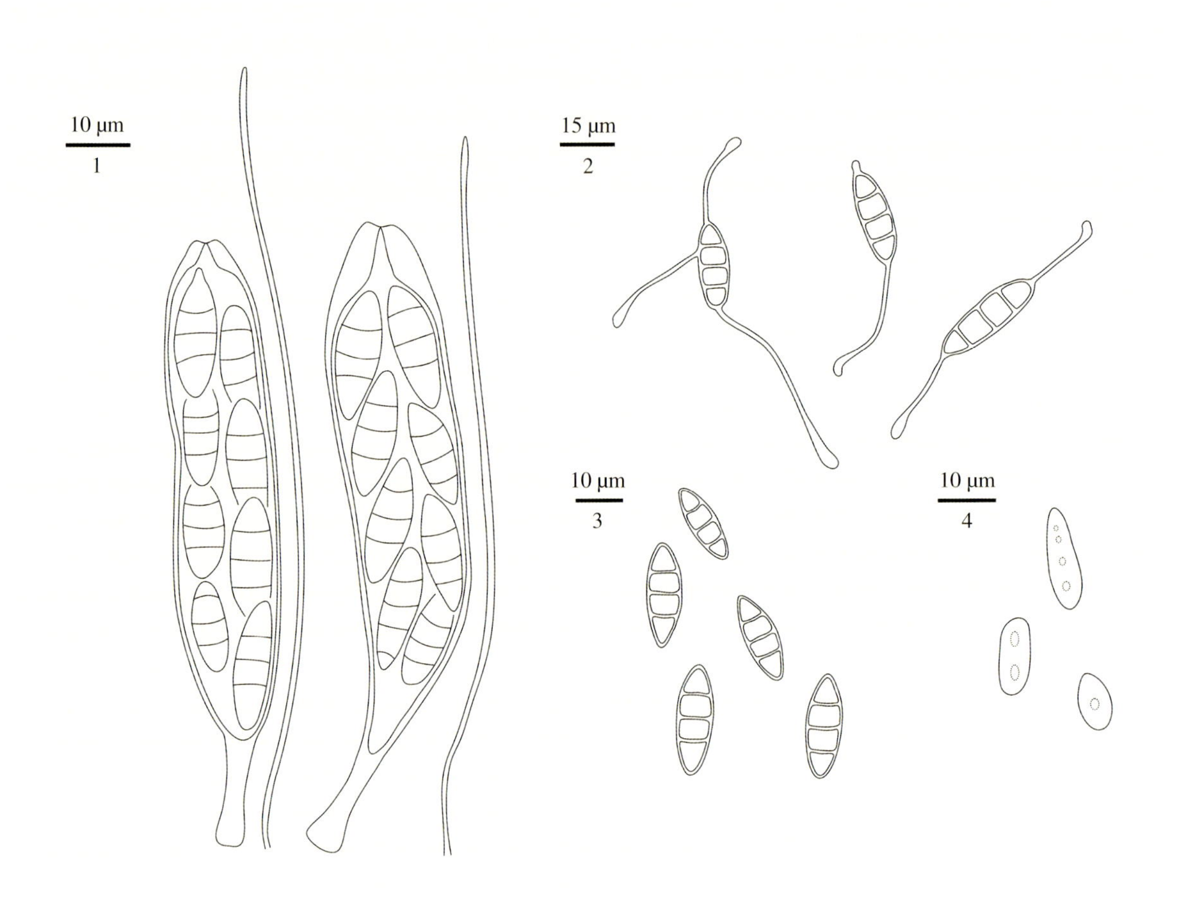

图 1　竹喙球菌

1. 子囊及侧丝；2. 子囊孢子萌发；3. 子囊孢子；4. 分生孢子

菌丝生长适宜温度为 25~30℃，临界温度为 5℃和 40℃，≤ 5℃或者≥ 40℃时菌丝停止生长。子囊孢子于清水中 8 h 后大多数可以萌发，而分生孢子在清水内不会发芽。病原菌可存活 3~5 年，且仅寄生于毛竹（周旭，2006）。该病在 5—8 月发生较为严重。在浙江地区，枯梢病的病原菌以菌丝体形态越冬，子囊壳一般在次年 4 月产生，子囊孢子在 5 月中旬开始释放，6 月可见分生孢子器，孢子可以借风雨传播。在 7—8 月高温干旱时期，植物叶片的蒸腾作用增强，毛竹生长所需水分得不到保障，养分输送受阻，毛竹容易感病（蔡国贵，1998）。

分布与危害

毛竹枯梢病有分布广、蔓延快的特点。20 世纪 50 年代末，在浙江黄岩首次发生，随后快速扩散到浙江其他地方，之后在福建、安徽、江西等地迅速传播，浙江、福建和江西是毛竹枯梢病的重灾区。其中，1971 年在浙江杭州、嘉兴等地，毛竹枯梢病发生面积 18 万 hm^2，发病株数 1000 万株；1988 年福建发生面积 3 万 hm^2（蔡国贵，1998）；1982 年江西萍乡首次发生毛竹枯梢病，发生面积 24 hm^2，到 1990 年扩大到了 0.15 万 hm^2（黄悦悦，1998）。毛竹枯梢病病原曾是中国非常重要的林业检疫对象之一，现在仍为很多省份的补充森林植物病原检疫对象（魏初奖 等，2001）。江西省毛竹枯梢病具有发生面积大、危害程度重、防治手段落后以及不可持续等特点，据江西省林业有害生物防治检疫局公布的数据，毛竹枯梢病在江西的年均发生面积在 100 hm^2 以上，2006 年发生最为严重，有 400 hm^2，占整个毛竹病害发生面积的 2/3 以上。该病危害重，病情广泛分布在毛竹产区，新生竹在发生 3~4 年后可导致整个竹林毁灭，在发生之后，主要采用药剂防治，如百菌清、甲基托布津、多菌灵等。这些药剂均存在药物残留问题，不仅残留在植物和土壤中，还含有致癌物质，对鸟类等天敌产生危害，不利于森林的可持续发展。受害毛竹质量下降，竹林出笋量减少，严重影响毛竹相关产业的发展，使竹农蒙受巨大损失（谢菲，2020）。

本书作者之一侯成林多年调查研究毛竹枯梢病，从未采集到竹喙球菌有性态标本，取而代之是各种无性态标本，因此怀疑毛竹枯梢病可能由多种病原引起的。

症状

感病新竹主梢或枝条的节叉处先出现舌状或梭形病斑，颜色由淡褐色逐渐加深呈紫褐色（图 2、图 3）。当病斑包围枝（干）一圈时，其上部的叶片变黄，纵卷直至枯死脱落。由于病害发展的严

图 2　毛竹枯梢病症状

图 3　毛竹枯梢病症状（王士娟拍摄）

重程度不同，在病竹林内最后出现枯梢、枯枝和全株枯死 3 种类型。剖开病竹，可见病斑内壁变为褐色，并生长有白色棉絮状菌丝体。病竹枝梢上的叶片和小枝脱落后，不再萌生新叶。翌年春，在枯枝或梢的节处出现不规则的小突起，后呈不规则开裂，从裂口处伸出 1 至数根毛状物，这是病原菌子囊壳的喙部（叶茂 等，2000）。

发病规律

病菌以菌丝体在寄主组织内潜伏越冬，并能存活 3~5 年。每年在 4 月开始形成子囊壳，以 2 年前感病竹内的菌丝体产生的子囊壳为最多。子囊壳于 5 月中旬至 6 月中旬成熟，并在阴雨或饱和湿度的条件下，释放子囊孢子。这时正是新竹的发枝放叶期，处于感病状态。孢子萌发后通过伤口或直接侵入寄主。受侵寄主经 1~3 个月的潜育期后，开始表现症状。潜育期的长短和新竹枯死的严重程度与 7—8 月高温干旱期出现的迟早和持续时间的长短有密切的相关性。毛竹枯梢可以根据竹林内菌源的数量，新竹感病期的降水情况和 7—9 月高温干旱期的持续时间和程度进行测报。据初步分析：4 月气温回升快，月平均气温达 15℃；5—6 月雨水多，降雨量达 300 mm，雨日多达 35 d 以上；7—8 月高温干旱期长；竹林内病竹枯梢残留量多，枯梢病有可能流行成灾。通常，在山岗、风口、林缘、高山、阳坡、纯林处的新竹发病较重。

病原菌侵入寄主体后，会引起寄主的一系列反应，其中包括病菌为生存而产生对寄主不利的反应，也包括寄主为抵御病菌侵染的抗性反应。竹喙球菌子囊孢子萌发侵入新竹后，引起寄主竹呼吸、蒸腾及细胞代谢的一系列变化。对比分析表明，健康株的枝、叶含水量比病株高，而病株的叶蒸腾强度却比健康株高 150%。发病盛期病株的呼吸强度比健康株高近 1 倍，而叶绿素含量则降低 4 倍，净光合速率降低超过 1 倍。

病株呼吸、光合及蒸腾作用的变化由细胞受损而代谢活动改变引起，观察显示受侵染侧枝细胞质膜受损，电解质外渗，导致病株枝叶导率值显著增加。

病菌通过产生毒素对寄主细胞进行损害，以病原菌培养滤液接种，产生与菌丝接种相似的病症，用滤液处理嫩枝，24 h 即出现枯萎，表明竹喙球菌通过产生毒素实现对寄主细胞的破坏。

寄主受病原物侵染后，会产生不同程度的抗性反应。植物对寄生物的抗性与组织内氧化酶活力正相关，而与水解酶活性负相关。毛竹受竹喙球菌侵染后，病株内通常与抗性相关的过氧化物酶、多酚氧化酶和过氧化氢酶明显增加。过氧化物同工酶分析显示病株与健康株具有相同数量的同工酶，但强弱存在明显差异，表明受侵染后同工酶活性明显增加。

在植物存在诱导化学抗性的同时，还存在不同程度的物理抗性和自源化学抗性，毛竹枯梢病菌每年仅能一次侵染放叶期新竹，显示了成熟竹秆物理特性对病原孢子的物理抗性，而随年龄不断衰弱的营养特性，则导致了老病竹丧失病斑扩展、产生子实体的能力。

发病条件

毛竹枯梢病的发生受很多因素的影响。林庆源等人（1999）研究毛竹枯梢病感病指数与林分类型、竹龄结构、土壤、地形、林分密度等因子之间的关系，毛竹纯林病情指数明显高于竹阔混交林，纯林的病情指数是混交林的 3.1 倍，在胸径大于 7 cm 时，病情随林分密度增加而减轻，平均胸径和毛竹枯梢病之间是负相关关系，病情指数随林分中Ⅱ度和Ⅲ度竹所占比例的上升呈现下降趋势，并以林分因子为变量，推导出来了病情指数的预测模型，模型对样地病情指数的判别准确率为 76.6%，并提出控制毛竹枯梢病的营林措施。林强（1999）研究了毛竹枯梢病和毛竹土壤条件的关系，研究表明，毛竹枯梢病的发生与土壤养分含量关系密切，与土壤全氮和速效磷含量呈极显著负相关关系，与钾和硼的关系呈显著负相关关系，活性铁可以增加发病概率。林强（2002）进一步对福建的 232 块感染毛竹枯梢病的林地进行研究，研究病害与竹龄、胸径、整齐度、均匀度、林分组成以及当年新竹占比等林分结构之间的关系，并建立了林分结构与感病指数的预测模型。结果显示，竹龄是影响毛竹枯梢病感病指数最大的林分因子，竹龄对毛竹枯梢病的预防与治理至关重要，其次是林分组成与新竹占比，其他林分因子与感病指数的相关紧密程度从大到小依次为胸径、整齐度、均匀度。保持竹林合理的林分结构是控制毛竹枯梢病的有效手段。

毛竹枯梢病除了受林分、立地因子的影响，还受气象因子的影响。何东进等人（1998）收集了年均气温、年总降雨量和年均相对湿度 3 项气象因子，用人工神经网络预测气象因子和毛竹枯梢病病情指数之间的关系。结果显示，8 组数据的预测模型平均相对误差为 16.64%，平均预测精度为 85.36%。何东进等人（2000）用通径分析的方法进一步分析年均气温、年总降雨量和年均相对湿度分别对毛竹枯梢病发生程度的影响，结果表明，年均气温是影响毛竹枯梢病的主导因子，年总降雨量和年均相对湿度与毛竹枯梢病的病情指数关系不显著。

毛竹枯梢病还受时间、空间的影响。欧兆胜等人（1993）对毛竹枯梢病对毛竹间的时间和空间的流行动态进行了研究，时间动态研究表明毛竹枯梢病属于积年流行病害，病株率和感病指数分别按 2.5 倍和 3.4 倍的速度逐年上升，在 4~5 年染病毛竹会濒临枯死。

空间动态研究表明毛竹枯梢病属于聚集分布型，以发病源为中心，向周围扩散，扩散空间的水平距离为 5~10 m。在初次发现零星病株时，应采取相关的措施进行拔除。朱建华（1997）探讨了毛竹枯梢病普遍率与严重度之间的关系，通过 3 年的调查研究，表明逐年流行动态对普遍率和严重度没有显著影响，但是毛竹周边的环境因子及自身的抗病性可以显著影响毛竹枯梢病发生程度和扩散范围。谢大洋（2003）把毛竹枯梢病的发生区进行了划分，分为重灾区、轻灾区和无灾区 3 个区，同时，把危险程度的等级分为 3 个等级，建立了危险等级发生面积预测预报模型，具有实际指导意义。

谢菲（2020）利用景观病理学理论，从林分尺度、个体相对性和个体尺度多尺度地去揭示毛竹枯梢病的发生与各影响因素之间的关系。在林分尺度上，通过调查毛竹林的林分及立地因子，分析各因子对毛竹枯梢病的影响程度，并筛选了关键的诱导因子，继而讨论不同的关键因子在林木相对指标、树冠形状及营养空间利用状况 3 个方面对枯梢病的影响，同时描述了不同的关键因子与胸径、树高和冠幅大小比数对毛竹枯梢病发生的影响。

防治措施

毛竹枯梢病的治理方法主要分为 2 种：化学杀菌剂防治和营林技术防治（陈文智，2012）。化学杀菌剂防治又分为化学喷雾、竹腔注射防治和施放杀虫剂等方法。在病害流行的年份，用 50% 多菌灵或 50% 苯莱特可湿性粉剂 1000 倍液，或 1：1：100 的波尔多液在新竹发枝放叶期进行喷洒。在 5 月中下旬至 6 月中下旬，每隔 10 d 喷一次，连续喷洒 23 次，有一定的防病效果。但由于操作困难，化学防治措施在实践中应用得很少，且经过试验表明，化学杀菌剂只能减轻病害的发展，不能从根本上解决病害问题。而随着营林技术的兴起，营林技术逐渐成为对林业有害生物进行有效防治的根本性措施和主要有效措施。营林作为对林有害生物进行有效防治的根本性措施，范围广阔，主要包括应用生物工程技术，选择优良品种进行选育与推广；改善林业的卫生环境；根据不同条件，对树木的种类和密度做出合理的安排，实施科学育林；以壮苗造林，加强管理措施，以保障植物的快速生长；实施混交育林，避免林业树种的单一化形式；对林业系统中存在的生物危害及时清除；禁止滥砍滥伐；促进林业植被生长多层次化的实现，是一套完整有效的防治方法。因此，面对毛竹枯梢病，应该贯彻以营林技术为主的观点，把森林保护措施和营林措施结合起来。毛竹枯梢病的发生发展是由病原及竹林条件决定的，通过营林技术可以创造有利于竹林生长、抑制病原传播扩散的环境。各地区应该结合毛竹产区的实际情况，采用全部或者部分营林措施。

①在选择栽种地址时，应注意遵循适地原则。毛竹的生长需要温暖湿润的气候条件。既需要充裕的水湿条件，又不耐积水淹浸。因此在选择生长环境时，要避免在贫瘠和低洼的地方栽种。因为这种地方的土壤条件，会阻碍竹子根部的呼吸，造成有害物质积累，从而导致竹子自身免疫力下降和竹林病害的发生。

②对现有的竹林应该加强管理，提倡营造混交林。混交林是由 2 个或 2 个以上的树种组成的森林，较之单一树种的树林，林内的光照减弱、蒸发量减少、空气湿度增加，有利于改善林内的小气候，且混交林成分复杂，可以实现复杂生态环境的构建，比单一树林更能提高土壤肥力，调节土壤的性质。混交林对于林业有害生物的防治十分有效，不论是枝叶还是根部病害，混交林都可以发挥一定的屏障作用。但是一定要注意合理搭配混树种和混交数量。

③重视竹林的卫生，可以有效地减少有害物质的侵染。对于竹林中的枯落物和病竹、死竹应该及时清理干净。重病竹应该带出林外烧毁，以清除病原。加强预测预报和检疫监测系统，在发现病

竹时应该及时清理，消灭发病源头。对于感染较轻的竹子，钩净枯枝和枯梢即可，对于枯死一半以上或者完全枯死的竹子，应该全株砍除，并在翌年进行复查，以达到彻底清除的目的。

④毛竹枯梢病会随着病竹的流通而扩散，故应该加强对毛竹的检疫。严禁有病竹进入新竹区，避免人为传播，不用病竹做产品。在采伐过程中，也应该合理采伐，要卫生采伐老、弱、病、残竹。

⑤对于新竹染病情况和防治效果要细致了解。根据毛竹枯梢病只侵染当年新竹的特性，以新竹染病指数的递增率为防治效果的评价指标，监测新竹染病情况和防治效果（陈文智，2012）。

参考文献

蔡国贵，1998. 福建省毛竹枯梢病的监测调查及检疫防除 [J]. 植物检疫，12(2)：7−9.

陈文智，2012. 运用营林技术防治毛竹枯梢病的作用分析 [J]. 绿色科技，1 (12)：198−199.

何东进，洪伟，崔春英，等，2000. 通径分析在毛竹枯梢病研究中的应用 [J]. 福建林学院学报，20(3)：203−206.

何东进，洪伟，吴承祯，1998. 人工神经网络在毛竹枯梢病预测预报的应用研究 [J]. 植物病理学报，28(4)：353−357.

黄悦悦，1998. 江西省毛竹枯梢病发生情况与治理措施 [J]. 江西植保，21(4)：30−31.

林强，1999. 毛竹枯梢病发生的土壤条件分析 [J]. 南京林业大学学报，23(4)：44−47.

林强，2002. 毛竹林分结构与毛竹枯梢病的关系 [J]. 福建林学院学报，22(4)：361−365.

林庆源，林强，黄吉力，等，1999. 毛竹枯梢病发生与林分及立地条件的关系 [J]. 林业科学研究，12(6)：628−632.

林长春，2003. 毛竹枯梢病的研究进展 [J]. 竹子研究汇刊，1(2)：25−29.

欧兆胜，张文勤，黄祖清，1993. 毛竹枯梢病测报方法研究 [J]. 福建林学院学报，13(2)：141−146.

魏初奖，庄晨辉，蔡国贵，等，2001. 森林病虫害灾区区划的原则与依据 [J]. 中国森林病虫，1(5)：39–40.

谢大洋，2003. 毛竹枯梢病灾区区划及预测模型 [J]. 浙江林学院学报，20(4)：70−74.

谢菲，2020. 立地及林分因子对毛竹枯梢病的发病效应 [D]. 北京：中国林业科学研究院 .

叶茂，戴良英，罗宽，等，2000. 毛竹枯梢病菌产孢条件的研究 [J]. 湖南农业大学学报 (1)：15−17.

周旭，2006. 毛竹主要病害综合治理研究 [D]. 福州：福建农林大学 .

朱建华，1997. 毛竹枯梢病普遍率与严重度关系初步探讨 [J]. 福建林业科技，24(3)：43−46.

竹炭疽病病原菌

炭疽菌 *Colletotrichum* spp.

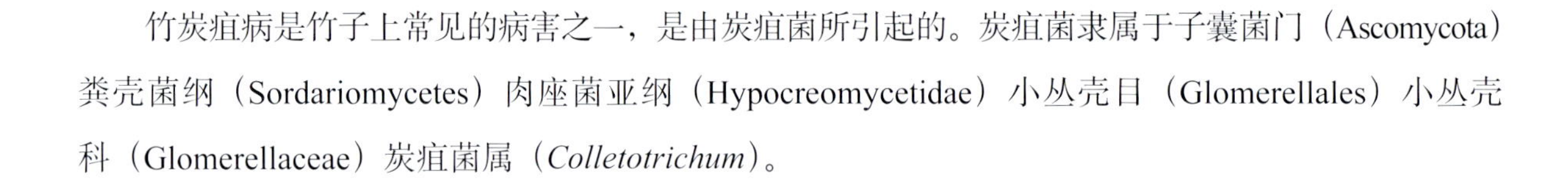

竹炭疽病是竹子上常见的病害之一，是由炭疽菌所引起的。炭疽菌隶属于子囊菌门（Ascomycota）粪壳菌纲（Sordariomycetes）肉座菌亚纲（Hypocreomycetidae）小丛壳目（Glomerellales）小丛壳科（Glomerellaceae）炭疽菌属（*Colletotrichum*）。

分类历史

Saccardo（1908）从意大利的日本青篱竹（*Arundinaria japonica*）死亡的茎秆上分离得到炭疽菌矢竹炭疽菌（*Colletotrichum metake*）；Hino 和 Hidaka（1934）从日本的刚竹属竹子活的茎秆上分离得到炭疽菌刚竹炭疽菌（*Colletotrichum hsienjenchang*）。之后，Sato 等人从日本的桂竹（*Phyllostachys bambusoides*）和川竹（*Pleioblastus simonii*）又分别分离得到刚竹炭疽菌和矢竹炭疽菌，并通过形态学与分子系统发育分析对这两个种进行了重新鉴定（Sato et al.，2012）。

形态学特征

刚竹炭疽菌在寄主上的分生孢子器为表皮下生，椭圆形至不规则形，长至 530 µm，分生孢子流白色，周围有许多深色刚毛；在 PDA 培养基上，单瓶梗产孢或多瓶梗产孢，多为叉状分枝，在分生孢子梗顶端有棒状分枝；分生孢子无隔，无色，镰刀形至圆柱形，基部弯曲，两端尖，16~68 µm × 2.8~5.3 µm；马铃薯胡萝卜培养基（PCA）上菌丝附着胞呈灰褐色至褐色，半球形、椭圆形或不规则形，通常有一些短突起，12~36 µm × 8~27 µm（Sato et al.，2012）。矢竹炭疽菌在寄主上的分生孢子器为表皮下生，平均直径 100 µm，具刚毛，被分生孢子梗包围，分生孢子梗从一个褐色圆形至角形细胞组成的垫状物中形成。在 PDA 培养基上，分生孢子无隔膜，无色，圆柱形，基部尖，顶端圆，19~27 μm × 3.2~5.5 μm。在 PCA 培养基上，菌丝附着胞呈深褐色至浅褐色，近球形、柠檬形或椭圆，8~17 μm × 5.4~15 μm。

任春光等人（2008）通过观察形态学特征，将侵染撑绿竹的炭疽菌鉴定为球炭疽菌（*Colletotrichum coccodes*）。由于炭疽菌依据形态学鉴定的结果通常不可靠，因此该菌鉴定结果还需要得到分子数据验证。

王秋彤等人（2021）从毛竹、刚竹、短穗竹和毛竹种子中分离得到多个炭疽菌株，通过形态学方法结合多基因系统发育学分析鉴定为 2 个新种竹炭疽菌（*Colletotrichum bambusicola*）（图 1），广西炭疽菌（*Colletotrichum guangxiense*）（图 2）和一个已知种（*Colletotrichum metake*）（图 3）。迄今为止，这些物种只发生在竹亚科（Bambusoideae）上，这表明它们可能有寄主偏好性。竹生炭疽菌的形态学特征为菌落在 PDA 上 7 d 内直径 67~69 mm，边缘完整，正面呈石灰绿色，气生菌丝致密，反面呈深石灰绿色。在合成低营养琼脂（SNA）培养基上未形成分生孢子器，分生孢子梗直接

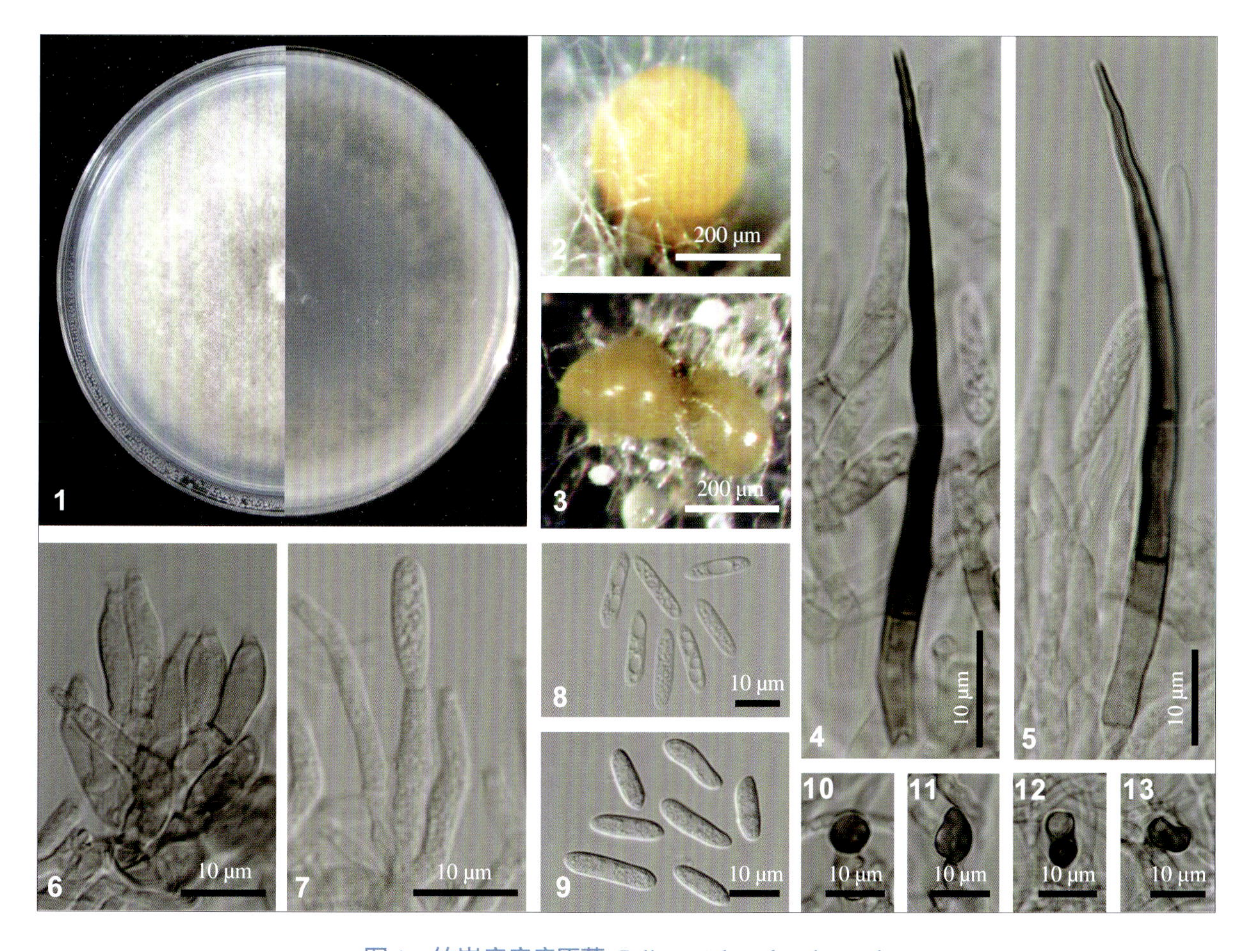

图 1 竹炭疽病病原菌 *Colletotrichum bambusicola*

1、2. 菌落特征（左边为正面，右边为反面）；2、3. 分生孢子流；4、5. 刚毛；
6、7. 产孢细胞；8、9. 分生孢子；10 ~ 13. 附着胞

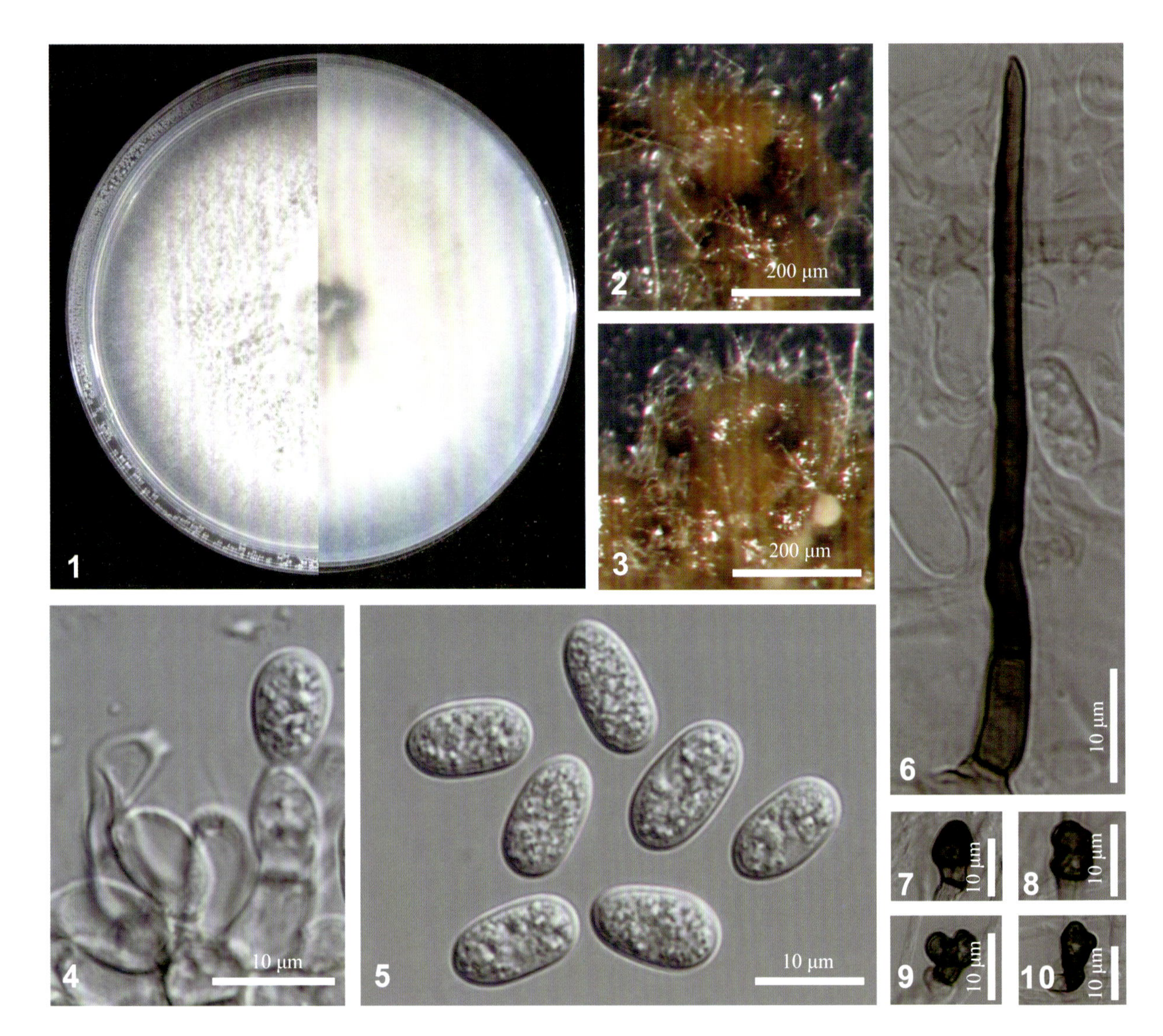

图 2　竹炭疽病病原菌 *Colletotrichum guangxiense*

1、2. 菌落特征（左边为正面，右边为反面）；2、3. 分生孢子流；4. 产孢细胞；

5. 分生孢子；6. 刚毛；7 ～ 10. 附着胞

在菌丝上形成。营养菌丝无色，壁光滑，有隔膜，分枝。刚毛褐色，壁光滑，具有 3~4 个隔膜，长 66~89 μm，基部细胞圆柱形，直径 3~4 μm，顶端尖至钝。分生孢子梗从一个由褐色圆形至角形细胞组成的垫状物中形成，无色，有隔膜，分枝。产孢细胞无色，无隔膜，壁光滑，圆柱形至安瓿瓶形，25~43 μm × 3~5 μm。分生孢子无色，无隔膜，壁光滑，稍弯曲，圆柱形至棍棒状，一端钝圆另一端近截形，13~17 μm × 4~5 μm（$\bar{x}$ = 15.4 ± 0.8 μm × 4.3 ± 0.3 μm，长宽比 = 3.6）。附着胞单生，褐色，卵圆形至不规则形，边缘完整或呈波状，6~9 μm × 4~7 μm（$\bar{x}$ = 7.6 ± 1 μm × 5.2 ± 1.2 μm，长宽比 = 1.5）。广西炭疽菌的菌落在 PDA 上 7 d 内直径 67~69 mm，边缘完整或呈波状，正面为浅灰橘色，气生菌丝致密，反面为浅灰黄色。在麦粉对脂培养基上形成分生孢子器，分生孢子器聚集，黑色。从分生孢子器中产生橘色分生孢子流。营养菌丝无色，壁光滑，有隔膜，分枝。刚

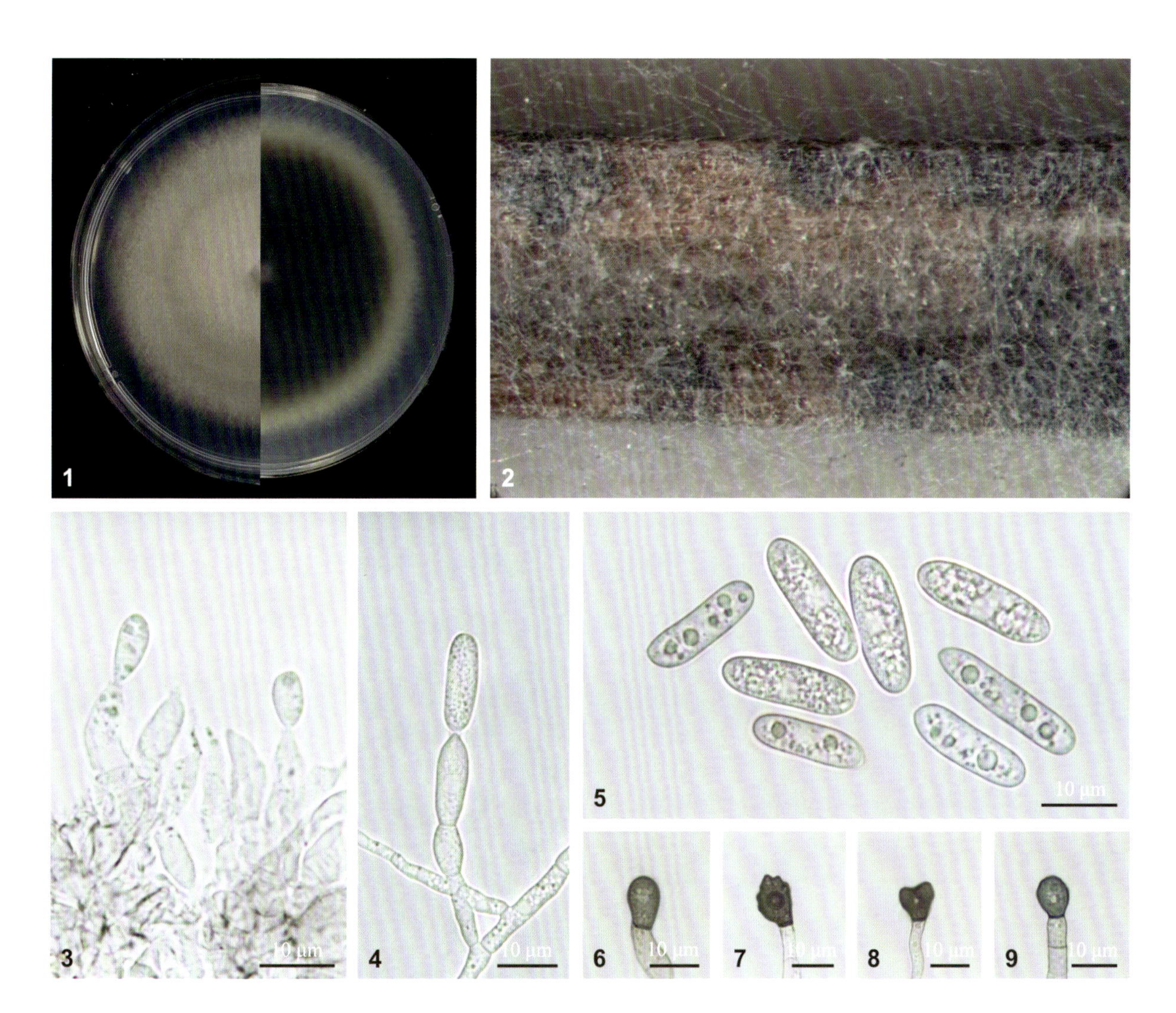

图 3　竹炭疽病病原菌 *Colletotrichum metake*

1、2. 菌落特征（左边为正面，右边为反面）；2. 分生孢子流；3、4. 产孢细胞；5. 分生孢子；6 ~ 9. 附着胞

毛褐色，壁光滑，具有 2~5 个隔膜，长 48~86 μm，基部细胞圆柱形，直径 4~6 μm，顶端尖至钝。分生孢子梗从 1 个由褐色角形细胞组成的垫状物中形成，无色至褐色，有隔膜，分枝。产孢细胞无色至浅褐色，无隔膜，壁光滑，圆柱形至安瓿瓶形，10~21 μm × 4~6.5 μm。分生孢子无色，无隔膜，壁光滑，不弯曲，圆柱形至椭圆形，两端钝圆，11~14 μm × 6.5~7.5 μm（$\bar{x}$ = 13 ± 0.7 μm × 7 ± 0.4 μm，长宽比 = 1.9）。在 SNA 培养基上，附着胞单生，深褐色，椭圆形至不规则形，边缘浅裂至波状，5~11 μm × 4~9 μm（$\bar{x}$ = 8.8 ± 1.5 μm × 7.0 ± 1.2 μm，长宽比 = 1.3）。

鲁春富等人（2023）从毛竹上分离得到炭疽菌株，根据形态学方法鉴定为胶胞炭疽菌（*Colletotrichum gloeosporioides*），但是没有得到分子系统学的验证。

Liu 等人（2022）从坏死的竹秆上分离得到 2 株炭疽菌，通过多基因系统发育分析结合形态学分析将其鉴定为类竹生炭疽菌，其形态学特征为菌落在 PDA 培养基上 7 d 内直径 54~58 mm，边缘全缘，正面呈白色，气生菌丝致密，反面同样白色，中心深绿色。在SNA培养基上产生分生孢子器，分生孢子器散生，黑色。从分生孢子器中产生橘色分生孢子流。营养菌丝无色，壁光滑，有隔膜，分枝。未观察到刚毛。分生孢子梗无色至浅褐色，单生，通常退化为产孢细胞。产孢细胞无色，无隔膜或具有1个隔膜，壁光滑，圆柱形至安瓿瓶形，18~38 μm × 2.5~5 μm。分生孢子无色，无隔膜，壁光滑，无弯曲，圆柱形至棍棒状，两端稍尖，或一端钝圆一端稍尖，18~21 μm × 5~7 μm（$\bar{x}$ = 19 ± 1 μm × 6.1 ± 0.4 μm，长宽比 = 3.1）。附着胞单生，褐色至深褐色，卵圆形至椭圆形，边缘完整，8~12 μm × 5.5~9 μm（$\bar{x}$ = 9.7 ± 1.2 μm × 7.7 ± 1 μm，长宽比 = 1.3）。

分布与危害

竹生炭疽菌，主要侵染竹子茎秆，有时也侵染叶片，在中国主要发生在贵州省的撑绿竹（*Bambusa pervariabilis* × *Dendrocalamopsis daii*）上（任春光，2008），日本和意大利等地的川竹、桂竹、日本青篱竹等竹类植物上也有报道（Sato et al.，2012）。Sato（2012）观察发现，紫竹（*Phyllostachys nigra*）和毛竹也经常观察到炭疽菌的出现。

症状

主要危害茎秆，病斑初期圆形至椭圆形，中央灰白色，边缘暗褐色，扩展后相互联合成大病斑（图4）。危害严重时，后期竹茎在节间处变软，萎缩，全茎变黑，上面着生淡黄色小点（任春光，2008）。鲁春富等人（2023）发现由胶胞炭疽菌引起的毛竹炭疽病害在林间表现为2种病状：一是当年初夏枯死类型；二是隔年枯死类型。在无伤情况下，可以侵染幼嫩枝梢造成嫩枝发病，引起局部病斑或枝条枯死。从自然界采集的病枝分离培养结果来看，该菌所占比例平均在80%，为明显的优势菌，说明胶孢炭疽菌在自然界的病竹枝条上普遍存在，该菌如在适宜的温湿度条件下，可以直接侵染当年嫩毛竹的枝条，造成枝条发病枯死，形成在林间常见的枝枯、梢枯、半边枯和整株枯死（王晓鸣，1987；陈继团，1987；张素轩，1995）。

图4　竹炭疽病症状

发病规律

气象因子的变化与炭疽病病害发展有着密切关系，高温、高湿气候有利于炭疽病病原菌的生长；7—8 月气温较高，降雨量大，空气湿度高，病害蔓延迅速（靳爱仙，2009）。

防治措施

在药剂防治上，包括种子处理和田间喷雾两个方面。种子消毒可用 0.1% 的硫酸铜水溶液消毒后 15 min 后，用 50℃温水浸 30 min，将溶液冲洗干净后，催芽，播种。林清洪（2006）、邓青云等人（2006）对室内药剂测定发现，50% 咪鲜胺，50% 多菌灵以及 70% 甲基硫菌灵对炭疽病菌均能有很强的抑制作用。蒋林等人（2006）报道了库拉索芦荟炭疽病菌毒力测定结果，50% 施保功、80% 炭疽立克、45% 炭轮快克、30% 氧氯化铜和 10% 世高等 5 种杀菌剂的抑菌效果均明显。

任春光等人（2008）对撑绿竹炭疽病进行了药剂试验，选择市面上常见的 10 种药剂（60% 茄苯得、64% 福乐尔、50% 多菌灵、80% 炭疽福美、10% 世高、疫霜灵、50% 福美双、65% 代森锌、78% 科博和 50% 氯溴异氰尿酸）进行单因素试验，通过生长速率法测定结果得出，10 种供试药剂在试验浓度下对撑绿竹炭疽病菌菌丝的生长均有不同程度的抑制作用，其抑制率随浓度的增加而增加，同时，药剂间抑制率也有明显差异，按照 EC_{50} 值比较不同杀菌剂的毒力大小依次为 10% 世高、50% 多菌灵、60% 茄苯得、80% 炭疽福美。4 种药剂在高浓度下具有较好的抑制效果，最好的是 10% 世高，EC_{50} 依次为 20.14 μg/mL、317.03 μg/mL、371.05 μg/mL、646.67 μg/mL；64% 福乐尔、50% 氯溴异氰尿酸、64% 三乙膦酸铝、65% 代森锌、78% 科博、50% 福美双的 EC_{50} 值依次为 885.57 μg/mL、1204.96 μg/mL、1610.07 μg/mL、1992.47 μg/mL、3690.12 μg/mL、11075.91 μg/mL，抑制效果较差。

任春光（2008）认为要想从根本上防治炭疽病，需要从培育抗病品种、改进栽培技术、药剂防治和生物防治等多方面着手。

参考文献

陈继团，1987. 毛竹（笋）秆基腐病林业病虫防治手册 [M]. 北京：中国林业出版社 .

邓青云，李国元，张全斌，2006. 红栀子炭疽病病原菌生物学特性及室内药剂筛选 [J]. 中国森林病虫，25(3)：29-31.

方伟，井出雄二，1995. 日本近期竹类研究文献集要 [J]. 浙江林学院学报，12(3)：332-337.

蒋林，田世尧，李天瑶，等，2006. 库拉索芦荟炭疽病菌生物学特性与药剂毒力测定研究 [J].

广东农业科学，1(2)：55−58.

靳爱仙，周国英，李河，2009. 油茶炭疽病的研究现状、问题与方向 [J]. 中国森林病虫，28(2)：27−31.

林清洪，林光荣，刘福平，等，2006. 鹤望兰炭疽病菌的生物学特性及杀菌剂的药效研究 [J]. 福建农业学报，3(4)：203−206.

鲁春富，郑梦兰，李雪涛，等，2023. 毛竹炭疽病的初步研究 [J]. 林业科技情报，55(1)：16−19.

任春光，2008. 赤水市撑绿竹真菌病害及主要病菌生物学研究 [D]. 贵阳：贵州大学 .

任春光，桑维钧，刘曼，等，2008. 撑绿竹炭疽病的病原鉴定及防治药剂筛选 [J]. 安徽农业科学，36(4)：1476−1477.

王晓鸣，李建义，1987. 陕西省炭疽菌的研究 [J]. 菌物学报，6(4)：211−218.

杨兴伟，张宪元，沈来波，等，2001. 白夹竹秆锈病发生规律的初步观察 [J]. 四川林业科技，22 (3)：19−21.

张素轩，2005. 毛竹基腐病综合防治技术研究 [M]. 南京：南京林业大学 .

张素轩，章卫民，曹越，等，1995，毛竹基腐病病原的研究 [J]. 南京林业大学学报，19(1)：1−7.

朱石麟，1994. 中国竹类植物图志 [M]. 北京：中国林业出版社 .

CANNON P F, DAMM U, JOHNSTON P R, et al, 2012. *Colletotrichum* current status and future directions[J]. Studies in Mycology, 73（1）：181−213.

DAI D Q, WIJAYAWARDENE N N, Tang L Z, et al, 2019. *Rubroshiraia* gen. nov. a second hypocrellin−producing genus in *Shiraiaceae* (*Pleosporales*)[J]. MycoKeys, 58:1−26.

HINO I, HIDAKA Z, 1934. Black culm rot of bambooshoots[J]. Bull of Miyazaki College of Agriculture and Forest. 6: 93–99.

HYDE K D, CAI L, MCKENZIE E, et al, 2009. Colletotrichum: a catalogue of confusion[J]. Fungal Diversity, 39: 1–17.

LI H, MORTIMER E E, KARUNARATHNA S C, et al, 2014. New species of *Phallus* from a subtropical forest in Xishuangbanna, China[J]. Phytotaxa, 163(2)：91.

LIU F, MA Z Y, HOU L W, et al, 2002. Updating species diversity of *Colletotrichum*, with a phylogenomic overview[J]. Studies in Mycology, 101(1)：1−56.

LIU Y X, HYDE K D, ARIYAWANSA H A, et al, 2013. *Shiraiaceae*, new family of *Pleosporales* (*Dothideomycetes, Ascomycota*)[J]. Phytotaxa, 103(1)：51–60.

SACCARDO P A, 1908. Notae mycologicae[J]. Annales Mycologici, 6: 553–599.

SATO T, MORIWAKI J, UZUHASHI S, et al, 2012. Molecular phylogenetic analyses and morphological re–examination of strains belonging to three rare *Colletotrichum* species in Japan[J].

Microbiol and Culture Collection, 28: 121–134.

SONG B, LI T, LI T, et al, 2018. *Phallus fuscoechinovolvatus* (Phallaceae, Basidiomycota), a new species with a dark spinose volva from southern China[J]. Phytotaxa, 334(1)：19–27.

WANG Q T, LIU F, HOU C L, et al, 2021. Species of *Colletotrichum* on bamboos from China[J]. Mycologia, 113(2)：450−458.

WHALLEY M A, KHALIL A M A, WEI T Z, et al, 2010. A new species of *Engleromyces* from China, a second species in the genus[J]. Mycotaxon, 112(1)：317−323.

珍稀药用菌

蝉花 *Cordyceps cicadae* (Miq.) Massee

Cordyceps cicadae (Miq.) Massee, Ann. Bot., Lond. 9: 38 (1895)

= *Isaria cicadae* Miq., Bull. Sci. phys. nat. Néerl.: 85 (1838)

= *Paecilomyces cicadae* (Miq.) Samson, Stud. Mycol. 6: 52 (1974)

= *Cordyceps cicadae* S. Z. Shing, Acta microbiol. sin. 15(1): 25 (1975)

蝉花又名大蝉草菌、虫花、蝉蛹草等，为蝉拟青霉（*Paecilomyces cicadae*）感染蝉科山蝉幼虫所形成的虫菌复合体，分类学地位属于子囊菌门（Ascomycota）粪壳菌纲（Sordariomycetes）肉座菌亚纲（Hypocreomycetidae）肉座菌目（Hypocreales）虫草菌科（Cordycipitaceae）虫草属（*Cordyceps*）（黄年来 等，2010；Kepler et al.，2017）。

分类历史

蝉花真菌的有性态在自然界很少见到，实际中采集到的多是其无性态。1838 年，Miquel 将蝉花真菌的无性态定名为蝉棒束孢菌（*Isaria cicadae*）；1895 年 Massee 在研究有性态－无性态的联系中，将 *Isaria cicadae* 作为 *Cordyceps cicadae* 的异名，命名为大蝉草（*Cordyceps cicadae*）（Kepler et al.，2017）。

由于蝉花在日本、韩国等地作为药用菌广泛应用，其后出现了多种同物异名，如 *Cordyceps cicadae*、*Isaria cicadae*、*Isaria sinclairii*、*Paecilomyces cicadae* 以及 *Ophiocordyceps sobolifera* 等（王

春雷，2006）。1974 年，Samson 对棒束孢菌及其近似种进行研究，将分生孢子梗瓶形、向上突然变细呈细长颈且分生孢子成链的棒束孢移入拟青霉属，相应地，蝉花菌的无性态被命名为蝉拟青霉（*Paecilomyces cicadae*）（卫亚丽，2014）。2005 年，Luangsa-ard 等人（2005）根据微管蛋白和 ITS rDNA 的序列，分析拟青霉属和棒束孢属的进化关系，认为这 2 个属的真菌进化上区分明显，将包括蝉拟青霉在内的 10 个种归入棒束孢属，因此，蝉花真菌的无性态阶段应该为蝉棒束孢菌（*Isaria cicadae*）。

2011 年，国际藻类、真菌与植物命名法规已经把"一种真菌一个名称"作为共识，在蝉花的分类上，由于其有性态在自然界很少见到，推荐用 *Isaria cicadae* 作为蝉花的学名。然而，Kepler 等人（2017）在对虫草科（Cordycipitaceae）模式标本进行细致研究的基础上，认为虫草属名称比棒束孢属更早确立，并被更广泛应用，提出用虫草属（*Cordyceps*）替代棒束孢属（*Isaria*）。Zha 等人（2019）对世界各地以 *Isaria cicadae* 或其异名命名的标本细致研究，在分析了 84 个菌株的 ITS 序列的基础上，认为蝉花是虫草属中一个独立的种，而 *Isaria cicadae* 是以巴西的标本命名的，没有 DNA 数据，因而作为异名比较合适。鉴于蝉花和 *Cordyceps cicadae* 被广泛接受并应用，专家认为应恢复用 *Cordyceps cicadae* 作为蝉花的学名。

由于蝉花菌的有性态很难见到，其有性态和无性态联系方面的资料很少，对于蝉花菌的有性态的学名，在国内外应用中长期混乱，曾有蝉虫草 *Cordyceps cicadae*（Massee，1895）、小蝉草（*Cordyceps sobolifera*）、大蝉草［地方名独角龙，*Cordyceps cicadae*（*Tolypocladium dujiaolongae*）］及小林虫草（*Cordyceps kobayasii*）等名称。李增智等人（2021）在井冈山采集到了一份标本，其上既有蝉花有性态，也有无性态。他们采用多基因位点 DNA 片段序列分析，认为 *Isaria cicadae* 是物种复合群，而历史上曾被误认为是蝉花有性态的小蝉草和大蝉草（独角龙弯颈霉）均不属于蝉花所在的虫草科。他们根据系统发育树上其标本的位置，将其作为一个新种并命名为 *Cordyceps chanhua*。关于蝉花菌有性态－无性态联系及其在科学分类中的作用，还需要做更深入的研究。

形态学特征

虫草的无性态和有性态差异很大，有时被人错误地当作不同的种类。它们都由从虫尸（菌核）上长出的可孕的膨大头部和不孕的柄部组成。无性态长出的叫孢梗束，由排列紧密的分生孢子梗聚合而成，其基部是成束的菌丝，顶部是较分散的分生孢子梗；在分生孢子梗的顶端或侧面产生分生孢子。有性态长出的叫子座，可容纳子实体，是子实体下面由紧实致密的菌丝组成的组织，也是虫草从营养阶段的菌丝到繁殖阶段的子实体的一种过渡形式；而子实体则是由菌丝分化形成的产生孢子（尤其是有性孢子）的结构（图 1）。虫体除了表皮（体壁）、复眼和 3 对足保留了原来的外部形态（其实其内部也都是菌丝）外，全部器官均已变为由致密的菌丝所构成的菌核。人们常说虫草是一种虫菌复合体，其实虫草本质上就是真菌，是由虫草菌的菌丝及其分化出的繁殖器官充塞在虫草新寄生的无脊椎动物（主要是昆虫）、真菌或植物组织内外新形成的独特的菌种。由于昆虫内部组

图 1　蝉花子实体

织器官的不同以及发育阶段的不同，导致占领这些部位的菌丝形态不一，所以菌核断面上不同部位的色泽、质地、硬度常有所差异，以致有时会误以为蝉花产品变质。

因蝉花的有性态尚未确定，故这里只介绍无性态的形态特征。

1. 宏观特征

蝉花寄生于蝉科昆虫的若虫上。新鲜的蝉花蝉体表面部分或完全包被着白色或灰白色的茸毛状菌丝体，并逐渐变为浅黄色和黄褐色。折断后可见其内部充满白色或浅黄色致密的菌丝体，气微香。这是蝉花的休眠体，即菌核。由于其外部尚包围着残存的蝉体壁，故也有人将其称为假菌核或内菌核以示区别。菌核能抵御不良环境，当条件合适时，可分化形成无性繁殖器官孢梗束或有性繁殖器官子座。

由于生长环境的差异以及寄主发育的进度不同，蝉花的大小有所差异；而不同种类的蝉个体大小不同，更会造成蝉花大小不一的现象，例如，寄主为竹蝉的蝉花个体较大，而从小鸣蝉或蟪蛄中长出的个体则小得多。本书的形态描述是基于寄生于竹蝉上的蝉花。

孢梗束从寄主前端（尤其是头部）密集长出，由许多直立或微弯的可育性菌丝和分生孢子梗紧密集结成束而成；出土前为柱状，顶部尖削；出土后延伸到一定长度时，上部开始分枝；孢梗束长30~80 mm，粗 2~6 mm，圆柱状或扁圆柱状，直立，单生或丛生，基部联合或分离。丛生偶见 6~25 根集生在一起，但基部联合。柄部新鲜时淡黄色，干燥后深褐色；向上反复分枝形成鸡冠花状或西兰花状的头，新鲜时淡黄白色，干燥后淡黄褐色，长 9~38 mm，粗 2~3.5 mm，布满枯草黄色的分生孢子。寄主体表局部或通体覆盖由菌丝体组成的菌膜。感病寄主总是头部朝上而死，故孢梗束皆从寄主头部发出，有利于尽快钻出土面，集中营养产生大量分生孢子而繁衍后代。

2. 显微特征

菌丝管状，分隔，壁光滑，无色透明，粗 2~3 μm，分生孢子梗不规则稠密分枝，粗2.0~3.5 μm，其上由 2~5 个产孢细胞（也称瓶梗）成轮排列。瓶梗基部多为球形或椭圆形膨大，偶钻状膨大；向上形成突然变细的宽 0.5 μm 的颈部，4.2~7（13.5）μm × 2.3~3.5（5.2）μm。瓶梗向基部产生分生孢子链（远离产孢细胞的孢子较老）；分生孢子长椭圆形或圆柱形，单胞，壁光滑，无色，透明，多对称，少数弯曲，3.5~10.5 μm × 1.5~4.5 μm，常见 1~3 个油滴。萌发后形成新的菌丝体，继续产生新的分生孢子。在不良培养条件下有时形成暗褐色的厚垣孢子。它们单生于菌丝的短侧枝顶部，未成熟时棒状、桶状、肾形或茄子形，常弯曲，深褐色，单胞，13~26.5 μm × 3~12 μm，壁平滑。短侧枝无色透明，与厚垣孢子连接处形成明显柄状膨大，10~37.4 μm × 2.8~9.2 μm。成熟时厚垣孢子近球形，具有带刺厚壁。它们以 3 种方式形成：一是菌丝短侧枝顶端细胞延长膨大，原生质浓缩，壁加厚并缢缩而成；二是厚垣孢子上部或侧面凸起并缢缩而成；三是分生孢子萌发后芽管延伸末端的细胞变大、壁增厚而成。

3. 培养特征

在马铃薯蔗糖琼脂培养基（PSA）上菌落生长较快，24℃温育 14 d，直径达 60~72 mm，呈莲子白色至浅黄色，茸毛状，表面有明显轮纹或放射线，背面无色。渗出液水珠状，无色。培养后期因产生大量分生孢子，致使菌落外貌呈粉状。

在查氏培养基上（Czapek）菌落生长稍慢而局限，14 d 后直径达 49~55 mm，平展，呈灰白色，茸毛状，致密。背面无色，未见渗出液产生，后期粉状。

在蛋白胨蔗糖琼脂培养基上，14 d 后直径达 54~70 mm，表面绳索状，有隆起环线，局部凸起或陷落，边缘有放射状钩纹，呈肉色，背面深褐色，未见渗出液。

在老的平板或斜面培养物上厚垣孢子成堆地聚在一起，形成针尖大小的黑色斑点；在摇瓶培养的挂壁培养物的上缘（远离培养液），厚垣孢子通常形成由黑色小颗粒组成的环状物。这些黑色的厚垣孢子堆易被误认为污染物。

分布及生态习性

根据调查，蝉花分布在中国秦岭—淮河以南的 18 个省（自治区、直辖市）。这是由其生态习性所决定的，包括合适的寄主以及从北亚热带至南亚热带的暖湿气候。此外，在日本、韩国、澳大利亚、新西兰和巴西等国也有分布；甚至美国农业部的虫生真菌菌种库里，还保存有从加拿大西海岸的不列颠 - 哥伦比亚分离的菌株。

近年来，李增智等人（2014）对蝉花自然分布及其生态环境进行了考察。研究发现在浙江海拔 50~600 m 的丘陵地带，坡度不大，土质疏松，郁闭度较高，湿度较大，地面覆盖有枯枝落叶层，且常有竹蝉活动的阔叶林或针阔叶混交林，一般均能发现蝉及蝉花的踪迹。其中以竹林密度最大，数量最多。反之，在坡度较陡、芒萁骨和茅草丛生、郁闭度较低、土壤板结的林地则难以找到蝉花。在莫干山和天目山海拔 650 m 的毛竹林和阔叶林，每年 6—8 月，气温 24~26℃，云雾缭绕，湿度较大，一般都有蝉花分布。

在陕南山区，森林覆盖率在 65% 左右，蝉花发生在针阔叶混交林中，寄主以山蝉为主。上层林有冷杉、红桦、光皮桦、华山松、漆树、棕榈、栓皮栎、青冈、水冬瓜、马桑、板栗、枫香、杜鹃等树种；下层为草本植物以及少量苔藓。山蝉通常在阳坡和阴坡均有分布，但蝉花大多分布在海拔 700~950 m 南北走向或西南—东北走向的向阳山坡上，坡度 40°~ 60°。

在云南横断山区，海拔超过 250 m 时，蝉花很少见；在海拔低于 2500 m 的阔叶林或以青冈栎、锥栗为主、混有云南松和冷杉等针叶树的针阔叶混交林，郁闭度大，土质疏松，枯枝落叶层厚，是蝉花分布的地方，寄主以小鸣蝉和蟪蛄为主。在纯针叶林未发现有蝉花。

从上述分布情况可以看出，蝉花发生地必须具备3个不可缺少的条件：寄主（蝉）、病原（蝉花菌）和适合的环境（包括竹林、大气及土壤等物理环境）。莽莽林海若没有合适的寄主，或者蝉的数量太少，密度过低，就不会有蝉花发生。同样，在竹蝉齐鸣的竹林，若缺乏蝉花的分布，例如已被人连续过度采挖殆尽，也难寻蝉花的踪迹。由于蝉和蝉花都生活在其共同的环境之中，若环境条件不适合二者中的任一方，例如缺乏寄主蝉喜食的竹子或其他树种，或是土壤瘠薄、干旱，森林稀疏，或是遭遇大旱，同样也不会有蝉花的存在。总体来看，林间蝉的数量受到环境和蝉花的制约，不会无限制地增长，不同年间其数量会有波动。而依存于蝉的蝉花受到蝉的数量和环境的影响，数量会随蝉的数量也发生波动。因此，只有在合适的环境里，病原和寄主间相互依存，交互作用，才会长期地共存下去。当采挖蝉花时，必须考虑到这一生态学的原理，不可竭泽而渔。既不可破坏蝉和蝉花栖息的生态环境——森林，也不可在采挖到蝉花后留下洞穴不加掩埋，从而招致水土流失而破坏森林，而且有的洞穴里还有暂未被蝉花感染的蝉的若虫，将它们暴露在阳光下会促其死亡。更为重要的是，切不可贪图近利，在林中反复采挖，将蝉花挖掘殆尽，而应有计划地分片轮流采挖。这是一种保护与采挖相结合的永续利用的科学策略（李增智 等，2014）。

培养方式

虽然蝉花与冬虫夏草相比，分布广泛，但其野生资源有限，无法满足市场需求。近年来，由于人们对虫草类真菌营养价值及生物活性有了深入认识，市场对蝉花需求不断增加，特别是当人工培养蝉花子实体被批准为新食品原料后，蝉花因其众多的生理功效，将成为食品、保健品的重要原料，未来蝉花类的相关产品也将越来越多，其需求量将急剧膨胀。因此，发展蝉花的人工培养技术将是解决这一问题的重要途径。蝉花的人工培养主要以蝉拟青霉（*Paecilomyces cicadae*）为菌种进行，目前已形成替代寄主昆虫人工培养、固体培养及液体发酵培养3种培养方式。

替代寄主昆虫人工培养是通过选择适合的寄主，常见有家蚕蚕蛹、柞蚕蚕蛹等，使菌丝体在寄主体内生长，得到最类似的虫菌复合体。这种仿生培养是蝉花人工培养的一个重要方向，目前研究主要集中在不同寄主筛选、替代寄主人工培养蝉花的成分分析等方面。通过筛选不同的寄主，发现家蚕幼虫和蚕蛹作为基质均能产生孢梗束。从感染率和产孢梗束来看，蚕蛹效果更好（胡海燕 等，2009）。对人工柞蚕培养蝉花与野生蝉花的成分分析发现其成分类似（何亚琼 等，2021）。以蚕蛹为培养基的蝉花孢梗束中腺苷、海藻糖和甘露醇含量明显高于麦仁培养基获得蝉花孢梗束（张红霞 等，2012）。

固体培养是指将蝉拟青霉接种在适宜的固体培养基上，这是获得蝉花孢梗束及菌丝体的主要方式。目前关于蝉花固体培养的文献相对较少，主要集中在碳氮源的筛选对比、不同培养基组分对活性物质成分含量的影响等方面。李忠等人（2007）通过比较不同碳氮源及碳氮比对蝉拟青霉菌丝体的生长发现：最适菌丝体生长的碳源为可溶性淀粉、最适氮源为蛋白胨，最适碳氮比是 40∶1。谢春芹等人（2018）研究不同固体培养基对蝉花孢梗束的影响发现：最适培养基为小麦 40 g，蛋清 2 g，营养液 60 mL。张忠亮等人（2016）对比不同的固体培养基（江苏农垦、烟农 24、烟农 15、济麦 22 品种的小麦作为固体培养基）对蝉花的 4 种核苷类成分的影响，发现固体培养基 SCM 培养的蝉花 4 种核苷类成分的含量较高。

液体培养是目前获得蝉花菌丝体及蝉花中活性物质的主要方式，具有生产成本低、发酵时间短、发酵条件较可控等优点。相较于前两种培养方式，液体培养更易实现蝉花的产业化应用。在液体培养上，目前文献主要集中在筛选适合的培养基组分、培养条件、添加各类促生长因子如植物激素、昆虫激素、硒元素等，提高菌丝体生物量或活性物质成分含量（于士军 等，2021）。此外，研究发现当向摇瓶培养基中添加蝉拟青霉同源多糖，其菌丝体的生物量和多糖的含量均受到明显抑制作用，随着同源多糖浓度的增加，反馈抑制作用增加，当同源多糖浓度达到 2.2 g/L 时，菌丝体的生长和多糖的产生则被完全抑制（王琪和刘作易，2008）。

经济价值

1. 营养价值

药食兼用真菌，除具有特定的药效外，还具有较高的营养价值。近年来，研究者们通过不同的方法进行深入的研究，现已基本弄清蝉花的主要营养成分。蝉花中含有丰富的蛋白质、氨基酸、纤维素、脂肪酸、多种维生素、微量元素及糖类，为其综合开发和利用提供了科学依据。然而，有关蝉花的研究报道在一些文献中较为混乱，研究结果不尽一致，究其原因除不同的研究方法因素外，主要是蝉花的营养成分会因产地或采集季节不同而存在一定差异。同时，随着蝉花的医疗保健价值不断被认知，对其人工培养的菌丝体和子实体（孢梗束）的研究也被不断报道，蝉花液体培养的菌丝、固体培养的孢梗束与天然蝉花既存在相同的营养成分，也存在一定差异。

（1）蛋白质和氨基酸

蝉花中含有丰富的蛋白质和氨基酸，俞滢等人（1997）对麦角菌科真菌大蝉草的测定显示其含蛋白质总量为 39.35%。张红霞等人（2012）对采自浙江宁海的天然蝉花及在麦仁培养基上培养的蝉花孢梗束进行了成分分析，结果表明，天然蝉花中粗蛋白含量高达 39.79%，人工培养的蝉花孢梗束中粗蛋白含量也达 31.18%；天然蝉花中的氨基酸总量高达 35.63%，人工培育的孢梗束氨基酸和必需氨基酸总量虽低于天然蝉花，但氨基酸的种类与天然蝉花一致，且必需氨基酸的比例略高于天然蝉花，这表明在氨基酸成分上人工培育的蝉花孢梗束对天然蝉花具有较好的替代性。葛飞等人

（2007）采用凯氏定氮法对天然蝉花与人工培养的蝉花菌丝体中的营养成分进行了比较，结果表明，来自广州的天然蝉花中粗蛋白含量为 19.65%，而人工培养的菌丝体中为 25.38%。氨基酸含量也表现为天然蝉花稍低于人工培养的菌丝体。高增平等人（1993）对采自杭州岳王庙的天然蝉花进行了氨基酸分析并与冬虫夏草进行了比较，结果表明，蝉花中氨基酸总量为 19.09%，高于冬虫夏草的 15.72%，且二者氨基酸种类相似，含量较接近。滕晔等人（2012）对浙江湖州的野生蝉花及人工培养的蝉花进行了氨基酸成分的分析，结果表明，除丙氨酸外，液体培养获得的蝉花菌丝体与野生蝉花所有的氨基酸种类均相同，且多种氨基酸的含量高出野生蝉花；从氨基酸总量来看，固体培养的孢梗束含量相对最高，虽未检测出胱氨酸和丙氨酸，但天冬氨酸、谷氨酸、丝氨酸、甘氨酸含量均高于野生蝉花，缬氨酸、甲硫氨酸、异亮氨酸等多种必需氨基酸的含量也高于野生蝉花；相比之下，液体培养的菌丝体就稍显不足。

（2）脂肪酸

张红霞等人（2012）对蝉花中的粗脂肪进行了测定，结果显示，天然蝉花（浙江宁海）中粗脂肪含量为 17.54%，而人工培养的蝉花孢梗束中仅为 4.46%。其测定表明，天然蝉花（浙江天目山）中粗脂肪含量为 17%，人工培养的孢梗束中粗脂肪含量为 6%，与张红霞等的报道几乎一致；且脂肪中以不饱和脂肪酸为主，天然蝉花和人工培养的孢梗束中不饱和脂肪酸含量分别占脂肪酸总量的 78.88% 和 71.65%。不同的是，天然蝉花的不饱和脂肪酸中以单不饱和脂肪酸为主，占脂肪酸总量的 69.85% 和不饱和脂肪酸总量的 89%，其中多不饱和脂肪酸含量相对较低。而人工培养的蝉花孢梗束的不饱和脂肪酸中以多不饱和脂肪酸为主，占不饱和脂肪酸总量的 65.04%，其中又以亚油酸为主，占不饱和脂肪酸总量的 63.4%。葛飞等人（2007）对蝉花中粗脂肪的测定表明，天然蝉花（采自广州）粗脂肪含量为 8.41%，而人工培养的蝉花菌丝体中粗脂肪含量为 7.72%；脂肪酸的成分分析表明，发酵菌丝体中不饱和脂肪酸含量为 83.04%，其中多价不饱和脂肪酸中亚麻油酸含量最高，为 53.91%；饱和脂肪酸的含量为 16.96%。天然蝉花中不饱和脂肪酸含量为 65.01%，其中油酸的含量最高为 45.48%；其不饱和脂肪酸的含量远低于发酵菌丝体。

脂肪是由 1 个甘油分子支架和连接在其支架上的 3 个脂肪酸分子组成，其中甘油的分子结构比较简单，而脂肪酸的种类和长短却各不相同，因此脂肪的性能和作用主要取决于脂肪酸。饱和脂肪酸的主要来源是家畜肉和乳类的脂肪，还有热带植物油（如棕榈油、椰子油等），其主要作用是为人体提供能量，可以增加人体内的胆固醇。相较于天然不饱和脂肪酸而言，过量摄取饱和脂肪酸容易导致心血管方面的疾病。动物能合成所需的饱和脂肪酸和亚油酸这类只含 1 个双键的单不饱和脂肪酸，含有 2 个或 2 个以上双键的多不饱和脂肪酸则必须从膳食中补充，故后者称为必需脂肪酸，其中亚麻酸和亚油酸最重要。此外，研究发现反式脂肪酸虽然属于不饱和脂肪酸，但其比饱和脂肪酸更容易导致心血管方面疾病，对人体害处很大，弃用人造反式脂肪对健康有利已经是共识。无论是天然蝉花，还是以不同方式人工培养的蝉花，蝉花中含有的脂肪都以不饱和脂肪酸为主，这点与常用食用菌相近，如香菇、黑木耳、银耳中不饱和脂肪酸分别占脂肪中的 75%、73.1% 和 69.2%。不同的是，天然蝉花的脂肪总量一般高于人工培养物，且多是以油酸为主的单不饱和脂肪酸，虽然有利于预防心血管疾病，但人体可自身合成。而蝉花人工培养物所含的不饱和脂肪酸主要是以亚麻酸和亚油酸为主的多不饱和脂肪酸，是人体不能自身合成的必需脂肪酸。相比之下，牛油中人体必需的脂肪酸仅占 2%~14%。

（3）无机元素

微量元素在机体生长、发育、生殖、神经内分泌、免疫、物质代谢、血液、消化、造血等方面发挥着重要作用，而且在抗氧化、抗衰老等方面也有着举足轻重的作用。高增平等人（1993）对天然蝉花（采自杭州岳王庙）中无机元素进行了全面分析测定，并跟冬虫夏草进行了比较，结果表明、蝉花含有丰富的矿物元素，其中铁、锌含量特别高，分别占各自营养素参考值（*NRV*）的 1527% 和 206%，属于高铁和富锌食品。其次钙含量占其营养素参考值的 58%，属于高钙食品。而钠含量，远低于冬虫夏草，属于极低钠盐食品。硒含量占其营养素参考值的 40%，属于富硒食品。蝉花中重金属砷、汞、铅的含量均比冬虫夏草低，且在蝉花中未检出汞，而冬虫夏草中却含有汞 0.13 μg/g，说明蝉花比冬虫夏草更为安全。葛飞等人（2007）的测定表明，液体发酵蝉花菌丝体中钙和镁的含量特别高，分别是天然蝉花（采自广州）中的 12 倍多和 1 倍多，微量元素铜、硒的含量也明显高于天然蝉花中的相应含量，铁、锌、铬的含量两者比较接近，而有害元素镉、砷、铅和汞的含量则低于天然蝉花。与高增平等人报道的结果相比，天然蝉花中无机元素的含量有一定差异，这可能与蝉花的产地有关。宋玉良对天然蝉花（采自浙江湖州）及其人工培养物中的 16 种无机元素进行了测定，从元素分布和含量差异来看，固体培养物与天然蝉花较为一致，而液体培养物所测到的元素（除铅以外）含量均超过天然蝉花，特别是钙、锌、铁含量成倍数增加。比较固体培养物和液体培养物可以看出，液体培养物元素含量均高于固体培养物，但固体培养物中未检测到有害的铅、镉和砷元素。对天然蝉花（采自浙江天目山）及人工培养的蝉花孢梗束含无机元素的测定结果表明，天然蝉花中无机元素含量几乎与高增平等人的测定结果一致，证明天然蝉花确为高铁、富锌、高钙、低钠（盐）食品。而有害重金属铅、砷、汞含量均低于冬虫夏草。人工培养的蝉花孢梗束中钙和铁含量均低于天然蝉花，锌含量与天然蝉花接近。有害重金属含量低于天然蝉花。

中国膳食构成一般缺铁元素，而天然蝉花中铁含量较多，与黑木耳接近，甚至高于黑木耳。

（4）维生素

对蝉花中维生素类的研究目前未见文献报道。李增智等人（2014）对天然蝉花（浙江天目山）及人工培养蝉花孢梗束中的维生素含量进行了测定，结果表明，天然蝉花中维生素 E 含量较高，而人工培养的孢梗束中维生素 B2 含量较高，二者均含有含量较高的烟酸。烟酸又名尼克酸，是人体必需的 13 种维生素之一，是一种水溶性维生素，属于维生素 B 族。蝉花富含维生素 B 族，其总量高于香菇、黑木耳和竹荪等食用菌，比一般蔬菜高 10 倍左右。

2. 药用价值

（1）免疫调节

多项研究表明，蝉花能提高机体的免疫功能。宋捷民等人（2007）用鸡红细胞吞噬实验测定小鼠腹腔巨噬细胞吞噬百分数和吞噬指数，观察到蝉花组与空白对照组比较各指标均有非常显著的差异，且高剂量组的作用与双宝素（人参及鲜王浆的合剂）组相当，表明蝉花具有提高巨噬细胞吞噬功能的作用。小鼠给药后采血测定血清溶血素、抗体积数表明蝉花具有明显促进正常小鼠体液免疫功能。陈秀芳等人（2002）研究表明，人工发酵蝉拟青霉菌丝体同野生蝉花一样能增强免疫功能。蝉拟青霉菌丝体水提取物能使正常大鼠腹腔、肺巨噬细胞内酸性磷酸酶（ACP）、乳酸脱氢酶（LDH）活力显著升高，并能拮抗由于使用环磷酰胺所致的腹腔巨噬细胞、肺巨噬细胞内 ACP、LDH 活力抑制作用；表明蝉拟青霉对腹腔巨噬细胞、肺巨噬细胞具有激活作用。认为蝉拟青霉可能是通过巨噬细胞的激活，并由激活的巨噬细胞介导实现机体的免疫调节功能。迟秋阳等人（1996）将蝉花菌株进行人工发酵产生蝉花菌丝，从中提取蝉花多糖对小鼠进行淋巴转换试验、EAC- 玫瑰花环试验、特异性免疫玫瑰花试验（IR_2FC）、巨噬细胞吞噬试验、抗绵羊红细胞（SRBC）抗体效价试验，结果表明，蝉花多糖具有明显提高免疫功能作用。金丽琴等人（2007）应用 200 mg/L 的蝉拟青霉总多糖大鼠臀部皮下注射 17 d 后，发现大鼠的白细胞数增高，表明蝉拟青霉总多糖可以增强大鼠的免疫力，并发现在大鼠脾脏、胸腺组织中的还原型谷胱甘肽的水平高于生理盐水对照组，而胸腺中脂质过氧化物的水平低于对照组，表明蝉拟青霉总多糖是一种良好的自由基清除剂或自由基反应抑制剂。因此，蝉拟青霉总多糖可能通过脾脏、胸腺这 2 个主要免疫器官自由基的代谢来增强机体的免疫功能，并与免疫激活剂牛膝多糖对大鼠免疫功能的影响做比较，结果表明二者功能基本相当。杨介钻等人（2004；2008）对老龄大鼠经皮下注射 100 mg/kg 的蝉拟青霉多糖，连续用药 3 周后，观察发现蝉拟青霉使老龄大鼠的脾脏湿重、脾脏湿重指数显著增加，白细胞数显著增加，以及胆固醇（Ch）、甘油三酯（TG）的含量减少，表明蝉拟青霉多糖能增强老龄大鼠的免疫功能和减少老龄大鼠体内脂质的含量，从而可能具有抗衰老作用。另外，发现蝉拟青霉水提物多糖能提高老龄大鼠腹腔、肺泡巨噬细胞吞噬功能和脾细胞免疫功能及增殖反应能力，使老龄大鼠低下的免疫功能得以改善。金丽琴等人（2006）给老龄大鼠皮下注射蝉拟青霉总多糖，发现老龄大鼠 ACP、LDH（肝、肾、脾）、精氨酸酶（肝、肾、胸腺）活力、还原型谷胱甘肽（肝、肾）水平显著上升，同时脂质过氧化物（肝、肾）的含量下降。

（2）改善肾功能

蝉花能有效延缓肾小球硬化、肾纤维化和慢性肾功能衰竭的进程。谢炜等人（2011）采用肾脏 5/6 切除和肾脏电灼建立慢性肾衰大鼠模型，考察液体发酵培养的蝉花菌丝体的治疗作用。结果表明，蝉花菌丝体的 3 个剂量组（0.6 g/kg、1.2 g/kg 和 12.4 g/kg）均能明显抑制肾脏 5/6 切除所致慢性肾衰大鼠血清中尿素氮和肌酐水平的升高，也能抑制由肾脏电灼引起慢性肾衰大鼠肌酐的升高。这提示蝉花菌丝体能有效延缓大鼠慢性肾衰的进程。金周慧等人（2005）研究表明，液体发酵培养的蝉花菌丝能明显降低 5/6 肾切除肾小球硬化模型大鼠的肾重 / 体重比值、24 h 蛋白尿、降低大鼠尿素氮（BUN）和血肌酐（Scr）；提高大鼠红细胞计数、血红蛋白、血细胞比容和血浆蛋白。免疫组化显示，蝉花菌丝能降低大鼠肾小球中ColIV、PAI−1 蛋白的表达，提高丝氨酸酶（uPA）的表达；原位杂交技术显示蝉花菌丝组尿液酶塑纤学酶厚激活剂（uPA）mRNA 的表达明显高于模型组大鼠（$P < 0.01$）；而 PAI−1 mRNA 的表达弱于模型组大鼠（$P < 0.05$）。蝉花菌丝在减轻肾组织病理损害，改善大鼠肾功能和肾衰竭的并发症，下调 ColIV、PAI−1 蛋白的表达和提高 uPA 的表达等方面的作用优于虫草菌丝和科素亚（$P < 0.05$~0.01），说明蝉花菌丝能有效延缓肾小球硬化。

（3）脂类代谢调节

金丽琴等人（2001）应用 500 mg/kg 体重的蝉拟青霉大鼠皮下注射 12 d 后，观察蝉拟青霉对大鼠血液中的生化指标变化，结果发现，蝉拟青霉组与生理盐水对照组比较，大鼠血液中碱性磷酸酶、尿素氮、胆固醇下降，而总蛋白、丙氨酸氨基转移酶、天门冬氨酸氨基转移酶、谷氨酰转移酶、肌酐等生化指标则无显著性影响，蝉拟青霉使大鼠血液中的胆固醇下降明显，表明蝉拟青霉有利于大鼠体内脂类物质的运输、转化代谢。杨介钻等人（2008）对老龄大鼠经皮下注射 100 mg/kg 的蝉拟青霉多糖，观察发现蝉拟青霉多糖组中老龄大鼠外周血中的胆固醇明显低于生理盐水对照组；蝉拟青霉多糖组中的三酰甘油含量，明显低于生理盐水对照组，实验表明蝉拟青霉多糖使老龄大鼠外周血中的胆固醇、三酰甘油水平降低，提示蝉拟青霉多糖有利于体内脂质的运输与转化代谢。

（4）抗肿瘤

蝉花能提高免疫功能，必然能直接或间接地吞噬或抑制肿瘤细胞，显示其抗肿瘤作用。体外试验表明，蝉花粗提物对肺癌细胞的生长有明显的抑制作用，且存在剂量关系，随着作用时间的不断增加，分裂期细胞几乎为零，说明提取物的抑瘤作用与细胞周期有相关性，对 C_2/M 期（DNA 分裂长期 / 分裂期）的作用更是明显（芦柏震 等，2006）。陈柏坤等人（2006）体外试验研究发现，蝉拟青霉多糖可能具有直接抑制白血病细胞株 U937. K562 的增殖作用，能提高人体外周血单个核细胞的增殖能力，从而可能促进外周血单个核细胞的杀肿瘤活性。体内试验表明蝉花多糖具有抗肿瘤作用。从蝉花虫体部分分离到 2 种半乳甘露聚糖（CI−P 和 CI−A），CI−A 按每天 1 mg/kg

剂量给药时，肿瘤（小鼠肉瘤 180）增殖抑制率为 71%，完全治愈率为 53.3%，显示高度活性，按每天 5 mg/kg 或 10 mg/kg 剂量给药，两者无明显差异，而 CI−P 无论给药量多少，均未出现明显差异。

（5）促进造血、提升机体的营养状况

通过观察蝉花水煎液对小鼠造血功能的影响，发现蝉花具有明显抗失血性贫血和抗盐酸苯肼贫血作用且高剂量组（3.6 g/kg）的作用与阿胶组相似，提示蝉花有促进造血系统功能，具有显著补血作用（宋捷民 等，2007）。

杨介钻等人（2003）研究蝉拟青霉菌丝体多糖对正常及环磷酰胺所致免疫抑制大鼠生长及其外周血生化指标的影响，发现蝉拟青霉多糖能使大鼠体重、胸腺湿重指数、外周血白细胞数、血红蛋白含量、总蛋白和球蛋白水平等显著提高，并能阻遏由环磷酰胺所致的抑制作用。提示蝉拟青霉菌丝体多糖可改善正常及免疫抑制大鼠的营养状况，有促进造血、提升机体的营养状况的功能，但蝉拟青霉多糖不会影响机体的电解质平衡等机体内环境及细胞膜的通透性与完整性，对细胞无毒害作用。蝉拟青霉菌丝体水提取物不仅能提高正常大鼠血清总蛋白、球蛋白含量、血白细胞数，而且能减少免疫抑制剂环磷酰胺所致的血红蛋白、血清总蛋白、球蛋白含量、白细胞数的降低，提示蝉拟青霉菌丝体能在一定程度上拮抗环磷酰胺的骨髓抑制作用，具有促进骨髓造血的作用。同时，蝉拟青霉菌丝体能使正常大鼠肝细胞粗面内质网、线粒体增多，提示蝉拟青霉能通过调节并增强大鼠肝细胞的代谢功能，从而改善机体的营养状况（陈秀芳 等，2005）。

（6）抗疲劳、抗应激

王砚等人（2001）用蝉花水煎剂 10 g/kg 每天灌胃 1 次，连续 1 周后进行小鼠的游泳、耐缺氧、耐热实验。结果发现与服用生理盐水组比较，服用蝉花水煎剂组能明显延长试验小鼠的游泳时间（分别为 14.83 min 和 12.94 min），明显提高常压缺氧状态下的存活时间（分别为 35.23 min 和 130.10 min）及高温下的存活时间（分别为 23.14 min 和 19.89 min），表明蝉花水煎剂有明显的抗疲劳和抗应激作用。

（7）解热、镇痛、催眠

蝉花有较好的镇静、助眠、抗惊厥、镇痛和解热作用（陈祝安 等，1993）。刘广玉等人（1991）试验表明，蝉花对正常及人工致热小鼠在用药 2 h 内均有明显的降温作用。扭体法和热板法试验结果显示，蝉花对小鼠化学及热灼刺激性疼痛均有非常显著的抑制作用。同时，蝉花组小鼠给药 1 h 后测定 10 min 内自主活动次数显著少于对照组，能明显延长小鼠睡眠时间，缩短戊巴比妥钠的翻正反射消失时间。蝉花亦能提高小鼠在单位时间内的入睡率，表明蝉花有较好的镇静、催眠作用。同时，有研究证明人工培养品与天然蝉花作用近似。蝉花与中枢抑制药或中枢兴奋药合用时分别表现协同或拮抗作用，这与中医历来将其用以定惊镇痉是一致的。

（8）滋补强壮

陈万群等人（1994）研究结果表明，蝉花与多种虫草中的主要成分氨基酸种类相似。学者们公认多种氨基酸是滋补强壮的物质基础之一。陈万群等人（1994）证明蝉花与多种虫草的氨基酸均有不同程度的补益作用。

（9）抗衰老、抗氧化

蝉花水提取物高剂量组能显著地延长雄性果蝇寿命，表明其有一定的抗衰老作用（王砚 等，2001）。

蝉拟青霉菌丝体多糖能改善免疫功能低下的老龄大鼠的腹腔及肺泡巨噬细胞的吞噬能力和脾组织淋巴细胞的增殖反应能力，能使脾细胞内 ACP、LDH、精氨酸酶等酶的活力明显上升，脾组织超微结构也显示线粒体、内质网结构明显而且数量增多，说明蝉拟青霉菌丝体多糖能显著提高老龄大鼠低下的特异性和非特异性免疫功能，还可减少大鼠体内血清胆固醇（Ch）、甘油三酯（TG）等脂质含量，从而发挥抗衰老作用（杨介钻 等，2004）。

大量的现代医学研究表明，人体内很多疾病都与机体内的自由基有着密切的关系，对自由基方面的研究已经成为医药学界研究热点，开发相关药物具有较大的经济价值和社会价值。已有研究发现，蝉拟青霉总多糖是一种良好的自由基清除剂或自由基反应抑制剂。Ahn 等人（2007）用二苯代苦味肼基自由基（DPPH）-TLC 法和酶标仪法对蝉拟青霉 P3 菌丝体和发酵液甲醇提取物的清除自由基活性进行了定性和定量测定，均可较强地清除自由基。在浓度为 5.0 mg/mL 时，两种样品于 37℃下保温 10 min 后，对 0.4 mg/mL 的 DPPH 自由基清除率分别为 55.52% 和 74.86%。因此值得对 P3 菌株深层发酵菌丝体和发酵液中的自由基清除剂做进一步深入研究。

（10）降压、降血糖

Ahn 等人（2007）研究显示，蝉花甲醇提取物对高血压大鼠有明显的降压作用，而对正常大鼠无作用，表明蝉花具有选择性的降压作用。蝉花水煎液对四氧嘧啶造成的糖尿病小鼠有显著降低血糖的作用，且呈现明显的量效关系，说明蝉花有明显的降血糖的作用（宋捷民 等，2007）。

（11）抗真菌

陈安徽等人（2008）以一种黑曲霉菌为指示菌，采用薄层色谱法对蝉拟青霉菌丝体和发酵液甲醇提取物进行抑菌活性试验。同时，以致病菌白色假丝酵母菌为指示菌，采用牛津杯法对提取物进行进一步抑菌活性验证，结果表明，菌丝体和发酵液提取物样品浓度为 5.0 mg/mL 时，其抑菌圈直径分别可达 11.23 mm 和 21.42 mm。抑菌实验结果表明蝉拟青霉 P3 菌株发酵液和菌丝体的甲醇提取物均具有抗真菌活性，其中发酵液提取物的活性较强，说明 P3 菌株的抗菌活性成分主要为次生代谢产物。目前，临床上使用的抗白色假丝酵母菌等的药物如两性霉素 B、氟康唑、酮康唑等虽然有效，但从高效低毒、抗真菌谱和耐药性方面评价，尚无一种令人满意。蝉拟青霉 P3 菌株同时具有抗霉菌和抗白色假丝酵母菌的活性，有望从中开发出新型高效、低毒的防霉剂和抗白色假丝酵母菌的药物或农业生产中的抗真菌药剂，因此具有良好的研究前景。

参考文献

陈安徽，李春如，樊美珍，2008. 蝉拟青霉代谢产物清除 DPPH 自由基和抗真菌活性的研究 [J]. 菌物学报，27(3)：405−412.

陈柏坤，杨介钻，卓佳，等，2006. 蝉拟青霉多糖对人外周血单个核细胞及白血病细胞株 U937、K562 增殖的调节作用 [J]. 温州医科大学学报，36(4)：341−344.

陈万群，陈古荣，1994. 冬虫夏草代用品研究进展 [J]. 中草药，25(5)：269–271.

陈秀芳，金丽琴，吕建新，等，2002. 蝉拟青霉对大鼠腹腔及肺泡巨噬细胞的激活作用 [J]. 中国病理生理杂志，18(6)：694−697.

陈秀芳，金丽琴，吕建新，等，2005. 蝉拟青霉对大鼠营养状况的影响 [J]. 温州医科大学学报，35(1)：13−15.

陈祝安，刘广玉，胡菽英，1993. 金蝉花的人工培养及其药理作用研究 [J]. 真菌学报，12(2)：138–144.

迟秋阳，陈宝骥，杨晓华，等，1996. 金蝉花多糖的提取及其免疫药理作用的研究 [J]. 军队医药杂志，6(5)：44.

高增平，卢建秋，陈广耀，等，1993. 蝉花中营养成分的研究 [J]. 天然产物研究与开发 (1)：89−93.

葛飞，夏成润，李春如，等，2007. 蝉拟青霉菌丝体与天然蝉花中化学成分的比较分析 [J]. 菌物学报，26(1)：68−75.

何亚琼，彭凡，赵铖，等，2021. 人工培养柞蚕蝉花不同部位的代谢组差异 [J]. 微生物学通报，48(2)：13.

胡海燕，邹晓，罗力，等，2009. 传统中药蝉花的活体家蚕人工培养 [J]. 中国中药杂志，34(17)：2140–2143.

黄年来，林志彬，陈国良，2010. 中国食药用菌学 [M]. 上海：上海科学技术文献出版社 .

金丽琴，吕建新，杨介钻，等，2006. 蝉拟青霉总多糖对老龄大鼠巨噬细胞的激活作用 [J]. 中国病理生理杂志，22(1)：116−119.

金丽琴，吕建新，杨介钻，等，2007. 蝉拟青霉总多糖对免疫抑制大鼠巨噬细胞激活作用的实验研究 [J]. 中草药，38(8)：1217–1220.

金周慧，陈以平，邓跃毅，2005. 蝉花菌丝延缓肾小球硬化的作用机制研究 [J]. 中国中西医结合肾病杂志 (3)：132−136，187.

李增智，陈祝安，陈以平，2014. 国宝虫草金蝉花 [M]. 合肥：合肥工业大学出版社 .

李增智，栾丰刚，HYWEL-JONES NIGEL L，等，2021. 与蝉花有关的虫草菌生物多样性的研究Ⅱ：重要药用真菌蝉花有性型的发现及命名 [J]. 菌物学报，40(1)：95–107.

李忠，金道超，邹晓，等，2007. 蝉拟青霉菌丝对不同碳氮源利用的研究 [J]. 安徽农业科学，35(18)：5517−5518.

刘广玉，胡荻英，1991. 天然蝉花和人工培养品镇静镇痛作用的比较 [J]. 现代应用药学，8(2)：5−8，4.

芦柏震，姜志明，牟翰舟，等，2006. 蝉花粗提物对肺癌细胞作用的实验研究 [J]. 中国中医药科技，13(5)：328−329.

宋捷民，陈玲，陈玮，等，2007. 金蝉花对免疫功能影响的实验研究 [J]. 中国中医药科技，14(1)：37–38.

宋捷民，忻家础，朱英，2007. 蝉花对小鼠血糖及造血功能影响 [J]. 中华中医药学刊，25(6)：1144−1145.

滕晔，官宗华，宋玉良，2012. 野生蝉花与人工培养品中氨基酸、无机元素成分的比较 [J]. 浙江中医药大学学报，36(10)：1123−1125，1127.

王春雷，芦柏震，侯桂兰，2006. 中国蝉花的研究进展 [J]. 中国药学杂志，41(4)：244–247.

王琪，刘作易，2008. 蝉拟青霉多糖反馈抑制的初步研究 [J]. 贵州农业科学，36(2)：74−75.

王砚，赵小京，唐法娣，2001. 金蝉花药理作用的初步探讨 [J]. 浙江中医杂志，36(5)：219–220.

卫亚丽，杨茂发，邹晓，等，2014. 蝉棒束孢菌的生物学活性研究进展 [J]. 贵州农业科学，42(12)：142–148.

谢春芹，凡军民，许俊齐，等，2018. 不同营养条件对野生蝉花人工固体栽培的影响 [J]. 山东农业大学学报 (自然科学版)，49(3)：477−483.

谢炜，郭月芳，盛雨辰，2011. 蝉花菌丝体对慢性肾功能衰竭大鼠的治疗作用 [J]. 中国医药工业杂志，42(10)：770−772.

杨介钻，金丽琴，吕建新，等，2003. 蝉拟青霉多糖对环磷酰胺处理大鼠生长及外周血的影响 [J]. 贵州医科大学学报，28(5)：389−392.

杨介钻，金丽琴，吕建新，等，2004. 蝉拟青霉多糖抗衰老作用的实验研究 [J]. 中国老年学杂志，24(4)：343–344.

杨介钻，卓佳，陈柏坤，等，2008. 蝉拟青霉多糖对老年大鼠免疫功能的调节作用 [J]. 中国中药杂志，33(3)：292–295.

于士军，何玲艳，程铭，等，2021. 硒对蝉花孢梗束营养和功能成分的影响 [J]. 浙江农业学报，33(12)：2245−2253.

俞滢，顾蕾，陈启琪，等，1997. 蝉花的化学成分分析 [J]. 杭州师范学院学报 (6)：63−65.

张红霞，高新华，陈伟，等，2012. 人工培育蝉花与天然蝉花中化学成分的比较 [J]. 食用菌学报，19(3)：59–62.

张忠亮，陈桃宝，尹彬，等，2016. 不同培养基对蝉花培养物核苷类成分的影响 [J]. 药物评价研究，39(5)：797−805.

AHN M Y, JUNG Y S, JEE S D, et al, 2007. Anti−hypertensive effect of the dongchunghacho, *isaria sinclairii*, in the spontaneously hypertensive rats[J]. Archives of Pharmacal Research, 30(4)：493−501.

JIN L Q, LU J X, YANG J Z, et al, 2001. Non−characteristic regulation of *Paeilomyces cicadidae* in rats[J]. Chinese Journal of Pathophysiology, 17(12)：1232–1235.

KEPLER R M，LUANGSA−ARD J J，HYWEL−JONES N L，et al, 2017. A phylogenetically−based nomenclature for Cordycipitaceae (hypocreales) [J]. IMA Fungus, 8(2)：335–353.

LUANGSA−ARD J J, HYWEL−JONES N L, MANOCH L, et al, 2005. On the relationships of *Paecilomyces* sect. Isarioidea species[J]. Mycological Research, 109(5)：581−589.

ZHA L S，XIAO Y P，JEEWON R, et al, 2019. Notes on the medicinal mushroom Chanhua (*Cordyceps cicadae* (Miq.) Massee) [J]. Chiang Mai Journal of Science, 46(6)：1023–1035.

珍稀民族药用菌

中华肉球菌 *Engleromyces sinensis* M. A. Whalley, Khalil, T. Z. Wei, Y. J. Yao & Whalley

Engleromyces sinensis M. A. Whalley, Khalil, T. Z. Wei, Y. J. Yao & Whalley, Mycotaxon 112: 318 (2010)

中华肉球菌隶属于子囊菌门（Ascomycota）炭角菌目（Xylariales）炭角菌科（Xylariaceae）肉球菌属（*Engleromyces*），最初建立时仅包括分布于东非高海拔地区的模式种戈茨肉球菌（*Engleromyces goetzei*）（Henning，1900）。长期以来在中国西南地区采集的肉球菌一直被认为与分布在非洲肯尼亚戈茨肉球菌是同一个种（Liu et al.，2002）。直到 2010 年，中国科学院微生物研究所真菌学家姚一建团队进行形态学比较研究后发现，分布在中国竹生肉球菌系一新种，并命名为中华肉球菌（Whalley et al.，2010）。结合近年来的研究发现，目前在中国所发现的竹生肉球菌物种均为中华肉球菌（*E. sinensis*）（Liu et al.，2002；Whalley et al.，2010；Zhou et al.，2021；高健耘 等，2023）。随着分子生物学的手段引入到真菌分类中，对物种的高阶元的分类学地位的确定起到了很大的帮助，首都师范大学侯成林教授团队也首次采用 ITS-LSU-RPB2-TUB2 的多基因位点的系统发育分析，在分子数据上证明了肉球菌属隶属于子囊菌门炭角菌目炭角菌科（Zhou et al.，2021）。

形态学特征

中华肉球菌子实体（图 1）呈 2 个耳垂状的球形或半球形，着生并部分依附于箭竹属（*Fargesia*）植物的节间，子实体整体直径为 3~20 cm。幼年期的子实体呈浅黄色并稍带一些浅桃红

图 1　中华肉球菌子实体

色，表面凹陷不平并随着逐渐成熟而变得更加光滑，颜色也渐渐变为灰棕色。成熟的子实体内部呈肉色，质地坚硬并有木质感，内有小孔散布并有微小的乳突状凸起，子囊壳多列排列成球形或瓶形。在 PDA 培养基中，菌丝起初为白色，生长 30 d 后菌落呈奶油白色至淡橙色（图 2）。在顶部组

图 2　中华肉球菌菌落特征

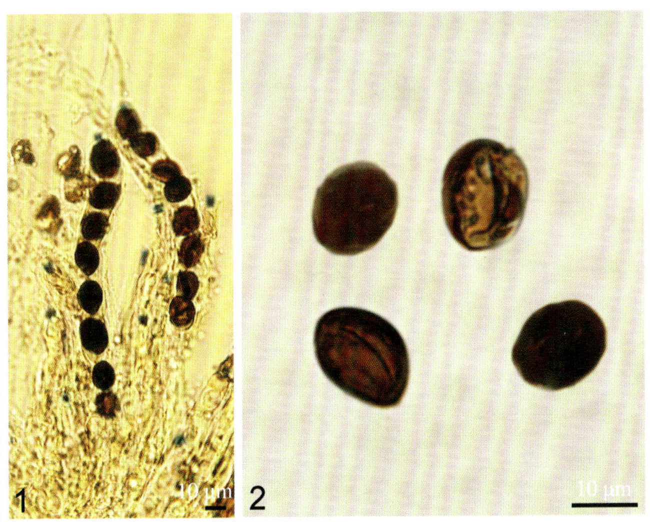

图 3　中华肉球菌

1. 子囊及子囊孢子；2. 子囊孢子

织的子囊中有 8 个孢子，呈漏斗状或“T”形，子囊孢子呈单列排列，黑色光滑，在孢子上有可见的油滴状附属物 15~19 μm × 11.5~12.5 μm（Whalley et al.，2010）（图 3）。中华肉球菌的子实体大小要明显小于戈茨肉球菌，子囊孢子明显小于戈茨肉球菌，中国肉球菌子囊顶端的结构类似字母“T”形，这些都是中华肉球菌与戈茨肉球菌的明显区别。

分布与危害

中华肉球菌一般在箭竹属竹林中生长，寄生在竹秆且紧贴或包围在高山竹类箭竹偏上部的竹秆节间。该物种的模式标本采自中国云南，它在四川、西藏等地也有分布（Liu et al.，2002；Whalley et al.，2010；Zhou et al.，2021；高健耘 等，2023）。每年 5—6 月雨季来临后菌体开始生长，随雨季结束而逐渐停止，旱季则其生长得到抑制。子实体发育的最适温度为 10~15℃，湿度 80%~95%。因其模式标本采集年代久远，辽宁大学生命科学院高健耘等人为其指定了附加模式标本（高健耘 等，2023）。肉球菌作为中国西南地区高山箭竹的常见病害之一，一般不影响竹子的正常生长，其病原菌的子实体贴于竹枝、竹秆等组织上生长，生长部位的竹枝、竹秆有个小孔，后期雪压或者大风容易引起竹秆折断。主要寄主为箭竹属物种（Whalley et al.，2010；Zhou et al.，2021；高健耘 等，2023），如黑穗箭竹（*Fargesia melanostachys*）或玉龙箭竹（*Fargesia yulongshanensis*）（Whalley et al.，2010）。

症状

中华肉球菌作为中国西南地区竹子的常见病害之一，其病原菌的子实体主要围生于箭竹属竹子的节间或近节处，生长部位的竹枝、竹秆有小孔。着生有子座的部位以上的竹枝、竹秆多枯死，而着生子座以下的竹枝、竹秆发育不良（王钧 等，1997；卯晓岚，2009）。

发病规律

中华肉球菌一般生长在海拔 2000~3500 m 的高山针叶林或针阔叶混交林下的竹林中，每年从雨季开始，子座开始生长，并随着雨季结束而停止。一般会影响竹子的正常生长。

防治措施

由于中华肉球菌是珍稀药用真菌，发生在高海拔偏僻地区，发病率较低，并且箭竹属竹类人工栽培较少，因此对该真菌未进行相关防治的研究。

价值

中华肉球菌别名竹生肉球菌、肉球菌、竹菌（Whalley et al.，2010；Wang et al.，2019）、竹球菌、竹荷包、竹包、竹宝、竹寄生（云南）、马斯利比（彝族）、闷巴、墨莫（纳西族）、骇驳、马斯（傈僳族）。味苦，性寒，归肺经、胃经、肾经。作为一种极具价值的中国传统药物，其子实体晒干后可药用，可有抗菌消炎作用，其味苦，有些人服后可能产生呕吐反应（兰茂原，2004）。

中华肉球菌可以治疗多种疾病，如炎性疾病、胃溃疡和癌症等（臧穆 等，2005）。《中国药用孢子植物》记载，中华肉球菌是药用菌物，可以用于腮腺炎、扁桃体炎、喉炎、胃炎、胃溃疡、肾炎、无名肿毒和癌症。朱达文（2019）通过将中药竹菌注射液注射到鸡胚中，验证了竹菌注射液对鸡的新城疫病毒有抑制作用。从试验结果看，竹菌注射液对鸡的新城疫病毒增殖有很强的抑制作用，能降低鸡胚死亡率，效果明显好于金刚烷胺。云南省植物研究所等研究成果显示，该菌含有一种广谱抗菌物质，此物质经有机溶剂提取后主要存在于乙醚提取物中。子座部分含松胞菌素 D 和竹菌素。从竹生肉球菌的子实体分离到的松胞菌素 D 能专一影响哺乳动物细胞的微丝系统排列，抵抗病毒对细胞的感染，并具有有效杀灭阴道滴虫的作用。

对于中华肉球菌中含有的活性物质分离研究也被学者们广泛关注。从中华肉球菌中分离得到的某些化合物不仅具有极强的生物活性，同时也为物质的化学设计合成提供了启示。

通过文献查阅发现，在中华肉球菌子实体中，有两类细胞松弛素（Cytochalasin）化合物曾被报道过。2002 年，中国科学院昆明植物研究所刘吉开等人最早从中华肉球菌子实体的氯仿 / 甲醇提取物中分离得到新肉球菌素（Neoengleromycin），具有极强的抗肿瘤活性，其结构包括 1 个 N- 取代异羟肟酸（Hydroxamic acid）结构和 2 个脂肪长链，由于其特殊的结构特点，新肉球菌素一经提出便引起了学者们的广泛关注（Liu et al.，2002）。廖头根（2005）曾以天然产物新肉球菌素为模板，以 L- 天冬氨酸为基本骨架，通过对末端羧基、α- 氨基和 N-OR 酰胺基进行结构修饰，设计合成了 178 个新肉球菌素类似物异羟肟酸类化合物，其中包括 116 个苄基酯类异羟肟酸化合物，62 个异羟肟酸类化合物，并最终成功筛选得到新肉球菌素的结构片段。吕晓洁（2007）曾以 L- 谷氨酸为原料合成新肉球菌素的类似物，得到 21 个不同取代基的化合物。对其中 8 个化合物进行了体外抗肿瘤活性测试，发现其中 3 种化合物对肿瘤细胞具有较好的抑制活性，并发现化合物的抑制活性与取代基体积大小和取代基供电子效应有密切的关系。除此之外，从中国肉球菌的氯仿提取物中可分离得到 19,20-epoxycytochalasin D（12-15）（Pedersen et al.，1980），Glycerol 1-9′, 12′ -octadecadienoate（13-16）（Kim et al.，1995），（4E,8E）-N-2′ -hydroxy-（E9-3′ -octadecenoyl-1-O-β-glucopyranosyl-9-methyl-4,8-sphingodienine（14-17）（Genshiro et al.，1985），3β-hydroxy-5α,

8α-epidioxyergosta-6,22-diene（15-32）和 D-Allitol（16-33）（Gao et al.，2001）。Cytochalasin 类化合物为炭角菌科（Xylariaceae）科真菌的特征化学成分（Espada et al. 1997），且在中华肉球菌中也大量存在此类化合物，这就为肉座菌科真菌与炭角菌科真菌在遗传学上有较近亲缘关系提供了化学方面的证据（Rivera-Sagredo et al.，1997）。

在过去对中国肉球菌子实体的研究过程中，有 3 种细胞松弛素类物质被研究学者们发现，分别为细胞松弛素 D（Cytochalasin D）（Liu et al.，2002；Zhan et al.，2003；Liu et al.，2007），19, 20-环氧细胞松弛素 D（19,20-epoxycytochalasin D）（Liu et al.，2002；Zhan et al.，2003）和细胞松弛素 C（Cytochalasin C）（Zhan et al.，2003），其中细胞松弛素 D 在中华肉球菌子实体中含量最高，也是发挥其药用功效最重要的一种真菌代谢产物。

细胞松弛素 D 最早在绿僵菌（*Metarrhizium anisopliae*）（Aldridge et al.，1969）和梅森接柄孢（*Zygosporium masonii*）（Minato et al.，1974）中发现，具有抗生素活性和细胞毒性，是细胞骨架肌动蛋白的抑制剂。细胞松弛素 D 在抑制肿瘤细胞方面有着巨大的潜力，有研究表明细胞松弛素 D 可以有效地降低大鼠肝癌细胞的黏弹性（冯成利 等，2007），抑制小鼠乳腺腺癌细胞系（MA782/5S-8102）细胞（王桂英 等，1986）和人类的 ECa109 食管癌细胞（宁爱兰 等，1982），这主要是由于细胞松弛素类物质可以专一影响哺乳动物细胞的微丝系统，产生多种细胞生物学效应，如：抑制细胞质分离（Bossart et al.，1975）；引起细胞收缩（Godman et al.，1975；Greene et al.，1976）；使细胞脱核（Tannenbaun et al.，1977；Farber et al.，1976）；影响病毒对细胞的感染（Farber et al.，1976）；它们改变质膜上受体的状态，影响一些物质的跨膜运输（Greene et al.，1976；Tannenbaun et al.，1977）等。刘非燕等人（2006）经研究发现细胞松弛素 D 的广谱抗癌细胞毒活性表现在对急性髓系白血病 NB4、红白血病 K562、肝癌 SMMC7721、急性髓系白血病单核型 U937、急性髓系白血病 M3 型 HL-60、宫颈癌 HeLa、急性髓系白血病慢粒型 KU812、乳腺癌 BCAP37、口腔鳞癌 SK 等 9 个不同肿瘤株均有强烈的细胞毒活性（IC_{50} 平均值约 7.35×10^{-6} M），指标与紫杉醇接近（IC_{50} 为 2×10^{-6} M）。不同浓度的细胞松弛素 D 对人的肿瘤细胞均有不同程度的抑制作用，并随作用时间的延长，细胞抑制作用增强，呈现出明显的剂量和时间依赖性；并且发现细胞松弛素 D 是引起中华肉球菌强烈细胞毒性的主要原因，可以通过诱导肿瘤细胞凋亡而抑制其增殖 。侯成林教授团队通过液相质谱分析，证实了中华肉球菌子实体和菌丝中含有细胞松弛素 D 的含量较多（Zhou et al.，2021）

除此之外，在中华肉球菌中，也分离得到过其他类的化学物质。中国学者占扎君等从中华肉球菌子实体中分离鉴定出 13 种物质，其中包括 1 种新的神经酰胺类（Ceramide）化合物（2S，3S，4R，10E）-2-［(2'R）-2'-hydroxytetracosanoyl amino］-10-octadecene-1，3，4-triol，3 种已知的脑苷脂类（cerebrosides）物质化合物，分别为脑苷脂 A（Cerebrosides A），脑苷脂 B（Cerebrosides B），脑苷脂 D（Cerebrosides D），5 种已知的甾醇类（Steroids）物质以及 3 种已知的细胞松弛素类物质和

1 种首次在真菌界发现的环烯醚萜苷类化合物（Iridoid glucoside）——马钱苷（Loganin）（Zhan et al.，2003）。神经酰胺类物质是细胞膜的组成成分——鞘磷脂的基本单位，也是人体内一类重要的生物活性物质，具有屏障、黏合、保湿、提高免疫和防癌抗癌的作用，有研究发现神经酰胺类物质可以通过活化多种蛋白激酶和转录因子参与细胞内信号传导，从而影响细胞生长、增殖，分化、凋亡及损伤等多种生理、病理过程（Hannum，1996）。脑苷脂类物质是一类广泛存在于菌类、植物类、动物类及海洋生物组织细胞膜中含量很低的内源性生物活性物质，具有抗肿瘤、调节免疫等多种生理活性。该物质作用温和、毒副作用小，对于一些慢性疾病具有防治作用（桑已曙 等，2000）。环烯醚萜苷类化合物是众多植物药中的有效成分之一，具有广泛的生物活性，如抗炎、抗氧化、抗菌的作用，还对心脑血管、神经系统都具有很好的疗效（万进 等，2006），而马钱苷是环烯醚萜苷类化合物中最具代表性的一类物质，在中国药典中已经被作为多种中药质量控制的指标之一（王猛 等，2014）。甾醇类化合物的核心结构为环戊烷多氢菲，它是所有真核生物细胞膜中的必需组成成分，主要以游离态和结合态的形式存在（Alvarez et al.，2007）。真核生物中的甾醇种类繁多，在生物体中的功能主要体现在对细胞膜流动性和渗透性的调控，以及在细胞的增殖、信号转导和细胞膜上的酶活力调控方面发挥着作用（Volkman，2003）。

中华肉球菌作为一种珍贵的药用真菌有着悠久的历史，人们通常采用热水浸煮的方法，服用汤剂来治疗炎性疾病，胃溃疡和癌症等疾病。然而，目前有关中华肉球菌的报道主要集中于分类学和其子实体内化学成分的研究。周霄（2015）研究了中华肉球菌子实体的抗氧化活性及抑菌活性，同时定量分析了中华肉球菌子实体中总酚和多糖含量的含量，探究总酚和多糖含量与其抗菌抗氧化能力的关系，利用不同极性的有机试剂和热水进行提取，从中华肉球菌中获得了不同的提取物，通过不同的抗氧化方法和不同的指示菌，较为全面地评价了中华肉球菌不同提取物的清除自由基的能力并初步研究了抑菌活性。使人们可以根据自身情况更有效地利用这种药用真菌来治愈疾病，也为今后中华肉球菌生物制品在卫生保健、食品添加剂、天然抗氧化剂应用及人类常见疾病控制等方面的研究奠定了理论基础。

栽培与培养

中华肉球菌子实体具有抗菌消炎、治疗癌症等诸多功效，但资源量有限，采集困难，如果能对于肉球菌加以驯化和培育将对未来在医疗、工业、生活对该真菌的需求有所帮助。目前未见田间栽培成功的案例，但是已经在实验室分离培养成功。冯飞（2010）首次在实验室条件下分离出中华肉球菌，经过分子鉴定结果确定该菌株为中华肉球菌；并发现影响中华肉球菌菌丝生长速度的主要因素依次为碳源 > 矿质元素 > 氮源 > 生长因子，且碳源为显著性因素，当碳氮源比为 25 : 1 时菌丝体生长速度最快。此外，pH 值在 3~11 时菌丝体均可生长，最适 pH 值为 6，当 pH 值低于 5

或大于 9 时，菌丝体的生长受到明显抑制。培养基中加入 VB_2 时，菌丝体的生长速度也明显得到提高。在探究各种离子对菌丝生长的研究中，Na^+、Fe^{2+}、Zn^{2+}、K^+、Mg^{2+} 等均可以促进菌丝体生长，作用效果依次为 $Na^+ > Fe^{2+} > Zn^{2+} > K^+ > Mg^{2+}$，而 Cu^{2+} 则抑制菌丝体生长。采用固体培养方法对中华肉球菌在不同培养基和不同培养条件下菌丝体的生长情况进行分析，发现中华肉球菌菌丝体在马铃薯固体培养基上的生长速度最快，当辅以蔗糖作为碳源，花生粉作为氮源，氯化钠作为矿质元素，VB_2 作为生长因子，pH 值为 6 的条件下时，肉球菌长势最好。采用 ICP−MS 法对肉球菌子实体和固体培养菌丝体的微量元素进行分析后，结果表明，菌丝体中富含钾、钙、钠、铁、锌、镁、硒等元素，并且均高于子实体中含量，具有极高的经济价值。周超（2011）曾对中华肉球菌菌丝体中氨基酸进行定量研究，发现菌丝体中氨基酸含量占 14.79%，必需氨基酸可占全氨基酸总量的 37%，二者都要高于子实体中的含量；对菌丝体乙醇提取物的抑菌活性分析后发现，菌丝体醇提物大肠杆菌（*Escherichia coli*）的抑制作用最强，对蜡样芽孢杆菌（*Bacillus cereus*），单增李斯特菌（*Listeria monocytogenes*），副溶血性弧菌（*Vibrio parahaemolyticus*），普通变形杆菌（*Proteus vulgaris*）以及 2 种病原真菌九州镰刀菌（*Fusarium kyushu*）和交链孢霉（*Alternaria* sp.）均具有抗性；并对肿瘤细胞 MCF−7 细胞系和 A549 细胞系具有抑制作用。此外，研究发现中华肉球菌培养过程中菌丝密集，呈不规则球形向上延伸。菌落在 30 d 时呈淡黄色至香槟色。且菌落在 30 d 时未观察到无性孢子结构和孢子。菌丝的平均生长速度约为 0.7 mm/d；约 60 d 后菌丝停止生长（Zhou et al.，2021）。

针对中华肉球菌的液体培养技术，周霄（2015）对中华肉球菌菌丝体的液体培养进行了初步探究，从菌丝体的外观形态来看，液体培养得到的菌丝体与固体培养存在很大差别，经固体培养基培养得到的菌丝体呈淡橘黄色，表面由菌丝相互缠绕而成，质地柔软，直径最大可达 40~45 mm；而液体培养得到的菌丝体呈圆形或卵圆形，大小可达到 10 mm × 18 mm，菌球呈鲜艳的橘黄色，表面光滑，质地坚硬，内部具有纹理，实现了该真菌在 25℃ 条件下的液体摇瓶培养，发酵液中中华肉球菌的浓度可达 6.57 g/L。相当于同等接种比例时经固体培养的 2.9 倍，克服了以子实体为材料所带来的瓶颈。

参考文献

冯成利，吴泽志，王艳萍，等，2007. 丙烯酰胺和细胞松弛素 D 作用下大鼠肝细胞中黏弹性的研究 [J]. 现代生物医学进展，7(11)：1604–1607.

冯飞，2010. 戈茨肉球菌分子鉴定、固体培养条件优化及其次生代谢产物的研究 [D]. 北京：首都师范大学 .

高健耘，刘世良，邹胜男，等，2023. 中华肉球菌附加模式标本指定 [J]. 食用菌学报，30(2)：102−110.

兰茂原，2004. 滇南本草 [M]. 昆明 : 云南科学技术出版社 .

廖头根，2005. 生物活性新黄酮化合物和新肉球菌素结构片段的合成研究 [D]. 长沙：湖南大学 .

刘非燕，2006. 90 种云南毒蕈体外抗癌活性评价及活性成分研究 [D]. 杭州 : 浙江大学 .

吕晓洁，2007. 脂肪族酯的化学选择性还原及新肉球菌素类似物的合成 [D]. 昆明 : 中国科学院昆明植物研究所 .

卯晓岚，2009. 中国蕈菌 (精)[M]. 北京：科学出版社 .

宁爱兰，潘琼婧，1982. 微丝抑制剂细胞松弛素 D 对 ECa109 食管癌细胞的作用 [J]. 中国医学科学院学报 (2)：111−114，119，126.

桑已曙，闵知大，2000. 脑苷脂类化合物研究进展 [J]. 中国生化药物杂志，21(4)：211–213.

万进，方建国，2006. 环烯醚萜苷类化合物的研究进展 [J]. 医药导报，25(6)：530–533.

王桂英，胡解郁，颜毓娟，1986. 细胞松弛素 D 对小鼠乳腺腺癌细胞系 (MA782/5S−8102) 细胞的作用 [J]. 动物学研究 (英文)，7(1)：7.

王钧，王世林，刘学系，等，1977. 竹菌的一种抗癌成份：松胞菌素 D[J]. 云南植物研究 (2)：28–30.

王猛，孙妍，2014. 左归丸中马钱苷含量测定方法的研究 [J]. 黑龙江中医药，43(4)：59–60.

臧穆，黎兴江，周远宽，2005. 云南食用菌的生物多样性及其资源保护 [J]. 中国食用菌，24(6)：3−4.

周超，2011. 中国肉球菌次生代谢产物的纯化及其活性的研究 [D]. 北京 : 首都师范大学 .

周霄，2015. 中国肉球菌子实体抑菌活性、抗氧化活性、活性物质分离鉴定及其菌株的液体发酵培养 [D]. 北京 : 首都师范大学 .

朱达文，2009. 鸡胚接种中药竹菌注射液对新城疫病毒的抑制试验 [J]. 中国家禽，31(11)：46−47.

ALDRIDGE D C, TURNER W B, 1969. Structures of cytochalasins C and D[J]. Journal of the Chemical Society C Organic (6)：923−928.

ALVAREZ F J, DOUGLAS L M, KONOPKA J B, 2007. Sterol−Rich Plasma Membrane Domains in Fungi[J]. Eukaryotic Cell, 6(5)：755−763.

BOSSART W, LOEFFLER H, BIENZ K, 1975. Enucleation of cells by density gradient centrifugation[J]. Experimental Cell Research, 96(2)：360−366.

ESPADA A, RIVERA−SAGREDO A, DE LA FUENTE J M, et al, 1997. New cytochalasins from the fungus *Xylaria hypoxylon*[J]. Tetrahedron, 53(18)：6485−6492.

FARBER F E, EBERLE R, 1976. Effects of cytochalasin and alkaloid drugs on the biological expression of herpes simplex virus type 2 DNA[J]. Experimental Cell Research, 103(1): 15−22.

GAO J M, DONG Z J, LIU J K, 2001. A new ceramide from the Basidiomycete *Russulacy anoxantha* [J]. Lipids, 36(2): 175–180.

GENSHIRO K, YONOSUKE I, KEISUKE T, 1985. Fruiting of schizophyllum commune induced by certain ceramides and ceramides from Penicillium funiculosum[J]. Agricultural and Biological Chemistry, 49(7): 2137–2146.

GODMAN G C , MIRANDA A F , TANENBAUM D S W, 1975. Action of Cytochalasin D on Cells of Established Lines. Ⅲ. Zeiosis and Movements at the Cell Surface[J].Journal of Cell Biology, 64(3): 644−667.

GREENE W C, PARKER C M, 1976. Cytochalasin sensitive structures and lymphocyte activation[J]. Experimental cell research, 103(1): 109−117.

HANNUM Y A, 1996. Functions of Ceramide in Coordinating Cellular Responses to Stress[J]. Science, 274(5294): 1855−1859.

HENNINGS P, 1990. Fungi Africae orientalis. Engler' s botanisheucher fur Systematik[J]. Pflanzengeschichte und Pflanzengeographie, 28: 318–529.

KIM D S , CHANG Y J , ZEDK U ,et al, 1995. Dammarane saponins from Panax ginseng[J]. 40(5): 1493−1497.

LIU J K, TAN J W, DONG Z J, et al, 2002. Neoengleromycin, a novel compound from *Engleromyces goetzei*[J]. Helvetica Chimica Acta, 85(5): 1439–1442.

LIU J K, 2007. Secondary metabolites from higher fungi in China and their biological activity[J]. Drug discoveries & therapeutics, 1(2): 94−103.

MIRANDA A F, GODMAN G C, DEITCH A D, et al, 1974. ACTION OF CYTOCHALASIN D ON CELLS OF ESTABLISHED LINES[J]. The Journal of Cell Biology，61(2): 481−500.

TANNENBAUM J，TANENBAUM S W，GODMAN G C，1977. The binding sites of cytochalasin D. II. Their relationship to hexose transport and to cytochalasin B[J]. Journal of Cellular Physiology，91: 239–248.

VOLKMAN J, 2003. Sterols in microorganisms[J]. Applied Microbiology and Biotechnology, 60(5): 495−506.

WANG F, ZHOU X, SHEN X Y, et al, 2019. Antioxidant and antimicrobial activities of various extracts from *Engleromyces* sinensis fruiting body[J]. Pakistan Journal of Pharmaceutical Sciences, 32(2): 491–498.

WHALLEY M A, KHALIL A M A, WEI T Z, et al，2010. A new species of *Engleromyces* from China, a second species in the genus[J]. Mycotaxon, 112(1)：317−323.

ZHA Z J, SUN H D, WU HM, et al, 2003. Chemical components from the fungus *Engleromyces goetzei*[J]. Journal of Integrative Plant Biology, 45(2)：248–252.

ZHOU H, WANG Q T, TONG X, et al, 2021. Phylogenetic analysis of *Engleromyces sinensis* and identification of cytochalasin D from culture[J]. Mycological Progress, 20(10)：1343−1352.

珍稀食用菌

羊肚菌 *Morchella esculenea* Dill. ex Pers.

羊肚菌（*Morchella esculenta*）是羊肚菌属（*Morchella*）所有种类的统称，在中国被称为包谷菌（四川）、麻子菌（陕西）、狼肚或天狼肚（甘肃、西藏）、米筛菇（安徽）、羊肚菜（河北）、羊肚蘑或羊肚菇（东北）、羊肚子或牛肚菌（山西）、阳雀菌（云南、湖北）、羊肚菌蛾子或蜂窝蛾子（山东）等。羊肚菌属隶属于子囊菌门（Ascomycota）盘菌纲（Pezizomycetes）盘菌目（Pezizales）羊肚菌科（Morchellaceae）（Hibbett et al.，2007）。该属模式种是羊肚菌。该属所有种均为珍稀食药用真菌（Korf，1973；Royse & May，1990；戴玉成和杨祝良，2008）。

形态学特征

羊肚菌，菌盖近球形、卵形至椭圆形，高 4~10 cm，宽 3~6 cm，顶端钝圆，表面有似羊肚状的凹坑（图 1）。凹坑不定形至近圆形，宽 4~12 mm，蛋壳色至淡黄褐色，棱纹色较浅，不规则地交叉。柄近圆柱形，近白色，中空，上部平滑，基部膨大并有不规则的浅凹槽，长 5~7 cm，粗约为菌盖的 2/3。子囊圆筒形，孢子长椭圆形，无色，每个子囊内含 8 个，呈单行排列。侧丝顶端膨大，粗达 12 μm，体轻，质酥脆（杨建峰，2016）。宏观特征主要包括菌盖、菌柄、子囊果的形状、大小、颜色，菌盖与菌柄交界处的特征，脊和凹坑的排列、形态、颜色等（图 2）；微观方面主要包括子囊的形状、分布特征，子囊孢子和侧丝的形状、直径、颜色，刚毛的形态、大小，菌盖上是否有茸毛、菌柄上是否有颗粒附着物以及其形态和大小等（乔婷 等，2022）。此外，羊肚菌不同时期菌丝的形态特征、孢子印颜色、菌核形态、形成时间以及在培养基上的分布特征等，都可以辅助进行羊肚菌的形态学分类。由于环境和气候等外界条件的变化会导致羊肚菌子囊果的形状、大小、颜色发生改变，甚至同一物种不同发育阶段，其形态特征都有较大变化（杜习慧 等，2014）。在真菌

图 1　竹林下栽培的羊肚菌

图 2　羊肚菌子实体

索引（Index Fungorum，http://www.indexfungorum.org/Names/Names.asp）中，羊肚菌属记录有 350 个名称物种，去掉同物异名物种，全球可能有近 150 个形态学物种（贺新生 等，2021）。根据菌盖近中部与菌柄是否分离、菌盖边缘是否明显向外伸展、菌盖的形状和颜色、盖表棱纹排列和凹坑的深浅等特征，有人将羊肚菌属分为 3 个大类：黑色羊肚菌类、黄色羊肚菌类和半开羊肚菌类（Volk & Leonard，1989；Bunyard，1994；Wipf et al.，1996）。后来，Guzmán 和 Tapia（1998）根据成熟时子囊果的子实层和菌柄变红与否提出了第 4 个类群，即变红羊肚菌类群。

分布

贺新生等人（2021）结合多年标本采集、鉴定的结果和文献记载情况，整理了中国羊肚菌属 40 个有合法学名（Current name）的物种名称。依据 Wu（1996）对中国种子植物分布区的划分，杜习慧等人（2014）将羊肚菌在中国的分布区划分为欧亚森林亚区、欧亚草原亚区、中亚荒漠亚区、青藏高原亚区、中国—喜马拉雅植物亚区、中国—日本森林植物亚区和马来西亚亚区。其中 26 个物种分布于中国—日本森林植物亚区，19 个分布于中国—喜马拉雅植物亚区，4 个分布于青藏高原亚区，4 个分布于欧亚森林亚区，2 个分布在中亚荒漠亚区，仅 1 个物种分布于马来西亚亚区。欧亚草原亚区的羊肚菌有待调查和研究。

中国—日本森林植物亚区和中国—喜马拉雅植物亚区是羊肚菌在中国的主要分布区，二者所具有的物种数目基本持平，但考虑到前者的地理面积是后者的近3倍这一事实，可以推测中国—喜马拉雅植物亚区是羊肚菌在中国物种丰富度最高的地区，也是该属的物种多样性分布中心，该地区生境多样化和环境的异质性可能为较高的物种丰富度提供了有利条件（杜习慧 等，2014）。

生长规律

羊肚菌属于低温高湿型真菌，多生长在以杨属（*Populus*）、栎属（*Quercus*）、桦属（*Betula*）树种为主的潮湿针阔叶林下腐殖土中，一年中春季和秋季都有子实体发生，且某些种类的子实体发生持续时间可达数月。一般来说，羊肚菌生长多发于降雨量多、土壤潮湿且地下水水位高的环境中。适宜的土壤pH值一般为6~8，含水量56%~65%。羊肚菌多分布在石灰岩、白垩质土壤中，在烧过木炭、堆过燃煤的场所生长较多。羊肚菌是一种好氧型真菌，环境因子是促进羊肚菌菌丝体发育和子实体产生的关键。充足的氧气和通风良好的生长环境是保证羊肚菌发育的必要条件。生长环境中的植物也对羊肚菌发生有重要影响，一般情况是植被、杂草较稀，土质较湿润的环境有利于羊肚菌的发生，即以三分阳七分阴或者是半阴半阳的环境为宜。同时，当羊肚菌原基形成，子实体即将发生时，温差较大为宜，尤其是4月至5月初，若遇上几次冷空气，羊肚菌发生较多。若能阴晴天交替，连续阴2 d后又有充足散射光和足够的新鲜空气，则非常有利于羊肚菌生长。人们对于羊肚菌生长状况已经进行了大量的观察研究，为羊肚菌栽培提供了数据支持（熊川 等，2015）。李旺（2010）进行了承德野生羊肚菌生态环境的调查研究，在调查区域，找到了粗柄羊肚菌和尖顶羊肚菌（*Morchella conica*）2个种，并对生长地的土壤、温度、降雨进行了观察，总结得出羊肚菌对生长地域并没有严格的要求，除冷热差异较大的地区外一般都能正常生长。在羊肚菌生长发育过程中，特别是子实体原基形成后，羊肚菌对温度和湿度的反应变得较为敏感，初春气温适宜，雨量充沛，则野生羊肚菌发生的数量多。王尚荣等人（2008）对菏泽黄河冲积平原羊肚菌资源进行了调查，发现菏泽市境内主要有4种羊肚菌，分别为粗腿羊肚菌、小羊肚菌、羊肚菌和尖顶羊肚菌，其多发生在速生杨树林、牡丹园、果园和上一年种植过甘薯类的麦田中，土壤呈弱碱性，多为沙质潮土、壤质潮土，镁、铁、锰、铜等常量及微量元素高于不发生羊肚菌的土壤。同时还发现，羊肚菌若在某一个地块发生过，该地方3~5年内就很少再采到羊肚菌，这也是野生羊肚菌稀少的一个重要原因。基于上述研究成果，不难发现羊肚菌分布较广，有较强的适应性，但是可能对其生长过程造成影响的因子也比较多。

价值

1. 羊肚菌的活性成分

羊肚菌的营养成分很丰富，含有多糖、酶类、氨基酸、吡喃酮抗生素、脂肪酸类等（陈向东 等，2002；李华 等，2004；谢占玲 等，2007）。羊肚菌中分离纯化出 6 种多糖，分别是MEP-SP1 多糖，分子量 1115 万 Da，由木糖、葡萄糖、阿拉伯糖和半乳糖残基为重复单元组成的杂多糖，主链包括 β- 吡喃糖苷键，四者摩尔比为 29∶24∶6∶39；MEP-SP2 多糖，分子量213 万 Da，由甘露糖、葡萄糖、阿拉伯糖和半乳糖通过 α- 吡喃糖苷键连接的杂多糖，其摩尔比1175∶4113∶171∶168；MEP-SP3 多糖，分子量 414 万 Da，由木糖、葡萄糖、甘露糖、果糖、阿拉伯糖和半乳糖残基构成，其摩尔比为 3158∶14190∶3185∶1177∶51130∶153；杂多糖，由葡萄糖、甘露糖和果糖 3 种单糖和海藻糖组成；发酵液糖蛋白；半乳甘露聚糖，分子量 100 万 Da，由甘露糖和半乳糖残基构成。从羊肚菌中还分离出了谷氨酰转肽酶、羧甲基纤维素酶、微晶纤维素酶、β- 葡萄糖苷酶、α-1, 4- 葡聚糖裂解酶、C1 纤维素酶、CX 纤维素酶、木聚糖酶、漆酶、多酚氧化酶、过氧化物酶等多种酶类。羊肚菌除含有常见的氨基酸外，还含有顺 -3- 氨基 -L- 脯氨酸、α- 氨基 - 异丁酸、2, 4- 二氨基异丁酸等稀有氨基酸，并且发现了一种新的氨基酸 3- 脒基丙酸乙酯盐酸盐（$C_5H_{10}N_2O_2 \cdot HCL$），记为 Momhelline。羊肚菌中的脂肪酸类化合物有甘油酯、亚油酸、油酸酯、棕榈酸、硬脂酸、十七烷酸、麦角甾醇和 5, 7- 二烯麦角甾醇等（任廷远和安玉红，2010）。

刘敏莉等人（1994）对羊肚菌进行了无机元素分析，结果表明羊肚菌含有 20 种以上无机元素，其中人体必需微量元素有锌、锰、铜、钴、铬、铁、镍、硼、锶、钒等 10 种，并含有人体必需的钙、镁、硼等 3 种常量元素。研究，发现镉、铅、锌和锰的含量符合 FAO/WHO（1976）标准，其中锌的含量最高（Omer et al.，2004；Yesil et al.，2004）。王小雄等人（1999）从尖顶羊肚菌菌丝体中分离出一种新化合物，命名为羊肚菌三醇，此化合物存在一个异戊烯基侧链，与 C4 相连且为 β 构型。Tomita（1994）提纯分离到血小板集落抑制因子。Iwahara、Okayama（1995）及 Saegusa（1995）等研究者从培养的羊肚菌中获得黑色素形成抑制剂——酪氨酸酶抑制剂。

2. 羊肚菌的保健功能

人们对食用菌的喜爱和推崇可以追溯到战国时期，《吕氏春秋》中曾记载：味之美者，越骆之菌；明代李时珍已将羊肚菌收录于《本草纲目》。传统医学认为羊肚菌性平，具有益肠消食、化痰理气、润胃健脾之功效。除此之外，羊肚菌富含的真菌多糖具有增强人体免疫力、抑制肿瘤、防癌、调节人体免疫力的功能（张广伦 等，1999）。羊肚菌含有多种对人体有益的营养成分，已有关于羊肚菌真菌多糖、蛋白质及氨基酸、不饱和脂肪酸、微量元素和维生素、Y- 谷氨酰转肽酶和纤维素酶等活性物质的研究和报道（李华 等，2004）。这些活性成分使得羊肚菌在新型功能食品的开发领域中有着多重价值。进一步研究发现真菌多糖可促进机体 T 细胞和 NK 细胞的活性，达到抑制肿瘤的目的。除此之外，羊肚菌真菌多糖有减轻肿瘤患者因放化疗引起的恶心、头疼、食欲减退等副作用的功效。羊肚菌所含的亚油酸和油酸分别有降低人体胆固醇浓度和降低低密度脂蛋白（LDL），升高高密度脂蛋白（HDL）的功能，有助预防动脉硬化（陈向东 等，2002）。羊肚菌的蛋白质含量比木耳多 1 倍，所含氨基酸中人体所需 8 种必需氨基酸占总量的 47.47%。研究表明，其中有一些稀有氨基酸，如顺 -3- 氨基 -L- 脯氨酸、α- 氨基 - 异丁酸和 2，4- 二氨基异丁酸等，与羊肚菌的奇鲜风味有直接关系（任廷远和安玉红，2010）。

栽培

1. 培养物生长情况

一般情况下，在生长初期，羊肚菌菌丝呈白色或淡黄色，茸毛状，有光泽，尖端分泌有针尖大小的无色露珠状液体，随后菌丝尖端出现树枝状或多指状分枝，分枝逐渐增多并交织成网格状，构成一个复合整体。生长中期，菌落会分泌一种深褐色色素至培养基中，色素由菌落中心较老的菌丝分泌，使菌丝呈棕黄色。随着菌丝的老化，菌丝分泌的色素扩散到平皿四周，使菌落由深棕色转为褐色，光泽随之消失（熊川 等，2015）。有国外文献报道，在紫外光照射下，羊肚菌菌丝可以改变颜色，说明这些色素的产生和分泌可以保护羊肚菌免受紫外线的侵害（Jacobs，1982）。值得注意的是，不同种的羊肚菌菌株具有不同的培养特征，包括生长速度、生长习性、菌核发育、菌丝和菌核的颜色等都有明显的差异。即使是羊肚菌的同一菌株在不同的培养基中的培养特征也不完全一致。

羊肚菌有性生殖可以产生子实体，而无性生殖能否产生子实体尚有争议。但可以确定的是，羊肚菌生活史周期中，菌核的形成是十分关键的。菌核的形成，是生物长期进化的结果，是对不良环境的适应，同时菌核也是养分贮藏库（熊川 等，2015）。Volk 和 Leonand（1989）对羊肚菌的生活史研究指出，菌核是羊肚菌子实体产生的重要阶段，后续也有诸多文献支持这一观点。刘士旺和刘文（1998）报道，在 PDA 培养基上，待尖顶羊肚菌（*M. conica*）菌丝长满 7 cm 的平板以后，继续培养 3~4 d 即出现乳白色的菌核，以后颜色逐渐加深，变为褐色。单孢子实验表明，不同的单孢子所形成的菌核在颜色、大小上差异很大，说明其存在较大的遗传差异性。羊肚菌菌核的形成及数量，是综合了物种、菌株纯度、活力、培养料、培养环境等众多因素的生理表现。羊肚菌菌核在培养基表面形成的位置、大小、数量，因物种不同而有差异，而菌核形成多少则与菌株的活力、培养条件等有密切关系。因此，观察羊肚菌菌核的形成情况，可以对菌种的整个生理状态有一个基本的判断。羊肚菌菌种在传代培养和保藏过程中会出现隐性污染，造成生产隐患。如何识别菌种隐性污染，是行业面临的一大难题，羊肚菌的菌核特征可以提供一个解决问题的新思路。正常的菌种，在母种、原种、栽培种阶段都会形成一定数量的菌核，而面对完全没有菌核的菌种时一定要慎重，可能是因为菌种老化导致菌核形成能力下降。有隐性污染的菌种培养菌核会有异常的表现，比如菌核形成位置、大小和形态异常等，此时必须高度重视，及时排除隐患。在生产中，对于菌核形成状态不正常的菌种需要谨慎对待和使用（刘奇正和董彩虹，2020）。

2. 羊肚菌的人工栽培

羊肚菌林下栽培不仅可降低生产投入（如林下田地的租金、搭建遮阳棚的材料费和人工费等），并且林下腐殖质含量丰富、疏松透气、土壤肥沃、空气湿润，非常利于羊肚菌生长和产量提高（刘伟 等，2017）。在耕地少的山区，种植场地的缺乏成了羊肚菌产业的瓶颈。若充分利用丰富的林地资源和林下空间栽培羊肚菌，既解决了羊肚菌栽培场所缺乏的问题，又可实现菌渣还林，提高林地土壤肥力和改良土壤，从而促进毛竹的生长，形成“林－菌”生态循环模式，提高林下经济的综合效益。相较大田种植，林下种植羊肚菌不仅不占用粮食用地，而且解决了山区农田少、缺乏种植产地等问题，能充分利用土地资源，降低生产成本，大幅提高农民收入。此外，竹可为羊肚菌提供天然的遮阴环境，减少塑料棚等农业耗材的用量，经济环保（蒋素容 等，2021）。就地粉碎的竹屑能为羊肚菌栽培提供原料，而羊肚菌的种植能提高竹林内土壤地力和改变真菌群落（王永元 等，2022；赵玉卉 等，2022），从而形成竹与羊肚菌的良性循环。目前国内人工栽培常用品种为黑羊肚菌支系的梯棱羊肚菌（*Morchella importuna*）、六妹羊肚菌（*Morchella sextelata*）和七妹羊肚菌（*Morchella septimelata*）菌种，有少部分使用黄羊肚菌支系中的羊肚菌和变红羊肚菌支系中的变红羊肚菌菌种（*Morchella rufobrunnea*）（罗凯 等，2020）。在竹林下栽培时常使用羊肚菌菌种（柳丽娜 等，2023；牛潇宇，2017）。在具体生产时应从具有菌种生产经营许可证的供种单位引进适宜当地栽培的菌种。

以毛竹林为例，羊肚菌的生长环境要求为温度 10~20℃、相对湿度 85%~90%，土壤含水量 20%~23%、pH 值 6.5~7.5，光照强度 100 lx 左右。选择冬暖夏凉、背风保湿、水源充足、排水良好且郁闭度在 0.6 以上的毛竹林栽培羊肚菌比较适宜。光线较强的区域，需要覆盖遮阳网（舒黎黎 等，2021）。基于标准化规模化栽培需要，林地区域交通便利尤为重要。栽培场地应避开饮用水源保护区、自然保护区及生态公益林。要求场地清洁卫生、地势平坦、排灌方便，水源充足、生态环境良好和远离污染源。生产用水包括栽培基质配制用水和出菇管理用水。栽培基质配制用水的水质应符合饮用水的标准，出菇管理用水应符合生活用水的标准。竹林播种前应完成林地清理准备，在不破坏林地环境的情况下，清理地面杂草、石块和小灌木。修剪 2 m 以下的毛竹枝丫，清理影响操作道的林木。每隔 30 m 顺山势挖出深 30 cm 和宽 50 cm 的排水沟。畦床是林地内羊肚菌播种的地面场所。要求坡度为 25° 以下的地面较平整的坡地。采用与山体等高作畦，畦床宽为 0.8~1 m，长度随地形而定，畦沟（操作道）宽为 3~5 m，畦沟高为 0.15~0.18 m。清理林地落叶，露出腐殖土层，畦面浇透水后待用。以热镀锌钢管、塑料管、玻璃纤维管或毛竹片等任一材料为栽培棚的骨架，棚体覆盖厚度 0.04 cm 的塑料膜，光线强的区域需要加盖六针遮阳率 90% 的遮阳网，控制光照强度在 100 lx 左右。栽培棚宽度 0.8~1 m，高 0.6 m，长度根据山势地形而定。气温稳定在 18~20℃时开始播种。用多齿耙在畦面开沟，沟宽 2~3 cm、沟间距 10 cm、沟深 7~10 cm，将羊肚菌菌种掰成 2~3 cm 的块状，摆放在沟内，用种量为 2~3 袋 /m^2。播种后，在畦面覆盖厚度 2~3 cm 的土壤。再覆盖黑色地膜，地膜四周用土压住，防止风吹。经过 4~5 d 的培养，羊肚菌菌丝即可蔓延整个畦面，并开始产生分生孢子。此时应及时摆放营养袋，时间一般为播种后 5~15 d。病虫害防治方面应遵循“预防为主、综合防治”的植保方针。优先使用生物和物理防控措施，安全合理用药，选用国家登记可在食用菌栽培使用的农药，禁止直接向菇体喷药。禁止使用高毒、高残留农药。羊肚菌生产过程中的主要病害有镰刀菌（*Fusarium* spp.）和软腐病（由多种病菌引起）；主要虫害有白蚁、蜗牛、跳虫和螨虫等；竞争性杂菌有绿霉（*Trichoderma* spp.）、链孢霉（*Neurospora* spp.）、盘菌（*Peziza* spp.）等。防治措施方面，应根据当地气候条件以及品种特性合理安排生产季节，管控原料质量，规范生产，确保发菌及出菇场地的环境卫生。彻底灭菌，防止竞争性杂菌侵染；及时采摘羊肚菌，防止菇体褐变腐烂传染（吕晓东 等，2022）。

参考文献

陈向东，朱戎，兰进，2002. 羊肚菌研究进展 [J]. 食用菌学报，9(2)：56–61.

戴玉成，杨祝良，2008. 中国药用真菌名录及部分名称的修订 [J]. 菌物学报，27(6)：801–824.

杜习慧，赵琪，杨祝良，2014. 羊肚菌的多样性、演化历史及栽培研究进展 [J]. 菌物学报，33(2)：183−197.

蒋素容，张雨，肖朝林，2021. 厚朴林下套种羊肚菌的栽培技术及效益分析 [J]. 四川农业科技 (5)：26−27，32.

李华，包海鹰，李玉，2004. 羊肚菌研究进展 [J]. 菌物研究，2(4)：53–60.

李旺，2010. 承德野生羊肚菌生态环境调查 [J]. 河北林业科技 (2)：26−33.

刘敏莉，富力，董然，等，1994. 羊肚菌等四种野生食用菌无机元素的分析 [J]. 中国野生植物资源 (2)：42−44.

刘奇正，董彩虹，2020. 羊肚菌菌核的形成研究进展及其在栽培中应用的探讨 [J]. 食用菌学报，27(4)：172−178.

刘士旺，刘文，1998. 不同碳氮源对尖顶羊肚菌 (*Morchella conica*) 生长的影响 [J]. 江苏师范大学学报（自然科学版）(3)：64–66.

刘伟，张亚，蔡英丽，2017. 我国羊肚菌产业发展的现状及趋势 [J]. 食药用菌，25(2)：77−83.

刘伟，张亚，何培新，2017. 羊肚菌生物学与栽培技术 [M]. 吉林：吉林科学技术出版社 .

柳丽娜，张建华，苏兰，等，2023. 安吉县毛竹林下食用菌栽培产业发展现状与对策 [J]. 浙江林业科技，43(3)：122−126.

罗凯，朱瑞文，涂俊铭，2020. 南方冷棚羊肚菌栽培技术 [J]. 农村新技术 (10)：18−20.

吕晓东，黄璇，李先锋，等，2022. 毛竹林下羊肚菌栽培主要技术措施 [J]. 竹子学报，41(1)：80−84.

牛潇宇，2017. 毛竹林食用菌的生态复合经营模式研究 [D]. 杭州 : 浙江农林大学 .

乔婷，李峻志，戴璐，等，2022. 羊肚菌分类鉴定方法及人工栽培技术研究进展 [J]. 中国食用菌，41(3)：6−11.

任廷远，安玉红，2010. 羊肚菌活性成分及营养保健功能的研究现状 (综述)[J]. 浙江食用菌，18(1)：21−23.

舒黎黎，仇志恒，须晖，2021. 设施栽培六妹羊肚菌最适光环境筛选 [J]. 菌物研究，19(4)：285−290.

王尚荣，刘高峰，赵贵红，2008. 菏泽黄河冲积平原羊肚菌资源及生态环境调查 [J]. 中国食用菌 (6)：12−14.

王伟伟，2012. 羊肚菌菌丝体、菌核培养的试验 [J]. 中国林副特产 (5)：73−74.

王小雄，高黎明，郑尚珍，1999. 尖顶羊肚菌苗丝体中新化合物的研究 [J]. 中国食用菌，18(4)：30–31.

王永元，徐红霞，李岩龙，等，2022. 翻地对羊肚菌栽培土壤真菌群落的影响 [J]. 北方园艺 (2)：79−86.

谢占玲，谢占青，2007. 羊肚菌研究综述 [J]. 青海大学学报 : 自然科学版 (2)：40−44.

熊川，李小林，李强，等，2015. 羊肚菌生活史周期、人工栽培及功效研究进展 [J]. 中国食用菌，34(1)：7−12.

杨建峰，2016. 实用中草药图谱 [M]. 南昌 : 江西科学技术出版社 .

张广伦，张卫明，1999. 羊肚菌的研究与利用 [J]. 中国野生植物资源，18(1)：3−6.

赵玉卉，郭瑞，杨阿丽，等，2022. 甘肃野生羊肚菌根际土壤真菌群落与环境因子相互关系 [J]. 微生物学杂志，42(1)：96−106.

BUNYARD B A, NICHOLSON M S, ROYSE D J，1994. A systematic assessment of *Morchella* using RFLP analysis of the 28S ribosomal RNA gene[J]. Mycologia, 86(6)：762−772.

GUZMÁN G, TAPIA F，1998. The known morels in Mexico, a description of a new blushing species. Morchella *rufobrunnea*, and new data on *M. guatemalensis*[J]. Mycologia, 90(4)：705−714.

HIBBETT D S, BINDER M, BISCHOFF J F, et al, 2007. A higher-level phylogenetic classification of the Fungi[J]. Mycological Research, 111(5)：509-547.

ISILDAK Ö, TURKEKUL I, ELMASTAS M, et al, 2004. Analysis of heavy metals in some wild-grown edible mushrooms from the middle black sea region, Turkey[J]. Food Chemistry, 86(4)：547-552.

IWAHARA M, OKAYAMA Y, 1995. Skin-lightening cosmetics containing melanin formation inhibitor extracted from cultured *Morchella*[R]. Tokyo.

JACOBS M E, 1982. Beta -alanine and tanning polymorphisms[J]. Comparative Biochemistry and Physiology, 72(2)：173–177.

KORF R P, 1973. Discomycetes and Tuberales[J]. Fungi, 249-319.

ROYSE D J, MAY B，1990. Interspecific allozyme variation among Morchella spp. and its inferences for systematics within the genus[J]. Biochemical Systematics and Ecology, 18(7-8)：475-479.

SAEGUSA T, 1995. Skin-lightening cosmetics containing melanin formation inhibitor extracted from cultured basidiomycetes: 3432940[P].

TOMITA J, 1994. Platelet aggregation inhibitors isolation from Morchella for foods: 4047379[P].

VOLK T J, LEONARD T J, 1989. Experimental Studies on the Morel. I. Heterokaryon Formation Between Monoascosporous Strains of Morchella[J]. Mycologia, 81(4)：523-531.

WIPF D , MUNCH J C , BOTTON B ,et al, 1996. DNA polymorphism in morels: complete sequences of the internal transcribed spacer of genes coding for rRNA in *Morchella esculenta* (yellow morels) and *Morchella conica* (black morels) [J]. Applied and Environmental Microbiology, 62(9)：3541–3543.

WU Z Y, WU S G. 1996. A proposal for a new floristic kingdom (realm) the E. Asiatic kingdom, its delimitation and characteristics. In: Zhang AL, Wu SG (eds.) Proceedings of the first international symposium on floristic characteristics and diversity of East Asian plants[M]. Beijing: China Higher Education Press.

YEŞILÖ, YILDIZ A, YAVUZÖ, 2004. Level of heavy metals in some edible and poisonous macrofungi from Batman of South East Anatolia, Turkey[J]. Journal of Environmental Biology, 25(3)：263–268.

水竹菱斑病病原菌

四川新小滴孢腔菌 *Neostagonosporella sichuanensis* C. L. Yang, X. L. Xu & K. D. Hyde

Neostagonosporella sichuanensis C. L. Yang, X. L. Xu & K. D. Hyde, Index Fungorum 413: 1 (2019)

四川新小滴孢腔菌是 Yang 等人（2019）根据形态学方法结合多基因系统演化分析（LSU、SSU、ITS 和 TEF 1−α），确定的一个新属下的新种，其隶属于子囊菌门（Ascomycota）座囊菌纲（Dothideomycetes）格孢腔菌目（Pleosporales）暗球腔菌科（Phaeosphaeriaceae）新小滴孢腔菌属（*Neostagonosporella*）（Yang et al.，2019）。四川新小滴孢腔菌是引发水竹菱斑病的主要病原菌，该病害也是水竹常见病害之一（齐若涵 等，2021）。

形态学特征

四川新小滴孢腔菌（图 1）寄生于水竹近枯死或活的竹秆和枝条上。有性阶段：子座，长宽（0.5）1~2（4.5）mm × 0.8~1.3 mm（$\bar{x}$ = 1.9 mm × 1 mm，n = 50），高 230~340 μm（$\bar{x}$ = 290 μm，n = 20），椭圆形，球形至近球形或不规则，起初侵入寄主表皮下，后突出表生，碳质，分散至聚集，多腔室，暗褐色至黑色，壁光滑，具孔口，无缘丝，常在子座边缘形成浅黄色的菱形至近菱形条纹；腔室，宽高 330~460 μm × 230~300 μm（$\bar{x}$= 393 μm × 264 μm，n = 20），聚集，球形至近球形，具 1 个中心孔口，缺缘丝；包被，宽 18~35 μm（$\bar{x}$ = 27 μm，n = 20），由小的、暗褐色至黑色角胞组织至矩胞组织组成，内层细胞透明，基部稍薄，两侧朝顶部厚；囊间丝组织，由丝状、具隔、分枝

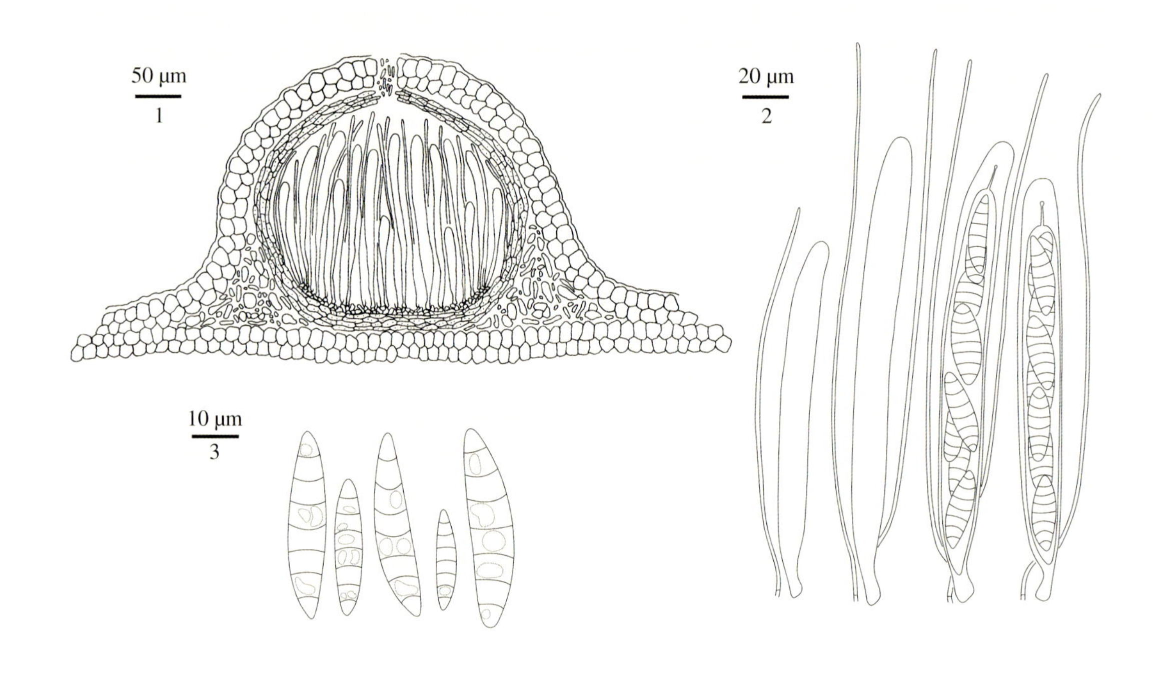

图 1　四川新小滴孢腔菌

1. 子囊果纵切面；2. 子囊，子囊孢子和侧丝；3. 子囊孢子

的拟侧丝组成，宽 1~2 μm（$\bar{x}$ = 1.59 μm，n = 50），拟侧丝间常汇合；子囊 90~125 μm × 12.5~14 μm（$\bar{x}$ = 108.1 μm × 13.3 μm，n = 40），具 8 个孢子，双囊壁，裂囊壁，圆柱形至圆柱形或棍棒形，具短柄，长 7.8~14 μm（$\bar{x}$ = 11 μm，n = 20），顶端圆钝，具顶室。子囊孢子 30~35 μm × 6~7 μm（$\bar{x}$ = 31.9 μm × 6.6 μm，n = 50），双排列，重叠，透明，圆柱形至纺锤形，或近圆柱形或棍棒形，两端狭窄，直或轻微弯曲，具 5~8 个横向隔膜，多 7 隔，隔膜间稍溢缩，隔膜间距近相等，具油滴物，壁光滑，具胶质鞘，厚 5~9 μm（$\bar{x}$ = 6.9 μm，n = 30）。无性阶段：无性繁殖体，长宽 9~13 mm × 1~2 mm（$\bar{x}$ = 11.2 mm × 1.6 mm，n = 10），高 320~350 μm（$\bar{x}$ = 332 μm，n = 10），纺锤形至长纺锤形或近菱形，碳质，表生，暗褐色至黑色，多腔室，独生，壁光滑；分生孢子器，大小为 170~240 μm × 180~240 μm（$\bar{x}$ = 210 μm × 209 μm，n = 20），球形至近球形，具孔口；分生孢子器壁，宽 12~18（23）μm（$\bar{x}$ = 15 μm，n = 20），多层细胞，由褐色至暗褐色角胞组织组成，内层细胞色浅，基部稍薄，两端朝顶部厚。产孢细胞，长宽 3~5.5（7）μm × 3~4 μm（$\bar{x}$ = 4.17 μm × 3.29 μm，n = 20），坛状至近圆柱状，光滑，透明，内生芽殖型，具瓶梗，形成于分生孢子器壁内层；大分生孢子，（32.5）33.5~40（44）μm ×（5）5.5~7（7.5）μm（$\bar{x}$ = 37.5 μm × 6.2 μm，n = 40），近圆柱形至圆柱形，两端稍狭窄，有时弯曲，具 7~13 个横膈膜，隔膜间近等径，透明，壁光滑，具油滴物，未成熟孢子有时具胶质鞘；小分生孢子，（3）3.5~4（5）μm ×（1）1.5~2（3）μm（$\bar{x}$ = 3.9 μm × 1.9 μm，n = 50），卵圆形，椭圆形或长椭圆形，无

隔，透明，壁光滑，具小油滴。培养特征为：子囊孢子置于无菌水中，(25 ± 1) ℃、95% 相对湿度条件下培养，24 h 内萌发，每个细胞均能长出芽管，多从中部或两端长出。分生孢子萌发与子囊孢子类似（杨春琳，2019）。

分布与危害

四川新小滴孢腔菌引起的水竹菱斑病，是在中国四川、安徽、湖北、浙江等地的水竹秆上大面积发生的一种新病害。主要危害当年生及以上成竹的竹秆、枝条和裸露竹鞭，感病部位可形成典型的菱形病斑，在林间最终形成枯株型、枝枯型和梢枯型病竹（齐若涵 等，2021）；也可在竹秆上形成黑色条斑，导致竹秆表面失去光泽，材料变脆，不能够再作为编织材料，严重时造成竹笋产量减少，为种植者造成了极大的经济损失（陈双，2015）。

症状

四川新小滴孢腔菌可侵染水竹的各个组织（如竹秆、枝条和裸露的竹鞭等），而不仅限于竹秆箨环处或侧枝分枝处，同时形成的病斑较小，常聚集成片，典型病斑为菱形，而枝条或竹鞭上多为近菱形或椭圆形，或不规则，呈暗褐色、黑色，或呈灰白至白色等（图 2 ～图 4）。病害发生后期，水竹整株各部位密布枯斑，呈现出不同程度枯死，枯死类型包括枯株型、枝枯型和梢枯型等（杨春琳，2019）。

图 2　水竹菱斑病一

（小枝感染）

图 3　水竹菱斑病二

（露出地面的竹鞭感病）

图 4　水竹菱斑病三

（竹秆感病、典型菱形）

发病规律

通常 11 月至翌年 4 月，四川新小滴孢腔菌在水竹竹秆和枝条上形成大量的繁殖体（子座和分生孢子器，以子座为主），主要集中在 2—4 月，孢子成熟后，从孔口处不断溢出，借助风雨等途径进行传播与扩散，从水竹的自然伤口或气孔器等部位侵入，随后在罹病组织中以菌丝体形态生长或潜伏。期间形成的分生孢子器，与子座混生或分散独生。5—10 月，病菌在新侵染点或新旧病斑周围生长或潜伏，在此期间存在一段时间的潜育期，偶尔也能形成分生孢子器，成熟的分生孢子也能进行传播与扩散。该病菌属于寄生性真菌，仅在活的水竹组织上发现有分布（杨春琳，2019）。

不同于一般单病原的林木真菌病害，水竹菱斑病属于多病原复合侵染病害，其致病过程更为复杂，对其侵染循环进行总结与归纳时，主要针对四川新小滴孢腔菌、四川柄赤丛壳和水竹生拟卡斯登盘菌 3 种病原菌，因为这 3 种病菌联系密切，且分布范围广、发生较为普遍，对病害发生发展起着决定性的作用，当然其他病害病原菌与 3 种病菌间也存在一定的关联。水竹菱斑病侵染循环大致为：11 月至翌年 4 月，在水竹竹秆和枝条等迎风面，形成褐色至暗褐色小斑，小斑逐渐向四周伸展扩大，形成菱形、近菱形、椭圆形或不规则形病斑，病斑常常连成一片，或散生，随后在病斑中央隆起，逐渐形成半球形或近球形子实体，即为四川新小滴孢腔菌的子座，子囊果成熟后，子囊孢子溢出，主要借助风雨等途径进行传播与扩散（竹线盾蚧等昆虫有一定的传播作用），其间该菌的分生孢子器形成，与子座混生或散生，分生孢子成熟后，会同子囊孢子一起传播与扩散。一般 2—4 月为大爆发时期。菌丝体、子囊孢子和分生孢子是当年主要的初侵染来源，从水竹的自然伤口或气孔器等部位侵入。此外，在此期间，四川柄赤丛壳和水竹生拟卡斯登盘菌伴随着四川新小滴孢腔菌一同发生，在四川新小滴孢腔菌所致新旧病斑周围生长，致使病斑不断向四周扩大；5—10 月，四川新小滴孢腔菌存在一段时间的潜育期，偶尔也能形成分生孢子器进行传播与扩散，但不普遍，期间主要以菌丝体和分生孢子形式在寄主罹病组织中进行潜伏。此外，水竹生黑痣菌和拟泰国嗜竹腔菌等病原菌在水竹竹秆、枝条和叶片等部位为害，形成近菱形、椭圆形或不规则形病斑，与四川新小滴孢腔菌所致病斑混生或散生，进一步加重对水竹的侵害。四川柄赤丛壳和水竹生拟卡斯登盘菌继续在各类病原菌所致病斑周围生长与蔓延，使病斑逐渐扩大；11 月即进入下一轮侵染循环。四川柄赤丛壳和水竹生拟卡斯登盘菌在整个发病过程中扮演着重要角色，除加重病害危害程度外，也加快了水竹的死亡进程，一般连续侵染 1~3 年，即可致水竹整株衰退并最终枯死。

防治措施

水竹菱斑病为竹类新病害，2019 年才被首次正式报道，其主要致病菌为四川新小滴孢腔菌。齐若涵等人（2021）检测了 6 种不同杀菌剂对四川新小滴孢腔菌的抑制效果，发现烯肟 · 戊唑醇对四川新小滴孢腔菌的抑制效果远高于其他杀菌剂，其 EC_{50} 值为 5.64 mg/L。烯肟·戊唑醇是三唑类杀菌剂戊唑醇与甲氧基丙烯酸酯类杀菌剂烯肟菌胺的复配剂，对多种植物真菌病害具有良好的防治效果。结合水竹菱斑病发病规律发现，11 月至翌年 4 月属于病害侵染前期，也是病害防控的关键时期，可采取清除病枝、枯竹或罹病组织等营林措施，有效降低初侵染源数量，同时可以辅以化学药剂抑制病原菌生长，防止病害的蔓延。

价值

由于四川新小滴孢腔菌为新发现的水竹病原菌，其价值研究较少。

首都师范大学侯成林团队从 2008 年开始关注该病原真菌，先后自安徽岳西的水竹竹秆病斑和湖北神农架水竹病斑上分离得到该真菌。之后陈双（2015）以该病原的研究完成了其毕业论文《水竹黑斑病原真菌的分离鉴定、线粒体基因组分析、培养优化及其活性成分提取》。从系统学和形态学研究发现，该菌形态学和系统学位置比较特殊，因此该菌被描述为一个新种——*Sinosphaeria bambusae*，但是未正式发表。

陈双（2015）将该菌株进行发酵培养，并将冻干的菌丝体分别用石油醚、乙酸乙酯和二氯甲烷进行回流及超声提取，提取液用旋转蒸发仪浓缩，然后采用琼脂扩散法和 MTT 法对提取液的抑菌效果进行检测。结果表明，二氯甲烷提取液的抑菌效果明显强于乙酸乙酯提取液，而不同的提取方法（超声和回流）对抑菌效果影响不大；通过最小抑菌浓度（MIC）实验表明二氯甲烷提取的菌丝体活性成分对白色念珠菌的抑菌效果最好，MIC 值为 3.125 mg/mL。该结果说明四川新小滴孢腔菌安徽菌株的次级代谢产物具有明显的抑菌效果，可以对其活性成分进行深入研究并开发利用。

发酵培养

陈双（2015）采用平板培养方法，分析培养基成分对菌丝体生长的影响，以菌丝体日平均生长速度为检测指标，通过单因素试验对四川新小滴孢腔菌的最适培养条件进行优化。试验结果表明，该菌最适的培养基为 PDA，最适碳源为麦芽糖，最适氮源为胰蛋白胨，矿质元素 $MgSO_4$ 对其菌丝体生长影响最为明显；采用深层发酵的方法，分析培养基成分及含量变化对菌丝体生长的影响，以相同周期内菌丝体干重作为检测指标，通过单因素试验对四川新小滴孢腔菌的最适条件进行优化。结果显示：该菌在 PDA 培养基上的生长速度最快，最适碳源为麦芽糖，麦芽糖最适量为 15 g；最适氮源为酵母粉，酵母粉最适量为 3.6 g；矿质元素 $NaNO_3$、$MgSO_4$ 对其菌丝体生长影响最为明显，$NaNO_3$、$MgSO_4$ 最适量均为 1 g；通过正交实验初步确定了麦芽糖对菌丝体生长影响重大。

齐若涵等人（2021）采用 7 种不同的培养基：马铃薯葡萄糖琼脂、玉米粉琼脂（CMA）、燕麦粉琼脂（OMA）、马铃薯蔗糖琼脂（PSA）、查氏琼脂（CDA_1）、胡萝卜琼脂（CDA_2）和水琼脂（WA），以及不同温度、pH、光照处理、碳氮源等条件，研究了四川新小滴孢腔菌的生物学特性，结果表明，四川新小滴孢腔菌菌丝最适生长温度为 25℃，超过 30℃时菌丝生长减缓，说明该菌对高温敏感，这与该病害在田间表现出来的发病规律吻合。菌株最适生长碳源为乳糖，氮源为牛肉膏，说明一般情况下乳糖和牛肉膏可以促进菌丝生长。在供试的 6 种培养基中，四川新小滴孢腔菌在 CDA_2、CMA、OMA 培养基上生长较好，菌丝在 pH 值为 4~10 均能生长，其中 pH 值为 6~7 最适合生长。在培养特性试验中，均未发现该病原菌形成产孢结构，说明该病原菌的室内产孢条件可能较为特殊。

此外，陈双（2015）对该菌的线粒体基因组进行了解析。运用高通量测序技术获得了该菌的线粒体 DNA 的基因组序列，其总长度为 116017 bp 的线粒体 DNA 片段，其中仍存在 4 段 GAP 需要拼接完整，最终形成一个完整的闭合环状结构，AT 含量为 71.23%，包含 74 个蛋白质编码基因，2 个 rRNA 基因和 28 个 tRNA 基因。以线粒体基因组为基础的进行遗传进化分析，对该菌以及其他相关菌种的线粒体 12 个氧化磷酸化蛋白（atp6，cob，cox1，cox2，cox3，nad1，nad2，nad3，nad4，nad4L，nad5 和 nad6）进行同源性分析比较，并构建 Bayes 系统进化树，结果表明该菌与竹黄菌（*Shiraia bambusicola*）的亲缘关系较近。

参考文献

陈双，2015. 水竹黑斑病原真菌的分离鉴定、线粒体基因组分析、培养优化及其活性成分提取 [D]. 北京：首都师范大学 .

齐若涵，杨春琳，李琳，等，2021. 水竹菱斑病发病特点，病原生物学特性及室内药剂筛选 [J]. 东北林业大学学报，49(5)：131–135，141.

杨春琳，2019. 水竹病原真菌鉴定及病害发生发展规律解析 [D]. 成都：四川农业大学 .

YANG C L, XU X L, WANASINGHE D N, et al, 2019. Neostagonosporella sichuanensis gen. et sp. nov. (Phaeosphaeriaceae, Pleosporales) on Phyllostachys heteroclada (Poaceae) from Sichuan Province, China[J]. MycoKeys, 46: 119–150.

传统中药

雷丸（竹苓）*Omphalia lapidescens* (Horan.) J. Schröt.

Omphalia lapidescens (Horan.) J. Schröt., in Engler & Prantl, Nat. Pflanzenfam., Teil. I (Leipzig) 1: 107 (1897) (1900)

= *Agaricus lapidescens* (Horan.) E. Cohn & J. Schröt., in Schröter, Abhandl. Naturwiss. Verein. Hamburg 11(2): 15 (1891)

= *Mylitta lapidescens* Horan., in Tatarinov, Catalogus Medicamentorum Sinensium (Petropoli): 34 (1856)

= *Omphalia lapidescens* (Horan.) J. Schröt., in Engler & Prantl, Nat. Pflanzenfam., Teil. I (Leipzig) 1: 107 (1897)

雷丸，最初记载于《神农本草经》，常寄生于病竹根部，故又名竹苓、竹铃芝，别名木莲子、雷矢等（王宏 等，2008）。秋季采挖，洗净，晒干。性寒，味微苦，主归胃经、大肠经。雷丸被广泛应用于临床，传统中医认为其有杀虫消积功效，常用于治疗寄生虫病（绦虫、钩虫、蛔虫病）及虫积引起的腹痛，小儿疳积诸症，使用时多将雷丸研粉喂服。现代医学认为雷丸具有抗肿瘤作用，常用于治疗广泛期小细胞肺癌，使用时多联合其他抗肿瘤药物使用。雷丸中存在多种活性成分，蛋白类成分（陈宜涛，2009）具有良好的杀虫活性，且具有一定程度的抗肿瘤活性；多糖类化合物治疗小鼠体内腹水瘤等也具有较理想的效果（王宏 等，2008）。

分类地位

目前在有关雷丸的药学著作及相关文章中，对其分类地位尚存争议，未达成一致。有些学者对于雷丸的分类地位，即雷丸为多孔菌科植物雷丸的菌核达成共识，但他们对雷丸的学名却有不同的看法。如：《中兽医学大辞典》（丁船，2002）、《民间兽医本草》（冯洪钱，1984）和引用了《西双版纳傣药志》对雷丸分类地位描述的《中华本草》（傣药卷）均认为雷丸的学名为 *Polyporus mylittae*。而《本草纲目大辞典》（李志庸 等，2007）则认为雷丸的学名为 *Omphalia mylittae*；《兽医中草药大全》（瞿子明，1989）与《毒药本草》认为雷丸的学名为 *Omphalia lapidescens*；《菌类本草》（肖林荣 等，2003）认为雷丸为多孔菌科雷丸 *Polyporus mylittae*（*Mylittae lapidescens*；*Omphalia lapidescens*）的菌核；《中国药用真菌学》（徐景堂，1997）一书中详细描述了多孔菌属的形态特征和雷丸菌核的生物学特性，从而认为雷丸（*Polyporus mylittae*）异名为 *Omphalia lapidescens*，隶属于担子菌亚门（Basidiomycotina）层菌纲（Hymenomycetes）伞菌目（Agaricales）多孔菌科（Polyporaceae）多孔菌属（*Polyporus*）。而另一些学者认为雷丸是白蘑科雷丸（*Omphalia lapidescens*）的干燥菌核。如在《中药学》（高学敏，2000）、《本草纲目彩色图鉴》（刘永新 等，2006）、《中兽医学》（钟秀会 等，2007）、《中草药大典》（陈士林，2006）、《常用中药彩色图鉴》（吴家荣 等，2006）、《时代本草彩色图鉴》（高学敏，2006）和《中国药物大全》。

由此可见，对中药雷丸的分类地位存在较大争议，需要对其进行更深入的考证研究。

生态分布

雷丸的生长环境在历代本草著作中也有较详细的记载。

《名医别录》中记载："雷丸生石城山谷及汉中土中（石城为现今河南林县，汉中为现今陕西汉中）。八月采根，暴干。"陶弘景认为："今出建平、宜都间。累累相连如丸。"李时珍说："雷丸大小如栗，状如猪苓而圆，皮黑肉白，甚坚实。雷丸出汉中、建平、宜都及房州、金州诸处，生竹林土中，乃竹之余气所结，故一名竹苓。"

现代的药学书籍对雷丸的生长环境及地域分布做了更加详细的描述：雷丸多寄生于病竹根部，有些也生于竹林下或棕榈、油棕等树根际。长江流域以南各地分布较多，主要分布于四川宜宾和涪陵、贵州遵义、云南德宏和保山，此外，辽宁建平、河南林县、湖北宜都和宣昌、陕西汉中，其他如甘肃、江苏、福建、湖南、广东、安徽、浙江、广西等部分地区亦有分布（杨仓良，1998；肖林荣 等，2003；吴家荣 等，2006）。此外，雷丸还被《湖北恩施药用植物志》所收载："寄生于杂木，病竹根部。分布于湖北恩施市、咸丰县。"（方志先，2006）

形态学特征

腐生菌类，子实体寿命很短，常见为菌核（图 1）。菌核坚硬，呈类球形或不规则团块状，直径 1~3 cm，表面黑褐色或灰褐色，有略隆起的网状细纹。质坚实，不易破裂，断面白色或浅灰黄色，粉状或带颗粒状，常有大理石样纹理（图 2）。无臭，味微苦，嚼之微带黏性，久嚼无渣。

粉末灰白色，具细小颗粒。菌丝团块呈不规则形，大小不等，无色，少数黄棕色或棕红色。散在的菌丝短条形有时扭曲，有分枝，无色，少数呈棕红色或黄棕色。菌丝直径约 4 μm。草酸钙方晶细小，有的聚集成群，散在者较大，直径 2~8.5 μm（邓雪华 等，2006）。

图 1　雷丸子实体

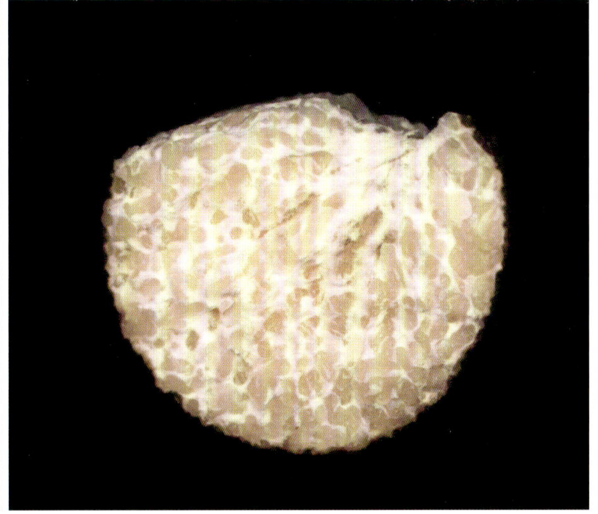

图 2　雷丸子实体横切面

培育方法

1. 选地

选山野排水良好，土质干燥、疏松的竹林或林缘种植，熟地或田边、地角也可种植。黄泥黏重的地方易积水，故不适宜。

2. 备料

根据目前试验和野生情况的观察，除松树、杉树外，其他如马桑、栗树、青冈、枫香、杨树以及其他藤本等树材均可，以胡颓子、桂树为好。将树砍成长 0.7~1 m 的短节，鲜料和干料各一半，再收集枯枝落叶和部分半腐烂的木材备用。

3. 挖坑及放料

选好地后，挖长 0.7~1 m，深 0.5 m 的坑，坑底先铺放一层腐殖质土和厚 2~8 cm 的半腐烂木材。然后每坑放木料 5~6 根，小坑放 10 根左右。垫上枯枝烂叶，将空隙填满压实，盖上一层腐殖质土厚约 2 cm。并根据情况，每坑放料 2~3 层，上盖 10~15 cm 腐殖质土，略高于坑面。

4. 繁殖方法

目前是选用小的鲜雷丸作繁殖材料，每坑用 250 g 左右，分层均匀放置，或将雷丸打碎撒上，盖好腐殖质土，呈瓦背形，以免积水。春秋两季均可接种，以夏初为好，又是采挖季节，种源易解决。

5. 管理

种后 10 d 检查，菌丝挂满半截木料，呈白色丝状。20 d 后，已布满菌丝，开始发头。40 d 后，有的已有小雷丸如算盘子大，其颜色淡红。接种雷丸切勿在竹林边种植。80 d 后，呈现有许多白点和少许有色较大的红色雷丸。播种的雷丸已开始发粉（腐烂）。据观察会影响竹林生长，破坏竹林（王用平，1979）。

价值

中药材中化学成分复杂，探索其物质基础并找到活性成分十分重要。迄今为止，在中医临床中雷丸主要作为驱虫药使用，使用量少、提取率低使得雷丸的化学成分研究较少。现从雷丸中已分离鉴定得到了 30 余个化合物，包括蛋白类、多糖类、甾体及三萜类化合物，现代研究主要针对雷丸中的蛋白类和多糖类成分，偶有对其甾体及三萜类成分进行报道。

1. 化学成分

（1）蛋白类

雷丸中含有大量蛋白，陈宜涛等人（2009）对雷丸菌丝蛋白制作了 Tricine-SDS-PAGE 图谱，通过图谱可以看出雷丸中主要以小分子蛋白居多。陈宜涛等人（2009）还发现了雷丸中具有抗肿瘤活性的 pPeOp 蛋白。1937 年，日本梁宰等人（1980）从天然雷丸中提取得到具有水解蛋白质的活力的雷丸蛋白酶（董泉洲 等，1991；杜传馨 等，1987）。于勇海等人（2000）找到了雷丸凝集素（OLL）的一种纯化方法，纯化后血凝比活提高了 45.8 倍，活力回收 2.5%；郑灏等人（2011）认为应当将 OLL 的含量作为主要标准用以控制雷丸的质量。

（2）多糖类

1981 年，Toshio Miyazaki 首次从雷丸中分离得到了雷丸多糖 OL-1（王宏 等，2008），Ohno 等人（1995）和 Saito 等人（1992）在此基础上分离得到了雷丸多糖 OL-2 和 OL-3。OL-1 和 OL-3 是具有高度支化结构的多糖，均含有（1 → 3）-，（1 → 4）-，（1 → 6）-，（1 → 3，6）- 连接的 D- 吡喃葡萄糖基，其摩尔质量分别为 190 kg/mol 和 450 kg/mol。雷丸多糖 OL-2 是从雷丸中分离出的活性成分之一，结构中含有（1 → 3）-，（1 → 6）- 连接的 β-D- 葡萄糖基，平均摩尔质量为 118 kg/mol。毕春慧等人（2010）用响应面分析法优化了雷丸多糖的提取条件，将雷丸多糖获得率提升至 23.12%。

（3）小分子类

从雷丸中分离鉴定得到的甾体类化合物主要为麦角甾类。Yan 等人（2014）在 2014 年分离纯化得到的甾体 Leiwansterols A 和 Leiwansterols B，这两种甾体目前仅在雷丸中被发现。其他甾体化合物在菌类生物中较常见，如麦角甾醇，麦角甾醇过氧化物，麦角甾 -4，6，8（14），22（23）-四烯 -3- 酮，麦角甾 -7，22- 二烯 -3β- 醇，麦角甾 -5，7，22- 三烯 -3β- 醇，麦角甾醇过氧化物，β- 谷甾醇，豆甾醇，豆甾醇 -7，22- 二烯 -3β，5α，6β- 三醇，3β- 羟基豆甾 -5，22- 二烯 -7- 酮，木栓酮，表木栓醇，齐墩果酸，甘遂醇等。

2. 药理作用

（1）驱虫

驱虫为雷丸最具代表性的传统功效，临床上使用雷丸驱虫取得了很好的效果。金基和（1990）、王英如等人（1981）使用雷丸粉分别对肠绦虫、肠道滴虫病患者进行治疗，结果显示全部治愈。使用雷丸粉治疗绦虫的 64 例病患服药一次后均驱出绦虫并找出绦虫头，治疗肠道滴虫的 55 例除个别使用了 3 个疗程外，一般 2 个疗程后复查大便镜检转为阴性。李春斌等人（1997）使用槟榔煎汤送服雷丸粉对肠绦虫病患者进行治疗，发现治愈 85 例（占 85%），总有效率 100%。李敏（1960）在使用雷丸散（取雷丸 3.2g，川军 11.2g，二丑 11.2g，共研细面混匀即成）对 188 例蛲虫病患者进行治疗，结果显示全部治愈。申云华等人（2001）使用雷丸肠溶胶囊，对确诊的小儿蛔虫病患者进行治疗，一日 3 次，连服 3 日，一周后复查，显示治愈率 80.7%，有效率可达 95%。除此之外，赵国儒等人（1985）使用自拟“龙雷丸”试治了 4 例囊虫病（猪包囊虫）并取得良好效果；临床上也曾使用雷丸煎汁治疗丝虫病患者（佚名，1959）。

郭毛娣等人（1997）在雷丸素体外抗囊尾蚴研究中发现，雷丸蛋白酶能分解破坏虫体蛋白质，这对治疗囊虫病有一定的临床意义。李金福、宋国平等在雷丸对猬裂头蚴（李金福 等，2015）、猬迭宫绦虫裂头蚴（宋国平，2015）感染小鼠的试验中发现，雷丸具有体内抗裂头蚴、猬迭宫绦虫裂头蚴的作用，且雷丸的疗效优于吡喹酮。杜娟等人（2015；2016）在研究中发现，雷丸对亚洲带绦虫囊尾蚴有破坏作用。陈新宇等人（1999）观察比较后发现，雷丸对体外培养的微小膜壳绦虫有良好的杀虫作用，这可能与雷丸蛋白酶对虫体皮层的损伤作用有关。

（2）抗肿瘤

现代药理研究表明，雷丸除具驱虫、抗炎和免疫刺激作用外，尚具有较好抑瘤作用。以盐炙雷丸为主要成分的雷丸胶囊已被批准上市，用于癌症的辅助治疗，临床研究证实其增效和减毒作用显著（陈宜涛 等，2008）。梁荣祥（2012）临床观察 60 例病患后，发现联合用药雷丸胶囊能增强化疗药物的抗肿瘤作用。试验中发现治疗组有效率为 82.86%，高于对照组的 72%，且给药组能减轻血液学毒性、刺激骨髓造血。李琳琳等人（2018）在此基础上，临床使用雷丸胶囊联合注射用盐酸吉西他滨治疗晚期肺癌，发现雷丸胶囊可以明显提高治疗效果。联合使用后雷丸胶囊还降低了吉西他滨对患者的毒副作用、延长患者的中位生存期和生存率、提升患者对化疗的耐受性以及治疗后的生活质量。刘经平等人（1988）在实验中发现中药雷丸注射液对小鼠 S180 后瘤块具有明显的抑制作用。和对照组相比，给药组小鼠瘤块明显变小，组织学观察显示给药组瘤块内大部分为白细胞、巨噬细胞及 MGC 浸润，且大部分肉瘤细胞已经消失。颜明玉等人（1993）发现，腹腔注射雷丸提取液（OLS）可显著抑制小鼠 U14 腹水癌，防止胸腺萎缩及调节外周血 T 淋巴细胞，生命延长率达 82%。OLS 伍用吡喹酮后疗效更显著，小鼠生命延长率达 182% 且部分能受孕产仔。

雷丸化学成分较多，对雷丸抗肿瘤活性物质基础研究主要集中在蛋白酶和多糖上。陈宜涛等人（2009）在研究雷丸中发现，其发酵菌丝与菌核蛋白对人肝癌细胞 HepG2 有一定的抑制作用，发酵菌丝蛋白抑瘤作用显著。随后研究发现，雷丸菌丝蛋白能抑制 H22 荷瘤小鼠体内的肿瘤增长。分离得到雷丸蛋白 pPeOp（Chen et al.，2011）对胃癌细胞 MC-4 和 SGC-7901 均有一定的抑制作用，且对正常细胞 MC-1 没有显著影响。深入研究发现，雷丸蛋白 pPeOp 能抑制 SGC-7901 增殖，可能与调控死亡受体通路和线粒体通路中的关键蛋白，上调 TNF-R1、Fas/Fas L、Caspase 3 及 Caspase 8，从而诱导其凋亡有关（赵肖涯，2017）。pPeOp 还能明显抑制人胃癌细胞 MC-4 增殖和迁移（陈非飞，2015），可能与 MMP-2 有关。研究发现，小鼠体内 S180 肉瘤的增长可被雷丸蛋白酶提取物抑制，抑制率可达 33.3%~69.3%，尤其使用 4% 蛋白酶浓度、腹腔注射给药时效果最好（姚永华，1979）。

OL-2 为 D-（1-3）-β- 葡聚糖，能够增加小鼠体内肿瘤坏死因子 TNF-α 的生成量，且这种效应与 6 位支链的分枝程度相关（Ohno，1995）。Ohno 等人（1995）研究发现，雷丸多糖 OL-2 无论经腹腔注射还是肌肉注射，对小鼠 S180 腹水瘤均有较强的抑制作用，但对移植性 S180 固体肉瘤抑制作用极低或无。Saito 等人（1992）通过实验证明，向 ICR 小鼠腹腔注射 OL-2 能够可逆地引起小鼠腹膜腔渗出细胞（PEC）、白细胞以及脾脏细胞增加；同时，脾脏细胞中白细胞介素 IL-1、IL-6 以及肿瘤坏死因子 TNF-α 基因表达增强。雷丸多糖 OL-2 的 Smith 降解产物 OL-2-I，OL-2- Ⅱ和 OL-2- Ⅲ在 ICR 小鼠中也显示出抗固体肉瘤 S180 的活性。OL-2 联合 5- 氟尿嘧啶使用对腹水瘤 MH-134 同样具有显著的抑制作用。

（3）凝血和降糖

Zhang 等人（2006）使用水提醇沉法从雷丸子实体和菌丝体中提取得到富含多糖的粗提物，口服该粗提物对链佐星诱导的糖尿病大鼠可产生降血糖作用。

（4）抗炎

王文杰等人（1989）在研究中发现，雷丸多糖抗炎活性较好。对小鼠巴豆油耳炎症模型静脉注射给药后观察到有明显的抗炎作用，ID50 为 3.55 mg/kg；同时对琼脂性关节肿和酵母性关节肿模型大鼠进行皮下注射给药，均显示出明显的抗炎作用。程桂芳等人（1990）发现其水解物也有良好的抗炎活性。

（5）抗菌

陈慧芝等人（2012）发现雷丸提取物具有良好的抗菌作用。其中雷丸乙酸乙酯提取物对大肠杆菌生长抑制作用最好，抑菌作用接近于阳性药的抑菌效果；除此之外，乙酸乙提取物对金黄色葡萄球菌、白色念珠菌也有良好的抑制作用；雷丸中石油醚提取物对枯草芽孢杆菌抑制作用较好。

（6）斑秃

韩桂兰（2001）发现雷丸还可用于治疗斑秃。取生姜切片涂擦患处后，将雷丸研粉继续涂抹，治疗 7~12 d 后，200 例患者的治愈率达 98%。

（7）其他

陈慧芝等人（2012）从雷丸中提取出能分解和沉淀氨基硫酸盐的氧化酶，该酶有良好的水溶性，对 IAA 有破坏作用。

参考文献

毕春慧，沈莲清，2010. 响应面分析法优化雷丸多糖提取工艺的研究 [J]. 食品科技，35(8)：217–221.

陈非飞，杨永乐，龚维瑶，等，2015. 雷丸 pPeOp 蛋白抑制胃癌细胞 MC–4 增殖和迁移的作用研究 [J]. 浙江中医药大学学报，1(1)：6.

陈慧芝，2012. 雷丸化学成分及药理作用的研究 [D]. 长春：吉林农业大学 .

陈士林，林余霖，2006. 中草药大典 [M]. 北京：军事医学科学出版社 .

陈新宇，李小敏，林锦潮，等，1999. 雷丸对体外培养的微小膜壳绦虫作用 [J]. 现代临床医学生物工程学杂志，5(3)：2.

陈宜涛，林美爱，程东庆，等，2009. 雷丸菌丝蛋白对 H_(22) 荷瘤小鼠的肿瘤抑制及免疫调节作用 [J]. 中药材，32(12)：5.

程桂芳，1990. 雷丸多糖水解物的抗炎作用 [J]. 中国医学科学院学报，12(1)：60.

邓雪华，吴红菱，2006. 雷丸的鉴定及药用经验 [J]. 时珍国医国药，17(9)：1746–1746.

董泉洲，李明，1991. 雷丸蛋白酶提纯及其化学成分的研究 [J]. 中成药，13(3)：2.

杜传馨，李明，1987. 雷丸蛋白酶性质研究 [J]. 中草药，1(3)：3.

杜娟，牟荣，包怀恩，等，2015. 雷丸、阿苯达唑和吡喹酮对亚洲带绦虫囊尾蚴形态学改变的影响 [J]. 中国病原生物学杂志，10(12)：8.

杜娟，牟荣，包怀恩，等，2016. 雷丸、阿苯达唑和吡喹酮对亚洲带绦虫囊尾蚴超微结构的影响 [J]. 中国病原生物学杂志，11(1)：7.

冯洪钱，1984. 民间兽医本草 [M]. 北京：科学技术文献出版社 .

高学敏，2000. 中药学 . 上册 [M]. 北京：人民卫生出版社 .

高学敏，张德芹，张建军，2006. 时代本草彩色图鉴 [M]. 贵阳：贵州科技出版社 .

郭毛娣，王淑芳，1997. 雷丸蛋白酶的发酵，提取及对猪囊尾蚴体外活性作用的初步研究 [J]. 中国药学杂志，32(2)：75–77.

韩桂兰，吕善云，2001. 雷丸和生姜治疗斑秃 [J]. 中华综合医学，2(3)：262.

金基和，1990. 雷丸散治疗肠绦虫病 64 例 [J]. 内蒙古中医药 (1)：7–8.

李春斌，倪茹华，1997. 雷丸槟榔治疗绦虫 100 例 [J]. 云南中医中药杂志，18(2)：20.

李金福，陈艳，徐婧，2015. 雷丸及吡喹酮对猬裂头蚴感染小鼠的疗效观察 [J]. 现代预防医学，42(13)：3.

李琳琳，项保利，薛乾隆，等，2018. 雷丸胶囊联合吉西他滨治疗晚期肺癌的疗效观察 [J]. 现代药物与临床，33(2)：390–393.

李敏，1960. 雷丸散治疗蛲虫病的疗效观察 [J]. 中国医刊 (7)：35.

李志庸，张国骏，2007. 本草纲目大辞典 [M]. 济南：山东科学技术出版社 .

梁荣祥，2012. 雷丸胶囊联合化疗治疗广泛期小细胞肺癌 35 例 [J]. 中医杂志，53(9)：1.

刘经平，刘力，1988. 中药雷丸注射液抗小白鼠 S_(180) 后瘤块的组织学观察 [J]. 赣南医学院学报 (1)：12–14，90–91.

刘永新，林余霖，2006. 本草纲目彩色图鉴 (上卷)[M]. 北京：军事医学科学出版社 .

瞿自明，徐方舟，江锡基，1989. 兽医中草药大全 [M]. 北京：中国农业科技出版社 .

申云华，王旭，李克雷，2001. 雷丸肠溶胶囊在治疗小儿蛔虫病中的应用 [J]. 医学文选，20(2)：205–206.

宋国平，李金福，陈艳，等，2015. 雷丸及吡喹酮对猬迭宫绦虫裂头蚴感染性及超微结构的影响 [J]. 中国寄生虫学与寄生虫病杂志，33(1)：40–44.

王宏，程显好，刘强，等，2008. 雷丸研究进展 [J]. 安徽农业科学，36(35)：15526–15527.

王文杰，朱秀媛，1989. 雷丸多糖的抗炎及免疫刺激作用 [J]. 药学学报，24(2)：151–154.

王英如，张润田，1981. 单味雷丸治疗肠道滴虫病 [J]. 中成药 (9)：43.

王用平，1979. 雷丸的培育 [J]. 中草药 (2)：1.

吴家荣，邱德文，2004. 中国常用中草药彩色图谱 [M]. 贵阳：贵州科技出版社 .

肖林榕，林莉，杨瑞英，等，2003. 菌类本草 [M]. 北京：中国医药科技出版社 .

徐景堂，1997. 中国药用真菌学 [M]. 北京 : 北京医科大学，中国协和医科大学联合出版社 .

颜明玉，朱金昌，1993. 雷丸提取液及伍用吡喹酮对小鼠 U14 腹水癌的抑制作用 [J]. 温州医科大学学报，23(1)：10–13.

杨仓良，1993. 毒药本草 [M]. 北京：中国中医药出版社 .

姚永华，马惠芳，1979. 雷丸蛋白酶的提取及其抑制小鼠肉瘤 180 的初步观察 [J]. 宁夏医学院学报，1(1)：50–52.

佚名，1959. 雷丸煎汁治疗丝虫病 [J]. 上海中医药杂志，1(1)：41.

于船，2002. 中兽医学大辞典 [M]. 成都：四川科学技术出版社 .

于勇海，龚隽，余明琨，2000. 雷丸凝集素的纯化及理化性质的研究 [J]. 菌物学报，19(2)：278–282.

赵国儒，1985. 中药治疗囊虫病 4 例 [J]. 中医杂志，1(11)：50.

赵肖涯，陆仲夏，杜丽君，等，2017. 雷丸蛋白 pPeOp 诱导胃癌细胞 SGC–7901 凋亡机制研究 [J]. 中国药理学通报，33(9)：1271–1277.

郑灏，程显隆，肖新月，等，2011. 雷丸药材中多糖及总糖定量分析方法研究 [J]. 中国药事，25(9)：3.

钟秀会，陈玉库，2007. 中兽医学 [M]. 北京：中国农业科学技术出版社 .

CHEN Y T, LU Q Y, LIN M A, et al, 2011. A PVP–extract fungal protein of *Omphalia lapideacens* and its antitumor activity on human gastric tumors and normal cells[J]. Oncology Reports, 26(6)：1519–1526.

MIYAZAKI T, NISHIJIMA M, 1980. A novel glycosaminoglycan from the fungus *Omphalia lapidescence*[J]. Carbohydrate Research, 96(1)：105–111.

OHNO N, ASADA N, ADACHI Y, et al, 1995. Enhancement of LPS Triggered TNF–.ALPHA. (Tumor Necrosis Factor–.ALPHA.) Production by (1.RAR.3)–.BETA.–D–Glucans in Mice.[J]. Biological and Pharmaceutical Bulletin, 18(1)：126–133.

SAITO K, NISHIJIMA M, OHNO N, et al, 1992. Structure and Antitumor Activity of the Less–Branched Derivatives of an Alkali–Soluble Glucan Isolated from *Omphalia lapidescens*. Studies on Fungal Polysaccharide. XXXⅧ.[J]. Chemical and Pharmaceutical Bulletin, 40(1)：261–263.

YAN H, RONG X, CHEN P T, et al, 2014. Two new steroids from sclerotia of the fungus *Omphalia lapidescens*[J]. Journal of Asian Natural Products Research, 16(3)：265–270.

ZHANG G, HUANG Y, BIAN Y, et al, 2006. Hypoglycemic activity of the fungi *Cordyceps militaris*, *Cordyceps sinensis, Tricholoma mongolicum*, and *Omphalia lapidescens* in streptozotocin–induced diabetic rats[J]. Applied Microbiology and Biotechnology, 72(6)：1152–1156.

珍稀食用菌

冬荪 *Phallus dongsun* T. H. Li, T. Li, Chun Y. Deng, W. Q. Deng & Zhu L. Yang

Phallus dongsun T. H. Li, T. Li, Chun Y. Deng, W. Q. Deng & Zhu L. Yang, in Li, Li, Deng, Song, Deng & Yang, Phytotaxa 443（1）: 29（2020）

冬荪隶属于鬼笔科（Phallaceae）鬼笔属（*Phallus*）。冬荪又称白鬼笔、竹下菌、竹菌、无裙竹荪等，多生长在竹林或杂木林等枯枝落叶腐殖层。Li 等人（2020）通过形态学与分子系统发育分析结果证实冬荪为鬼笔属的一个新种，其孢子形态较其他鬼笔属真菌更小，也更接近椭圆形，菌盖不凹陷，在此之前冬荪一直被误认成白鬼笔（*Phallus impudicus*）。冬荪含有多种活性成分（Kikuchi et al.，1984），如二氢查耳酮、麦甾醇、乙酸、苯基巴豆油醛、甲醛、糖醛酸聚糖、苯乙酸和硫化氢等，具有调节免疫，促进伤口愈合的特性，对治疗癌症、风湿、活血祛痛有一定辅助功效（Kalač，2009；Vyacheslav et al.，2019），还可用作食品防腐剂。

形态学特征

未成熟的担子体球形至近球形，45~60 mm × 45~50 mm，黄白色至浅黄色，稍光滑，表面有晕状花纹，通过黄白色的根状菌索附着在基底上。外包被膜质，内包被凝胶状，透明（图 1）。成熟担子体 150~250 mm × 25~50 mm。子层托卵球形至钟形，暗白色至淡白色，高 48~60 mm，宽 25~45 mm，表面网状，具不规则的脊，深达 8 mm，通常被产孢组织覆盖。先端截形，具或不具直径可达 11 mm 的显著白色圆盘，先端具直径 3~4 mm 的穿孔（图 2）。产孢组织橄榄棕色，黏液状。拟菌柄圆柱状或纺锤形，通常在先端和底部渐缩，中部膨大，高 160~220 mm，顶端厚 6~12 mm，中部厚 17~45 mm，基部厚 5~15 mm，白色至黄白色海绵状，中空；拟菌柄壁厚 6~9 mm，通常由不规则的小腔室组成，直径 1~3 mm。菌托近球形或稍倒卵形，高 50 mm，宽 38 mm，平滑或稍具皱纹，黄白色。根状菌索简单，白色至黄白色，厚 1~2 mm，长可达 32 mm。气味臭（主要来源于产孢组织）。

图 1　冬荪未开裂子实体

担孢子圆柱形至长椭球体，(3.5) 3.8~4.2 (4.4) μm × 1.8~2.3 μm，长宽比为 (1.64) 1.78~1.96 (2.11)，长宽比的平均值为 1.88 ± 0.12，在 H_2O 和 5% KOH 溶液中呈透明和浅橄榄色，薄壁，通常具 1~2 个液滴，在光学显微镜下光滑，在扫描电镜下一端截形。子实托和拟菌柄菌丝透明，薄壁，拟薄壁组织的，由球状至近球形或不规则球状组成，直径可达 25 μm。菌托菌丝管状，分枝，直径 4~10 μm，薄壁，光滑，具隔膜，具锁状联合。根状菌索丝状，直径可达 8.0 μm，薄壁，光滑，具隔膜，很少分枝。

图 2　冬荪成熟子实体（李挺和李泰辉提供）

分布

冬荪是一种大型珍稀食用菌，国外主要分布在印度以及东南亚、欧美等地，中国主要分布在山西、山东、贵州、广东、四川、云南和安徽等地。贵州野生冬荪出菇主要在秋季，生境为竹林或杂木林等枯枝落叶腐殖层。

价值

冬荪具有食用价值，尤其是在卵形期采摘，该时期其气味不是非常强烈，在美国或欧洲人们很少食用冬荪，可能是不习惯食用，他们认为冬荪的味道像“旧灰尘”一样，缺乏对其营养的具体认知（张松，2021）。但冬荪在中国是美味的食用菌之一，因其味道鲜美，口感松脆，被大众喜爱。例如大方冬荪，是贵州省毕节市大方县特产、中国国家地理标志产品。截至 2015 年，贵州省大方县及周边已种植冬荪大约 2000 亩（刘小丽 等，2010）。首坤秀等人（2020）对冬荪及其蛋托的成分进行分析，并测定二者对 1，1- 二苯基 -2- 三硝基苯肼（1, 1-diphenyl-2-picrylhydraziyl）DPPH 自由基、羟基自由基清除能力和总还原能力，结果表明，冬荪及冬荪蛋托多糖含量分别为 2.82%、10.26%；蛋白质含量分别为 8.22%、5.56%；粗纤维含量分别为 11.43%、11.56%；黄酮含量分别为 0.0588%、0.182%；总酚含量分别为 1.55%、2.01%；二者均含有 16 种氨基酸，总氨基酸含量分别为 14.09%、4.62%，其中必需氨基酸 / 总氨基酸比值分别为 32%、33%；两者均含有铬、钙、铁、镁、锰、锌、铜、锶等矿物质元素，其中含量最高的元素分别为镁（1916 mg/kg）、钙（3216.07 mg/kg）；冬荪及冬荪蛋托各提取物抗氧化能力差异较大，对 DPPH 自由基清除能力最强的提取物都是 75% 醇提物，对羟基自由基清除能力最强的分别为粗多糖和 95% 醇提物，对 Fe^{3+} 还原能力最强的为粗多糖和 75% 醇提物。因此冬荪富含蛋白质、氨基酸、人体所需的 10 余种维生素、多种微量元素及多糖等，除了味道鲜美外也具有极高的营养价值（朱国胜 等，2018）。

冬荪也具有一定的药用价值。冬荪在降血压、降低胆固醇等方面有益，同时还可以预防多种神经、血管疾病的发生（李永荷 等，2018）；有抑菌防腐作用（杨珍，2016），可抑制腐败菌生长，能延迟食物的酸败；具有增强免疫力（赵凯 等，2008）、抗糖尿病（Kim et al.，1983；Niksic et al.，2004）、抗炎镇痛（首坤秀，2021）等作用。冬荪在治疗某些癌症方面显示出了前景（Petrova et al.，2008），食用冬荪的浓缩提取物可以减少某些癌症的转移，并降低与癌症相关的血栓形成风险。普通冬荪提取物也能改善实验性受伤大鼠的伤口愈合，并在实验性糖尿病大鼠中显示出免疫调节活性（Vyacheslav et al.，2019）。冬荪药食两用，其含有的活性成分具有免疫调节和促进伤口愈合的特性，可以治疗风湿病、癫痫，长期食用可以预防乳腺癌患者的血栓栓塞并发症，且不会产生副作用（戴玉成 等，2010）。

冬荪的折干率仅 5% 左右，可食用部分不足 30%，近七成菌托和孢子体采摘后被丢弃，为进一步合理开发利用冬荪资源，减少环境污染和资源浪费。首坤秀等人（2020）对冬荪菌盖和菌柄及冬荪菌托的多糖（多糖是真菌中重要的活性成分，研究发现真菌多糖具有免疫调节、抗衰老、抗氧化、降血糖、抗肿瘤等活性）、蛋白质（蛋白质是人体重要的组成部分，构成人体的细胞、组织，是生命的物质基础）、粗纤维（粗纤维是膳食纤维的一类，不能被人体消化吸收但可以促进肠胃蠕动，食用含粗纤维的食物可以促进消化，食物中的膳食纤维可调节血糖代谢，对胰岛素分泌进行调控）、总黄酮和总酚（黄酮和酚类物质具有较好的自由基清除能力，是近年来天然抗氧化剂研究的热点之一）、矿物质、氨基酸等成分含量进行测定和对比。研究发现，冬荪菌盖和菌柄及冬荪菌托多糖含量分别为 2.80%、10.26%，冬荪菌托中多糖含量远高于冬荪菌盖和菌柄，可以作为提取冬荪多糖很好的原料。采用凯氏定氮法测得冬荪菌盖和菌柄及冬荪菌托的蛋白质含量分别为 8.22%、5.56%，冬荪菌盖和菌柄蛋白质含量高于冬荪菌托。冬荪菌盖和菌柄及冬荪菌托粗纤维含量分别为 11.43%、11.56%，二者含量相近；冬荪菌盖和菌柄及冬荪菌托黄酮含量分别为 0.059%、0.182%，冬荪菌盖和菌柄及冬荪菌托总酚含量分别为 1.55%、2.01%，从测定结果可看出冬荪菌托中黄酮及总酚含量均高于冬荪菌盖和菌柄。

食用菌中含有多种人体必需的矿物质元素，其中镁、钙是人体必需的常量元素，锰、铁、钴、铜、锌、硒、锶是微量元素。锰、铬、锌、铁、镁、铜、锶、钙中含量最高的元素是镁，为 1916 mg/kg。冬荪菌盖和菌柄及冬荪菌托中镁、钙元素含量较高，且含有多种微量元素可满足人体对多种矿物质元素的需求。

冬荪菌盖和菌柄及冬荪菌托中均含有 16 种氨基酸，其中酪氨酸含量最高，天冬氨酸和谷氨酸次之。谷氨酸是一种天然食品增鲜剂，说明冬荪是一种味道鲜美且具有一定营养价值的食用真菌。冬荪菌盖和菌柄及冬荪菌托均含有亮氨酸、苏氨酸、甲硫氨酸、苯丙氨酸、异亮氨酸、赖氨酸、缬氨酸 7 种人体所需必需氨基酸。冬荪菌盖和菌柄中总氨基酸（TAA）含量为 14.09%，必需氨基酸（EAA）含量为 4.62%，必需氨基酸 / 总氨基酸（EAA/TAA）为 32%。冬荪菌托总氨基酸含量为 9.53%，必需氨基酸含量为 3.16%，必需氨基酸 / 总氨基酸为 33%。冬荪菌盖和菌柄总氨基酸含量和必需氨基酸含量均高于冬荪菌托，必需氨基酸 / 总氨基酸值略低于冬荪菌托。

冬荪菌托的多种化学成分高于冬荪菌盖和菌柄，对废弃物冬荪菌托进行研究，提高冬荪的附加值具有重要的现实意义。近年来，食用菌产业快速发展，食用菌栽培逐渐转变为工业化生产，食用菌在农业中经济地位提高，同时产生了大量食用菌废弃物。这些废弃物处理不当会对环境造成一定的污染，如果适当利用，不仅不会产生污染，而且是一种再生资源，可以带来更多的经济价值。

栽培

目前，冬荪在毕节市大方、织金等地已经有较大面积的人工栽培。为了进一步开发利用冬荪，肖艳等人（2022）根据多年的种植经验总结了一套林下种植冬荪丰产栽培技术，主要包括选种、选地、栽培、田间管理、采收、加工和贮藏。

1. 栽培品种选择

冬荪主要栽培品种有厚孢长角型、短柄肉质型、光滑肉质型和长柄蜂窝型 4 种。生产中通常选择产量较高的长柄蜂窝型或者口感较好、市场价格较高的光滑肉质型和短柄肉质型。何忠国等人（2021）也通过对毕节市冬荪主要栽培区收集获得的 120 株菌蕾、60 株子实体进行外观性状考察、初步筛选、分离培养、纯化、室内初筛、原种转接、田间栽培试验等，筛选出适宜毕节种植的中杆（短柄）肉质型冬荪，该菌种外观性状表现良好，出菇性状稳定，产量较高，折干率较好，其次为大杆（长柄）蜂窝型冬荪，小杆精品型冬荪表现较差。

2. 菌种选择

冬荪栽培时需选用 3~4 个月菌龄的优质菌种，此时菌种外观菌丝浓密、洁白，满袋或接近满袋，无污染、萎缩以及老化现象。孟娟等人（2022）也对冬荪的分离株进行了液体种和栽培种的单因素试验，以确定其液体种生长的最佳碳氮源。结果表明，在供试的 7 种不同碳源处理下，菌丝均能正常生长，其中以果糖为碳源时生物量最高，为（3.79 ± 0.04）g/L，故最佳碳源为果糖，碳源选择优先顺序为：果糖 > 葡萄糖 > 红糖 > 蔗糖 > 甘露醇 > 麦芽糖 > 乳糖 > 清水对照。食用菌不仅可以吸收单糖还能吸收二糖、多糖等复合糖，而且对单糖的吸收率优于二糖、多糖和复合糖，这与余昌霞等人（2020）的研究结果一致。在供试的 6 种不同氮源处理下，以酵母浸膏为氮源时，冬荪液体菌种的生物量最大，为（7.09 ± 0.07）g/L，故最佳氮源为酵母浸膏，氮源的优先选择序为：酵母浸膏 > 牛肉膏 > 蛋白胨 > 胰蛋白胨 > 硫酸铵 > 清水对照 > 酵母粉。食用菌能利用多种氮源，对复合氮源的利用优于无机氮源，这与刘晓鹏等人（2009）、刘海娟等人（2021）、赵洪等人（2020）的研究结果一致。复合氮源由于含有蛋白质、氨基酸、维生素等多种氮源以及多种生长因子，可很好地满足菌丝生长的营养需求，因此可以促进食用菌菌丝生长。而无机氮源的成分比较单一，不能充分满足菌丝的营养需求，因而菌丝生长较慢（徐鸿雁 等，2013）。有机氮源中含有丰富的蛋白质和多种生长因子，可以为冬荪菌丝生长提供多种元素，有利于酶的代谢（陈斌 等，2015）。无机氮源成分比较单一，不能提供食用菌生长过程中自身无法合成的一些必需氨基酸（刘晓鹏 等，2009）。

参考文献

陈斌，郭爱珍，赵毅，等，2015. 不同氮源对白灵菇菌丝生长的影响 [J]. 山西农业科学，43(1)：4.

何忠国，侯俊，王彩云，等，2021. 冬荪优良菌种筛选研究 [J]. 耕作与栽培，41(4)：33–37.

李永荷，肖萧，杨晋，等，2019. 简述白鬼笔栽培技术及病虫害防治措施 [J]. 南方农业，13(17)：2.

刘海娟，刘利娟，郑素月，等，2021. 白灵菇液体发酵条件优化 [J]. 北方园艺 (18)：125–131.

刘小丽，黄晋杰，2010. 微波辅助法提取香菇多糖的工艺 [J]. 食品研究与开发，31(3)：14–17.

刘晓鹏，姜宁，魏璐，等，2009. 白灵菇深层发酵培养基的优化研究 [J]. 中国酿造 (3)：65–68.

孟娟，文庭池，丁勇，等，2022. 冬荪的鉴定及不同物质对其菌丝生长的影响 [J]. 北方园艺 (12)：114–123.

首坤秀，王山立，林灵，等，2020. 冬荪及其蛋托的成分分析和抗氧化活性研究 [J]. 食品科技，45(2)：8，264–271.

肖艳，侯俊，王彩云，等，2022. 林下种植冬荪的丰产栽培技术 [J]. 新农业 (6)：27–29.

徐鸿雁，杜双田，孟胜楠，等，2013. 不同碳氮源对红汁乳菇菌丝生长的影响 [J]. 西北农林科技大学学报（自然科学版），41(10)：125–130.

杨珍，2016. 黔产冬荪重金属及农残含量与食用潜在健康风险评价 [D]. 贵阳：贵州师范大学 .

余昌霞，李正鹏，赵妍，等，2020. 草菇液体菌种培养基配方及培养条件的优化 [J]. 上海农业学报，36(5)：41–45.

赵洪，李静，向旭，等，2020. 红汁乳菇菌丝体液体发酵条件的优化研究 [J]. 江苏农业科学，48(14)：167–169.

赵凯，王飞娟，潘薛波，等，2008. 红托竹荪菌托多糖的提取及抗肿瘤活性的初步研究 [J]. 菌物学报，27(2)：289–296.

朱国胜，桂阳，刘鹏，等，2018. 白鬼笔仿野生栽培技术 [J]. 农技服务，35(3)：5.

戴玉成，周丽伟，杨祝良，等，2010. 中国食用菌名录 [J]. 菌物学报，29(1)：1–21.

张松，黄万兵，刘宏宇，等，2021. 冬荪液体深层培养不同时期胞外代谢物研究 [J]. 食品与发酵科技，57(2)：14–22, 29.

KALAČ P, 2009. Chemical composition and nutritional value of European species of wild growing mushrooms: A review[J]. Food Chemistry, 113(1)：9–16.

KIKUCHI T, KADOTA S, TANAKA K, et al, 1984. Odorous metabolites of an acellular slime mold, *Physarum polycephalum* Schw., and a basidiomycete, *Phallus impudicus* Pers.[J]. Chemical and Pharmaceutical Bulletin, 32(2)：797–800.

KIM B K, CHOI E C, CHUNG K S, et al, 1983. Studies on constituents of *Korean basidiomycetes* (L) [J]. Archives of Pharmacal Research, 6(2)：141–142.

LI T, LI T, DENG W, et al, 2020. *Phallus dongsun* and *P. lutescens*, two new species of Phallaceae (Basidiomycota) from China[J]. Phytotaxa, 443(1)：19–37.

NIKSIC M, HADZIC I, GLISIC M, 2004. Is *Phallus impudicus* a mycological giant?[J]. Mycologist, 18(1)：21–22.

PETROVA R, REZNICK A, WASSER S, et al, 2008. Fungal metabolites modulating NF–κB activity: An approach to cancer therapy and chemoprevention (Review)[J]. Oncology Reports, 19: 299–308.

VYACHESLAV B, ALEXEY B, ALIAKSANDR A, et al, 2019. Polysaccharides of mushroom *Phallus impudicus* mycelium: immunomodulating and wound healing properties[J]. Modern Food Science & Technology, 35(9)：30–37.

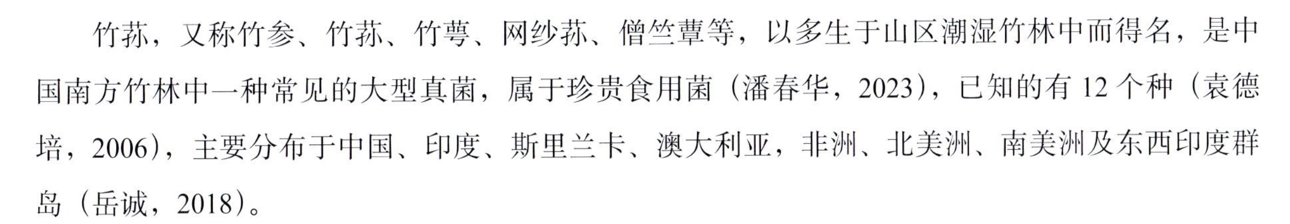

珍稀食药用菌

竹荪 *Phallus* spp.

竹荪，又称竹参、竹荪、竹萼、网纱荪、僧竺蕈等，以多生于山区潮湿竹林中而得名，是中国南方竹林中一种常见的大型真菌，属于珍贵食用菌（潘春华，2023），已知的有12个种（袁德培，2006），主要分布于中国、印度、斯里兰卡、澳大利亚，非洲、北美洲、南美洲及东西印度群岛（岳诚，2018）。

竹荪隶属于担子菌门（Basidiomycota）伞菌纲（Agaricomycotina）鬼笔目（Phallales）鬼笔科（Phallaceae）鬼笔属（*Phallus*）（张泽乾 等，2022）。早期仅基于形态学特征将鬼笔类真菌分为鬼笔属和竹荪属（*Dictyophora*），两属的区别在于竹荪属孢托组织下沿有1个网格状裙子。但现在基于DNA分子数据的研究，这2个类群属于同一个系统演化谱系（Li et al.，2014；Song et al.，2018）。因此，*Dictyophora* 被认为是 *Phallus* 的异名，其中的物种全部转移到鬼笔属（邓旺秋，2004；张泽乾 等，2022）。竹荪形状略似网状干白蛇皮，具深绿色菌帽，雪白色圆柱状菌柄，粉红色蛋形菌托，菌柄顶端有一围细致洁白的网状裙从菌盖向下铺开，整个菌体显得十分俊秀雅致，犹如一个穿着裙装翩翩起舞的姑娘，故有"雪裙仙子""真菌之花""菌中皇后"等美誉。竹荪为竹林腐生真菌，以分解死亡的竹根、竹秆和竹叶等为营养源。野生环境下多生长于毛竹、平竹、苦竹、慈竹等竹林里，其土质有黑色土壤、紫色土、黄泥土等。竹荪营腐生生活，其菌丝能穿透许多微生物的拮抗线，能利用许多微生物不能利用的纤维素、木质素。常见并可供食用的有4种：长裙竹荪（*Phallus indusiatus*）、短裙竹荪（*Phallus impudicus*）、棘托竹荪（*Phallus echinovolvatus*）和红托竹荪（*Phallus rubrovolvatus*）（姜源凯，2018）。竹林中最常见的栽培种为长裙竹荪和短裙竹荪。

形态学特征

长裙竹荪子实体有菌盖、菌裙、菌柄、菌托4个部分（图1），一般高10~20 cm，最高超过

30 cm。子实体单生、群生。菌蕾球形至倒卵形，表面污白色至淡污粉红色，4.5~5 cm，基部有分枝或不分枝的根状菌索，成熟时包被开裂，包托伸长外露。菌盖钟形，高 5 cm，直径 3 cm，顶端无圆环，中部有 1 个穿孔，四周具显著网格，白色，表面覆盖 1 层暗绿色、黏液状、恶臭的孢体。菌裙网状，洁白色，从菌盖下垂，长达菌柄基部，边缘宽可达 13 cm，网眼多角形，孔径 3~10 mm。菌柄圆柱形，长 17 cm，基部粗 4~5 cm，白色，海绵质，中空。孢子透明，光滑，椭圆形，3~3.5 μm × 1.5~2 μm。菌托蛋形，膜质，白色至粉红色。菌托内有白色的胶质。菌盖钟形，高 3.5~5 cm，直径 3.4~4 cm，顶端有 1 个穿孔，四周有显著网格，白色，表面覆盖 1 层橄榄色、黏液状、恶臭的孢体。菌裙较短，从菌盖下垂仅达菌柄中上部，洁白色，网状，网眼不规则多边形，孔径 1~4 mm，近边缘的网眼较小。孢子椭圆形，3.8~4.5 μm × 1.5~2 μm，光滑，无色（黄年来，1998；罗信昌，2016）。

短裙竹荪（图 2、图 3）菌蕾近圆形或卵形，污白色，高 4.5~5 cm，直径 4~4.5 cm，基部有根状分枝的菌索。菌托污白色，内含白色胶质。菌柄圆柱形，长 8.5~13 cm，最宽的部分约 3 cm，白色，海绵质，中空。菌盖钟形，高 3.5~5 cm，直径 3.4~4 cm，顶端有 1 个穿孔，四周有显著网格，白色，表面覆盖 1 层橄榄色、黏液状、恶臭的孢体。菌裙较短，从菌盖下垂仅达菌柄中上部，洁白色，网状，网眼不规则多边形，孔径 1~4 mm，近边缘的网眼较小。孢子椭圆形，3.8~4.5 μm × 1.5~2 μm，光滑，无色。

图 1　长裙竹荪子实体
（王兰青提供）

图 2　短裙竹荪子实体
（周远钢拍摄）

图 3　短裙竹荪原基
（周远钢拍摄）

棘托竹荪子实体单生或群生。菌蕾鸡卵状，白色至浅灰褐色，2~3 cm × 2~2.5 cm，表面具白色至灰褐色的棘突，棘端渐尖，菌托下部具多数菌索。菌盖帽状、钟状，子实层为不规则的网格所组成，橄榄褐色、黑褐色，上部中心有孔口。菌柄柱形，白色，海绵质，中空，高 9~15 cm，粗 2~3 cm，下部固着于菌托的中央。担子长棒状，有 4~6 个孢子。孢子呈不规则的棒状，长肾状或长卵状，微弯曲，3~4 μm × 1.3~2 μm。菌幕（菌裙）网状，长度达近菌托处。

红托竹荪子实体群生。菌蕾卵圆形，暗红色，4~5 cm × 4~6 cm，基部有根状菌索。菌盖钟形，高 5~6 cm，直径 4~4.5 cm，顶端有 1 个穿孔，四周具显著网格，白色，表面覆盖着暗绿色、黏液状、恶臭的孢体。菌托暗红色，内含白色胶质。菌柄白色，圆柱形，长 11~15 cm，粗 3.5~5 cm，海绵质，中空。菌幕（菌裙）从菌盖下垂，长达 7 cm，边缘宽 6~8 cm，网状，白色，质脆，网眼多角形，孔径 2~7 mm。孢子卵形至长卵形，直径 2~2.5 μm × 3.7~4 μm，壁光滑，透明。

分布

长裙竹荪子主要分布在中国江苏、安徽、福建、江西、广东、广西、四川、云南、贵州、台湾等地。主要生长在夏秋季竹林或阔叶林下、枯枝落叶层厚的腐殖质层上（黄年来，1998）。野生长裙竹荪多生于海拔 200~2000 m 的热带、亚热带亚高山地带腐殖质丰富的湿润竹林地（陈德明，2001），也常见于橡胶林、香蕉园、青冈栎等阔叶树混交林或腐烂的杉木上，单生或群生。

短裙竹荪主要分布在主要分布于中国黑龙江、吉林、辽宁、河北等北方地区。

棘托竹荪主要分布在中国吉林、河南、河北、云南、福建、湖南、广东、四川、湖北、贵州等地（邢湘臣，2000）。棘托竹荪是中国的特有物种，于 1986 年首次发现于湖南会同，在 1988 年将其定名为棘托竹荪，随后对其进行人工栽培并成功。棘托竹荪主要生长在竹林或针阔叶混交林及竹木加工场的废墟上。其子实体在腐朽的林木废料及草本植物的残肢上能直接生长（周崇莲 等，1997）。棘托竹荪属高温型食用菌，适应性很强，菌丝生长快，容易人工栽培，适于中国南方地区栽培。野生竹荪在自然条件下适于生长在海拔 300m 左右的竹林、白桦、落叶松、杨树及混交林中，地里有大量落叶残体和腐殖质。棘托竹荪对气候条件有偏好性，喜欢生长在温暖透气性好的环境下，在自然界，每年 7—8 月，气温达到 30~35℃时，棘托竹荪的子实体出现最多，当环境温度在 24℃以下时，基本不会长出棘托竹荪。

红托竹荪野生资源主要分布于中国贵州、云南、江西、四川和浙江等地（吴勇 等，1997；饶军 等，1999）。1976 年臧穆在中国首次发现慈竹（*Sinocalamus affinis*，现为 *Bambusa affins*）林中有红托竹荪，分布海拔 1500~2200 m（戴玉成 等，2010）；邹方伦（1994）对贵州野生竹荪资源的调查中发现苦竹林中有红托竹荪的分布，后来潘高潮等人（2011）对贵州野生红托竹荪调查发现生长红托竹荪的竹子种类有钓鱼慈竹、苦竹、箭竹和水竹 4 种，分布海拔 1000~1900 m。龚光禄等人（2020）在对野生红托竹荪资源进行收集，发现慈竹、金竹林和黔竹林中也有分布；大部分野生菌株发生地的海拔集中在 1000~1500 m。红托竹荪喜欢生长在含有腐殖质较多的黑棕色土壤中，土壤质地以疏松透气、保湿效果好的沙土为主。寄主主要为多年生苦竹、金竹等竹林腐根。主要分布在海拔 1000~1500 m 区域，在海拔 1700 m 区域也有分布。

价值

竹荪是优质的植物蛋白和营养源，菌体含有丰富的营养成分。如长裙竹荪菌体含蛋白 20.2%，粗脂肪 2.6%，碳水化合物 38.1%，粗纤维 9.4 g 还含有 21 种氨基酸，8 种为人体所必需，占氨基酸总量的 1/3，其中谷氨酸含量高达 1.76%，占氨基酸总量的 17% 以上，为蔬菜和水果所不及（屠六帮，1990）。且长裙竹荪所含的氨基酸大多以菌体蛋白的形态存在，因此不易丧失。竹荪富含多种维生素（郭渝南 等，2004），如维生素 B 族中的 VB_1、VB_2、VB_6，以及维生素 A、D、E、K 等。其中核黄素（VB_2）含量较高，长裙竹荪干品可达 53.6 μg/kg，红托竹荪干品可达 21.4 μg/kg。竹荪所含多糖以半乳糖、葡萄糖、甘露糖和木糖等异多糖为主。竹荪还含多种微量元素，其中重要的有锌 60.20 mg/kg，铁 68.7 mg/kg，铜 7.9 mg/kg，硒 6.38 mg/kg。同时含有多种于人体有益的成分，如胡萝卜素、硫胺素、烟酸、抗坏血酸和多种矿物质元素磷、钾、镁等。

中医认为，竹荪对于增强脾胃消化功能有很大的裨益。在云南，苗族同胞将竹荪和糯米一起泡水喝，可以治疗虚弱症、损伤症和咳嗽，有止痛补气之效。竹荪还具有解腻助消化的作用。中医认为竹荪有大补之功，但其药用价值在历代本草著作中鲜有论述。经常食用可消除腹壁多余的脂肪，具有明显的减肥效果。竹荪汽锅鸡、竹荪银耳等，对人体可起到滋补强壮的作用。竹荪能够减少腹壁脂肪的积存，有俗称"刮油"作用，有明显的减肥、降血压、降胆固醇、降血脂、降血糖功效。试验显示竹荪对高胆固醇症有一定疗效。川滇民间亦食用竹荪治咳嗽、劳损等症。竹荪属于生理碱性食品，长期服用能调整中老年人体内血酸和脂肪酸的含量，有降低高血压和体内胆固醇、减少腹壁脂肪贮积的作用（刘虎成 等，2000）。

竹荪所含的多糖是具有高活性的大分子物质，在抗肿瘤、抗凝血、抗炎症、刺激免疫以及降血糖方面都有一定的疗效，对艾滋病也有抑制作用（徐方，1990）。短裙竹荪多糖具有一定的清除超氧阴离子自由基作用，可抑制人工细胞膜的脂质过氧化，可能是其抗肿瘤、提高免疫力的主要作用机理之一（杨海龙 等，2000）。据报道竹荪提取物对小鼠肉瘤 S180 的抑制率为 60%，对艾氏腹水癌的抑制率为 70%，说明竹荪具有较强的防癌、抗癌作用。竹荪在中性至碱性条件下，具有较好的抑菌作用（丁湖广 等，1992），且抑菌成分在高温、高压下稳定。竹荪对食品防腐有奇效，具有广泛的使用范围（谭敬军，2001）。因此在煮熟的菜肴中，加入竹荪，便可保存较长时间而不至于腐败变质。民间竹荪与肉共煮，取汤在 28~30℃下培养，以加与不加竹荪的肉汤做对照，发现加竹荪的肉汤比未加竹荪的肉汤变坏速度晚 2~3 d，表明竹荪确有抑制微生物活动的作用。贵州民间还将竹荪用于治疗痢疾、细菌性肠炎以及白血病等。

竹荪提取物的有效成分主要为多糖、多种氨基酸及多种微量元素（Nakamura et al.，1990），对辐射损伤大鼠免疫功能具有明显的修复作用。当机体受到大剂量辐射损伤后，放射线可以直接造成 T 淋巴细胞数量减少甚至死亡。在造血功能障碍的同时，免疫功能也严重的低下，表现为免疫活性细胞数量减少，抗体形成抑制或紊乱，细胞因子网络调节失常等。T淋巴细胞作为体内最重要的免疫活性细胞之一，对辐射相当敏感，照射后数量减少非常突出。试验结果显示，竹荪提取液可以修复辐射损伤最敏感的免疫活T性细胞，显著增加T淋巴细胞的数量，增大T辅助细胞/T抵制细胞（CD_4/CD_8）比值。

长裙竹荪也是药食两用真菌，常食竹荪有滋补强身的作用。研究表明，竹荪具有降血脂、抗氧化、增强免疫功能、保护肝脏等作用（林海红 等，2000；郭渝南 等，2006）。王宏雨等人（2011）研究发现竹荪提取物能抑制人红细胞的脂质过氧化。王赟等人（2008）报道了竹荪提取液对砷中毒小鼠的免疫毒性有保护作用。长裙竹荪还有显著的防腐抑菌作用，研究发现其乙醇浸提液对蛋白类食物细菌有明显的抑制作用（郝景雯 等，2008；郝景雯，2010）。

短裙竹荪是一种非常名贵的食药用真菌，营养价值比较高，含有多糖、凝集素、多种氨基酸等，短裙竹荪中的多糖可有抗细胞脂质过氧化的作用（林玉满，1997），短裙竹荪中的凝集素可以对人和多种动物的红细胞具有凝集作用（林玉满，2005）。林玉满等人（2003）在短裙竹荪子实体提取物中分离出16种氨基酸。

棘托竹荪子实体中含有较高的粗蛋白、粗脂肪以及糖分，含量分别为17.67%、6.5%、58.1%，对其氨基酸进行分析得到以下数据：氨基酸总量为14133 mg/100g，8种必需氨基酸5348 mg/100g，半必需氨基酸850 mg/100g，鲜味氨基酸3728 mg/100g，甜味类氨基酸2847 mg/100g，芳香族氨基酸1360 mg/100g。棘托竹荪还含有丰富的维生素：维生素A 0.481 mg/g，维生素C 0.205 mg/g，维生素B_1 0.104 mg/g，维生素B_2 0.027 mg/g以及一些微量元素：铁105 μg/g，镁1750 μg/g，锰442 μg/g，钙304 μg/g，铜36.7 μg/g，锌60.9 μg/g。除此之外，棘托竹荪菌丝体还含有丰富的蛋氨酸，菌托含有丰富的谷氨酸（庄金山 等，1994；周崇莲 等，1991）。

红托竹荪子实体洁白、外形优美，有“菌中皇后”之称；气味清香、菌肉致密、菌裙稍硬、口感脆嫩，既可鲜食又可干食，是竹荪中的精品和国宴佳品，品质优于长裙竹荪和棘托竹荪（毛秋生，2000）。红托竹荪具有丰富的可溶性蛋白质、游离氨基酸、类黄酮、维生素C、维生素B_2、多糖、钾、钙等常量元素和锌、硒等微量元素，具有较高的营养价值（梁亚丽 等，2020；孙燕 等，2019）和抗肿瘤、抗氧化等功能价值（赵凯 等，2008；向瑞琪 等，2022）。

栽培

随着林下经济迅猛发展，竹林食用菌栽培得以推广，其中竹林下竹荪栽培是常见经营模式。

长裙竹荪为中温型菌菇，菌丝生长温度为5~30℃，以23℃最佳，26℃以上生长开始衰弱，低于0℃或高于35℃菌丝很快衰退死亡。子实体形成分化温度为16~27℃，以22℃最佳，在适温范围内其生长速度与温度呈正相关。菌丝的生长、原基分化到子实体发育所处环境不同，不能用自然气温来代表环境温度。菌丝生长阶段需保持一定土壤含水量，土表宜 15%~20%。含水量过低或过高菌丝会失水或缺氧死亡。空气相对湿度对子实体分化发育有重要影响，菌蕾卵形期宜 80% 左右，破口期宜 85% 左右，破口到菌柄伸长宜 90% 左右，菌裙散开时宜 94%，可使菌裙饱满、裙边完整。相同温度下提高相对湿度可加快其生长（岳诚 等，2018）。

长裙竹荪好氧，通气性较差时菌丝生长缓慢甚至死亡，通风不良时 CO_2 浓度较高易导致菌蕾萎缩，菌裙难以展开。栽培时宜选择具团粒结构、粗细颗粒搭配、通气良好的腐殖质土壤。

长裙竹荪对光照不敏感，菌丝在黑暗条件下生长良好，菌蕾分化不需光照，子实体发育阶段可有微弱散射光，强光不利于子实体发育。竹荪整个生长过程均需在酸性条件下完成，适宜菌丝生长阶段 pH 值为 5.6~6.0，子实体发育阶段 pH 值为 4.6~5.0（罗信昌 等，2016；陈可义 等，1985）。

早期长裙竹荪多采用野生菌丝和孢子液在林间引种，后采用人工培养菌丝体室内床栽、压块栽培或露地畦栽，现多采用大田畦床生料栽培（罗信昌 等，2016）。长裙竹荪播种自然气温宜 8~30℃；播种时间上，南方春栽为 3—4 月，秋栽为 8—10 月，春栽好于秋栽。选择近水源、排水良好、腐殖质较丰富、疏松肥沃、pH 值 4.5~6 的田地栽培（杨敬 等，2017）。架设遮阳棚，茅草或树枝遮阳，清除田地杂草起畦，畦宽 1~1.3 m，长度自定，四周以土围埂，埂高 20~25 cm，四周开水沟，以便排水（吴少风 等，1991）。

可采用各种竹制品下脚料、农作物秸秆作栽培原料，使用前先用水浇淋。含油脂的原料可用 2%~3% 的石灰水浸泡，煮沸杀虫灭菌，流水清洗，堆沤 4~5 d 备用。崔仕权（1990）通过研究发现竹材是生产竹荪的天然材料；涂显平（1999）通过比较几种生料阳畦栽培长裙竹荪的效果发现利用杂木屑、玉米等作物秸秆种植长裙竹荪是可行的。

铺料播种（层播法）：将畦底整平，喷施灭虫药，在下层铺主料 5 cm，料面撒播菌种，上盖辅料 2 cm；第 2 层铺主料 8 cm，撒播菌种，盖辅料 2 cm；第 3 层铺主料 5 cm，撒播菌种，盖辅料 2 cm；最后覆土 2 cm，在覆土表面盖上竹叶、树叶等保湿。覆土材料宜选择腐殖质含量较高、颗粒较大、透气性保水性较好的酸性土壤。根据长裙竹荪上述生长习性因时因地进行管理。杨敬（2017）将四川宜宾长裙竹荪栽培管理原则归纳为：一个前提，选好栽培地块；两个关键，定好播种季节和菌种质量；三个重点，做好培养料处理、水分管理和光照管理。

短裙竹荪可采用室外阳畦栽培、室内床架栽培和林下就料栽培 3 种栽培方式。室外阳畦栽培，是在背风、虫蚁活动少、排灌方便的竹林或常绿阔叶林内进行的，林内荫蔽度要高（七分阴，三分阳），以地势较高地下水位较低的坡地为好，平地和低洼地容易积水，对竹荪菌丝生长不利，林内土壤要求湿润偏酸，落叶层较厚，腐殖质含量丰富，应设宽 90~120 cm、长度不限的阳畦，畦间开排水沟。室内栽培，应设置床架。林下竹料栽培，是在竹林内的旧竹蔸上或林下空地上打穴播种，不用或少用人工栽培料，利用竹林内现成的旧竹蔸或其他腐竹料栽培（谢睿斌，2008）。

短裙竹荪的栽培料以各类竹料、阔叶树木料为好，一般应以竹料为主，木料为辅。农作物秸秆可用来栽培长裙竹荪，且栽培周期短，出菇早，但用来栽培短裙竹荪效果不佳。选好的材料须加工成 3~5 cm 大小不规则的碎块，然后在阳光下暴晒，晒干后再用 pH 值 6.5~7 的水浸泡 l~3 d，捞起并将水沥干后备用。

土壤虽不直接为竹荪的生长发育提供营养，但却是竹荪生长发育不可缺少的重要条件之一。栽培短裙竹荪用的土壤要求腐殖质含量丰富，pH 值 6.5~7，含水量 25%~30%。

播种季节因各地自然气候条件而异，一般应在 10~30℃时播种。海拔 1000 m 以下的区域，宜在 3—5 月及 8—9 月播种，海拔 1000 m 以上的区域，应在 6—8 月播种，这样方可保证次年出菇。

可采用中层铺种和底层铺种两种铺料接种方法。中层铺种法为在整好的畦面上铺放一层事先准备好的腐殖土；在室内床架上则应先铺一层薄膜或稻草，在薄膜上打几个排水小孔，然后均匀铺上 5~7 cm 厚的腐殖土。按每平方米 4~5 kg 均匀铺放一层栽培料，用清洁的木板轻轻拍实，将菌种分成指头大小的颗粒均匀地铺在料面上，用种量为每平方米 2~4 瓶，上面再铺 3~4 kg 栽培料，匀实后盖上 3~5 cm 厚的腐殖土，最后覆一层树叶或竹叶，用篾条和薄膜搭成弧形棚架覆盖畦面，棚两侧的薄膜用泥土压紧，棚两端松放，以保持良好的通气条件。室内在床架上不需搭棚，也不用薄膜覆盖，只需在最上面盖 1 层较厚的树叶或竹叶即可。底层铺种法为按上述方法在畦面或床面铺放 1 层腐殖土，接着按中层铺种法的种量和方法将菌种均匀铺放，然后扬一层薄的细土粒，让菌种黏附上一些零星土粒，但不能将菌种埋没。再将栽培料一次性全部铺上，每平方米 7~8 kg，匀实后覆土，盖上树叶或竹叶，搭好棚架。中层铺种法有利于菌丝吃料，发菌快，菌丝可以从培养料中层迅速布满整个料面。底层铺种法可以避免因培养料消毒不严而产生杂菌，可以有效防止杂菌污染。

短裙竹荪栽培过程中的管理除对光照、温度、通气条件进行适当调控外，最重要的是水分管理。水分管理包括栽培料的含水量、土壤含水量和空气相对湿度 3 个方面。接种后 6~10 d 菌丝开始吃料，此时应使培养料的含水量保持在 50%~60%，土壤含水量 25%~30%，空气相对湿度 75%~85%。整个菌丝生长阶段应盖好塑料棚，严防淋雨积水，同时保持良好的通风换气条件。若遇高温干旱畦面干燥时，可揭开薄膜让细雨湿润或用洁净喷雾器喷洒 pH 值 6.5~7 的中性水，但要防止大雨冲刷，不能大水泼浇，以使畦面覆土保持湿润为度。当菌索前端出现白色粒状菌蕾时，应喷少量的水，提高空气湿度，使畦内或室内空气相对湿度提高到 85% 以上。当菌蕾破土而出时，可揭去薄膜，用竹木枝叶覆盖畦面，避免菌蕾暴露在直射阳光下，保持七阴三阳的散射光照。这一阶段应保持较高的空气湿度，使空气相对湿度达到 85%~95%。当久雨或气温低于 15~18℃时，应重新盖上薄膜棚，将四周薄膜压紧，以保温保湿。用此法栽培短裙竹荪，头年接种，次年方能出菇，可连续采收 3~5 年。前 3 年产量较高，在 1 年内有春、秋季两次出菇，冬、夏季低温或高温时停止生长，进入休眠不能出菇，此时应加强温度和水分管理，防止菌丝死亡。

棘托竹荪属中高温型真菌，菌丝在 5~35℃范围内均能生长，低于 15℃和高于 88℃时生长缓慢，子实体能适应较高温度，在 35~39℃能正常出菇。喜湿和弱酸环境，菌丝喜暗环境，子实体发育则需要适量散射光，但二氧化碳浓度过高会抑制其生长。培养料制作培养料于种植前 45~60 d 开始建堆发酵，一般选择在 12 月进行（彭超 等，2021）。为方便入林，堆料点可选择在种植地附近的平坦开阔地带。培养料配方选择以当地易获得的谷壳、秸秆或竹屑等为主，以竹屑和谷壳为例，组成比例为 78% 竹屑、20% 谷壳、1% 尿素、0.5% 糖和 0.5% 生石灰，每公顷备料 60~75 t。首先，在最底层铺一层 30 cm 竹屑和 10 cm 谷壳，然后撒一层尿素、磷酸钙、石膏粉，并浇少量水，重复铺料堆 3~4 层，堆高 1.5~1.8 m。原料堆好后，在料堆上浇足水分，水量为每 100 kg 干料浇水 65 kg，浇水后用薄膜覆盖进行发酵。当中心料温达到 65℃时（手感觉到烫），开始第 1 次翻堆，以后每隔 10 d 翻堆 1 次，共翻堆 3~4 次。翻堆要求上下、内外料互相调换，使培养料发酵均匀。直至料发酵呈暗褐色、无刺激味时完成培养料腐熟工作，培养料腐熟后 pH 值在 6 左右，含水量保持在 65% 左右（用手挤培养料有水滴即可）。林地选择及整理林地要求交通便利、地势平缓、阴凉潮湿、靠近流动水源，林地及周围水源要求 3 年未种过竹荪；土壤腐殖质含量高，质地疏松不易板结，排水能力强，呈弱酸性；病虫害植株少，林内卫生条件良好。种植前 1 周，人工清除林地中的杂灌木和石头，采伐立竹并调整林地郁闭度至 0.6~0.7，对郁闭度不足的林地可搭建遮阳网，并培养新竹。沿坡地等高线建畦，畦宽 50~80 cm、深 10~15 cm，长度视林地情况而定，做好排水措施，防止畦内积水。采用生石灰对畦内及其四周进行消毒。

当林地平均温度稳定在 10℃以上时即可播种（湖南省内一般在 2 月初）。播种前，将发酵好的培养料倒入畦内，用量 12~18 kg/m^2，暴晒或雨淋 2 d，使料中的刺激性气体挥发完全，此后便可种植。种植前将感染绿霉的菌包挑选出，避免感染其他菌包，种植时将菌种掰成鸽子蛋大小的块状，以梅花形间隔 6~7 cm 块状点播 1 层竹荪菌种，或直接将菌种掰成大小相似的 8 份，均匀播于畦床上。一般每平方米铺放菌包 0.75 kg（按菌包重量确定），上盖 5~7 cm 厚的培养料并轻轻压实，再覆盖 1 层破碎后的林地表土，覆土厚度 5 cm，形成龟背式菌床，高出地面 10~15 cm，可撒 1 层凋落物。按垄搭建好喷灌设施，喷灌设施可选择低廉实用的微喷带，微喷带长度约 4950 m/hm^2。菌丝生长期大概 45 d 左右，在此期间，保证覆土表面湿润即可。此时的林分空气湿度维持在 70%~80%，表层覆土缺水即可浇水，以雾喷为宜，防止雨水冲刷导致养分流失和破坏菌丝。若温度过低，可采用竹篾成拱覆膜保温，但需注意适当通风，温度达到 20℃以上时掀膜。菌丝生长期注意观察菌丝生长状况，该阶段不要大量翻动覆土，以免扯断菌丝，毁坏菌索进而影响出菇。具体要求“四看”：即看盖面物、看覆土、看菌蕾、看天气，保证菌丝生长充分。当菌丝生长至土壤表面时，可适当增加喷水量，一般在此后 15 d 左右即可形成菇蕾。此时，晴天早晚各浇 1 次水，林分空气湿度保持在 85% 以上。菌蕾阶段主要做好林地的防涝、保湿，如遇高温要勤喷，土壤湿度一般控制在保持覆土潮湿，手捏土能粘为宜。整个生长期间，务必加强防涝措施。一般播种后 70~80 d 开始出菇。

不定期检查白蚂蚁和鼠害等，4—6 月是白蚂蚁为害期，可用白蚁灵粉剂、乳油液防治，鼻涕虫可在阴天晚上进行人工捕捉。

红托竹荪菌丝在10~30℃的条件均能生长，适宜温度范围在20~25℃，pH值在4.5~4.7时菌丝生长较快，红托竹荪对光的敏感性较强，黑暗环境下菌丝生长较快，光照能刺激其菌丝变紫和抑制生长（李代芳 等，1985）。红托竹荪为有性繁殖，从孢子萌发到孢子经过11个时期的循环生活史，即孢子 — 单核菌丝 — 双核菌丝 — 菌索 — 原基 — 球形体 — 卵形期 — 破口期 — 伸长撒裙期 — 成型期 — 自溶期 — 孢子（杨正谷 等，2014）。

野生的红托竹荪多生长在中国西南地区，以贵州黔西的最为著名。红托竹荪喜中偏低温气候，多见于秋季，其利用植物机体中的碳水化合物，单生或者群生在腐朽的竹棍或活的竹根口部位，喜酸性土壤基质，最适生长基质pH值为5.5，最适宜的空气相对湿度为80%左右，土壤含水量在40%左右（朱国胜 等，2018）。因此，当前在对红托竹荪进行栽培时，宜选择离水源较近的稍高地势，面积要大，土壤为酸性土壤并且有机质要含量高，离林区要近。在栽培地搭建大棚时，要保证中桩出土高度2.5 m左右，结合栽培地形状，因地制宜搭建生产大棚。大棚顶部和四周要遮阴，遮阴率要达到90%（应国华 等，2015）。

当前国内人工驯化栽培的红托竹荪已形成较为丰富的品种类型，在对菌种进行培养的过程中，宜挑选产量较高、发菌较快、出菇较早的菌种类型，且干品具有较高品质的优良品种。同时，严格按照菌种制种工艺的级数选择最后一代红托竹荪栽培种，制种原料由阔叶树木屑、米糠、玉米粉、黄豆粉、蔗糖和石膏按比例混合装入玻璃盐水瓶或饲料袋中制种。待制种3~4个月后，菌种几乎长满制种容器，无老化、淌黄水现象，在要求栽培时才能将菌种运到栽培地破瓶取出，破瓶后会散发出特殊的清香气味。

在栽培菌种之前，需要准备栽培前和栽培过程中要用到的材料，包括菌材、辅助料、农药以及营养素等。常见的红托竹荪菌材有白杨木、口哨木、刺棒头和桐油树等。辅助料为白糖，农药有甲基托布津粉剂、高效甲氰菊酯、多菌灵、辛硫磷乳油等。营养素为壮菇剂、氨基酸、高能钙、生命素和生长素等，按照使用说明建议的方法配制使用（郑元红 等，2011）。

红托竹荪的栽培方法有阴棚栽培、床栽、盆栽和砂锅栽培等方式，近几年出现发酵菌棒层架栽培的方法。安龙县芝隆竹荪发展有限公司在进行红托竹荪栽培的过程中主要采用荫棚栽培法和床栽法。在开始栽培前，要对土壤进行翻耕，并且一定要做好杀虫工作。将配好的杀虫剂药水浇在待栽培土壤中，要浇透，目的是保证有效除去病菌和害虫。浇完药水后封闭大棚2 d，等待下一步工作。阴棚栽培的方法为将准备好的菌材粉碎成碎片状，装入袋中进行高锰酸钾消毒0.5 h，消毒水要求50 g高锰酸钾溶于500 kg水中，随后搬进大棚准备种植（吴凡，2009）。在划好厢的土面上铺洒粉碎好的菌材，取出菌种放在菌材上，按照每瓶分成40~50小块的标准，菌材上的菌种之间相隔5 cm左右，摆放好后，在上面撒少量白糖和竹粉，并将配制好的营养液喷洒在上面，用薄土刚好覆盖种子。此为第1层种植，按照上述方法进行第2层栽培，形成1厢。要求播种的过程中严格避光，且在后期注意保持培养料含水量、空气相对湿度、温度等环境因素，为栽培营造良好的外部环境。床栽法的具体操作为在种植前用木材搭建菇床，消毒塑料薄膜打孔铺在床架上，以便排除多余水分。在菇床上铺撒1层消过毒的菌材碎片，在菌材上种植菌种，并在其上覆薄薄的1层菌材。共2层菌种，在最上面覆盖竹叶。之后浇透水，盖上薄膜进行保湿培养。观察菌丝生长状况，及时去除覆盖的薄膜。

在红托竹荪的栽培过程中，病虫害主要以预防为主，结合综合防治。红托竹荪栽培成功与否的关键就是病虫害防治。首先要做的就是清除杂菌。在发现地面有杂菌、污染物时，立即用碳铵或石灰杀菌，并用薄膜覆盖，目的是抑制杂菌的扩散。在竹荪未展裙之前发现杂菌，可进行药物防治，如金霉素、多菌灵。红托竹荪栽培过程中常见的害虫有螨类、蛞蝓等。因为竹荪的生长环境为高温、高湿环境，容易爆发螨类，螨类会咬断菌丝和竹荪菌球，同时传播病菌。蛞蝓主要吞噬竹荪菌球，从而造成菌球穿孔。在红托竹荪栽培过程中，用专用的杀螨剂、杀螟磷杀虫，或者将砷酸钙、麦皮、水按比例配制进行杀虫（王秋 等，2020）。

红托竹荪在栽培过程中常见的病害主要是由黏菌和烟灰菌造成的。黏菌多出现在覆盖的稻草或竹荪畦面，通过变形运动抑制菌丝生长，最终导致菌丝死亡。烟灰菌多出现在畦面的覆土层，快速繁殖并产生大量黑色孢子，导致菌丝断裂，最终死亡。在早期发现病害时进行防治效果最佳，可用多菌灵、甲基托布津、硫酸铜、漂白粉或甲醛进行喷洒，并加强通风（王秋 等，2020；刘强 等，2021）。

参考文献

陈德明，黄建春，2001. 食用菌生产技术手册 [M]. 上海：上海科学技术出版社 .

陈可义，王亦仁，徐国山，1985. 长裙竹荪人工栽培研究简报 [J]. 中国食用菌 (4)：19.

陈真勤，蔡明俊，何焱平，2020. 赤水毛竹林下棘托竹荪栽培技术 [J]. 绿色科技 (19)：86–87.

崔仕权，1990. 竹荪生料栽培技术 [J]. 食用菌 (2)：41.

戴玉成，周丽伟，杨祝良，等，2010. 中国食用菌名录 [J]. 菌物学报，29(1)：1–21.

丁湖广，丁荣辉，1992. 真菌皇后：竹荪制种与栽培新技术 [M]. 北京：农业出版社 .

龚光禄，杨通静，桂阳，等，2020. 红托竹荪资源收集与生态分布特征 [J]. 中国食用菌，39(11)：14–17，21.

郭渝南，刘晓玲，范娟，2004. 竹荪的营养与药用功效 [J]. 食用菌，26(4)：44–45.

郭渝南，唐礴，熊彬，等，2006. 长裙竹荪托盖液修复大鼠免疫损伤的实验研究 [J]. 中药材，29(2)：174–176.

郝景雯，贾士儒，张刚，2010. 长裙竹荪乙醇提取物与水提取物抑菌作用研究 [J]. 食品研究与开发，31(10)：8–10.

郝景雯，张刚，韩慧，等，2008. 长裙竹荪乙醇提取工艺及抑菌作用研究 [J]. 食品工业科技

(10)：123–124，127.

姜源凯，2017. 贵州省桐梓县野生长裙竹荪适生生境调查研究 [D]. 贵阳：贵州民族大学 .

李代芳，范慈惠，1985. 几种珍贵食用菌菌丝体的生长条件 [J]. 中国食用菌 (3)：4，6.

梁亚丽，秦礼康，王何柱，等，2020. 红托竹荪及竹荪蛋各部位主要营养功能成分分析 [J]. 食品与机械，36(4)：72–76，114.

林海红，林浪，陈碧，2000. 长裙竹荪对大鼠血脂的影响 [J]. 福建农林大学学报 (自然科学版)，29(2)：238–241.

林玉满，1997. 短裙竹荪多糖 Dd–S3P 的分离纯化及其性质研究 [J]. 中国生物化学与分子生物学报，13(1)：99–102.

林玉满，苏爱华，2004. 棘托竹荪凝集素的纯化及其生化特性 [J]. 植物资源与环境学报，13(3)：101–107.

林玉满，余萍，2003. 短裙竹荪菌丝体糖蛋白 Dd–S3P 纯化及性质研究 [J]. 福建师范大学学报 (自然科学版)，19(1)：91–94.

刘虎成，宋大安，2000. 竹荪饮料降血压功能的初步实验 [J]. 四川食品与发酵，16(1)：64–65.

刘强，王跃霖，2021. 红托竹荪高产栽培技术 [J]. 现代农业科技 (3)：91–93.

罗信昌，陈士瑜，2010. 中国菇业大典．上册 [M]. 北京：清华大学出版社 .

毛秋生，2000. 让中国竹荪之乡大放光芒 [J]. 中国食用菌，19(4)：37.

潘高潮，龙汉武，何云松，等，2011. 贵州红托竹荪的分布形态特征及菌种保藏研究 [J]. 贵州师范大学学报 (自然版)，29(1)：6–8.

彭超，艾文胜，2021. 棘托竹荪的林下种植技术 [J]. 林业与生态 (11)：38–39.

饶军，1999. 红托竹荪一临川新变种 [J]. 植物分类与资源学报，21(3)：140.

孙燕，李浪，刘妮，等，2019. 红托竹荪不同部位的无机元素含量及相关性 [J]. 贵州农业科学，47(6)：113–116.

谭敬军，2001. 竹荪抑菌特性研究 [J]. 食品科学 (9)：73–75.

涂显平，1999. 几种生料阳畦栽培长裙竹荪效果比较 [J]. 湖北农学院学报，19(4)：321−323.

屠六帮，1990. 竹荪菌柄、菌托、菌盖的营养价值及作用 [J]. 江苏食用菌志 (2)：13.

王宏雨，江玉姬，谢宝贵，等，2011. 竹荪提取物体内抗氧化活性 [J]. 热带作物学报，32(1)：76–78.

王秋，王汝成，贺尔闪，2020. 红托竹荪高效栽培技术研究 [J]. 农业与技术，40(12)：62–63.

吴凡，2009. 红托竹荪栽培技术 [J]. 农村新技术 (21)：14–15.

吴少风，朱智华，1991. 长裙竹荪室外阳畦生料栽培技术 [J]. 中国食用菌 (4)：42.

吴勇，1997. 竹荪栽培与加工技术 [M]. 贵阳：贵州科技出版社 .

向瑞琪，谢锋，谭红，等，2022. 三种食用菌多糖的基本结构与抗氧化活性研究 [J]. 食品工业科技，43(14)：8.

谢睿斌，2008. 短裙竹荪的培育要点 [J]. 中国林副特产 (5)：72.

邢湘臣，2000. 竹荪杂谈 [J]. 农业考古，3：211–213.

徐方，1990. 食用真菌的药用价值 [J]. 宁夏医科大学学报，12(1)：46–49.

杨海龙，李伟，2000. 短裙竹荪多糖清除 O_2 及对人红细胞膜自由基氧化的影响 [J]. 科技通报 (5)：371–374.

杨敬，颜敏，2017. 长裙竹荪栽培管理六关键 [J]. 食用菌，39(1)：48–49.

杨正谷，龙咸芝，2014. 红托竹荪高产种植技术规程 [J]. 基层农技推广，2(8)：64–65.

应国华，吕明亮，李伶俐，等，2015. 低海拔竹林下红托竹荪菌棒式栽培技术研究 [J]. 食用菌，37(1)：35–36.

岳诚，杨林雷，刘书畅，等，2018. 长裙竹荪研究进展综述 [J]. 食药用菌，26(6)：354–357，366.

臧穆，纪大干，1985. 我国东喜马拉雅区鬼笔科的研究 [J]. 真菌学报 (2)：109–117，138.

赵凯，王飞娟，潘薛波，等，2008. 红托竹荪菌托多糖的提取及抗肿瘤活性的初步研究 [J]. 菌物学报，27(2)：289–296.

郑元红，黄文林，李启华，等，2011. 贵州红托竹荪 (织金竹荪) 高效栽培技术 [J]. 中国蔬菜 (5)：48–50.

周崇莲，曾德容，1991. 棘托竹荪氨基酸含量的分析 [J]. 食用菌，13(5)：8-9.

周崇莲，曾德容，1997. 棘托竹荪的生物学特征 [J]. 林业科学，33(5)：471–474.

朱国胜，桂阳，龚光禄，2018. 红托竹荪代料发酵菌棒层架栽培技术 [J]. 农技服务，35(2)：29-37.

庄金山，李荪杩，曾宪武，等，1994. 棘托竹荪的化学成分研究 [J]. 海峡药学 (3)：4-5

邹方伦，1994. 贵州竹荪资源及生态的研究 [J]. 贵州农业科学 (3)：43-47.

NAKAMURA N, KUSUNOKI Y, AKIYAMA M, 1990. Radiosensitivity of CD4 or CD8 positive human T–lymphocytes by an in vitro colony formation assay[J]. Radiation Research,Radiation Research, 123(2)：224.

重要药用菌

拟竹黄菌 *Pseudoshiraia conidialis* C. L. Hou, Q. T. Wang & P. F. Cannon

Pseudoshiraia conidialis C. L. Hou, Q. T. Wang & P. F. Cannon, J. Fungi7（7, no. 563）: 8（2021）

拟竹黄菌是目前唯一一种可工厂化生产竹红菌素的工业化植物内生真菌菌株。之前这些内生真菌菌株都被鉴定为竹黄菌（*Shiraia bambusicola*）或者近似种，然而竹黄菌在培养基上无法产生竹红菌素。Tong 等人（2021）通过形态学结合核糖体转录间隔区（ITS）、核糖体大亚基（LSU）、核糖体小亚基（SSU）、编码翻译延伸因子 1-α（TEF 1-α）和 RNA 聚合酶 II 的第二大亚基（rpb2）的 5 个基因为基础，构建了多基因联合系统发育树，并进行代谢组学和分子生物学方面的综合分析，在竹黄科下建立了一个新属——拟竹黄菌属（*Pseudoshiraia*）并将目前已发表的绝大部分可发酵生产竹红菌素的竹黄菌相关菌株，确定为拟竹黄菌，其隶属于子囊菌门（Ascomycota）座囊菌纲（Dothideomycetes）格孢腔菌目（Pleosporales）竹黄科（Shiraiaceae）拟竹黄菌属（*Pseudoshiraia*）。

形态学特征

拟竹黄菌（图 1）这个名字表明该种与竹黄菌有一定的相似之处。拟竹黄菌的培养物与竹黄菌的子实体均可产生竹红菌素。但拟竹黄菌属于竹子的内生菌，在植物上不产生子实体或者没有观察到子实体。目前在培养中只发现其无性型阶段，即只有分生孢子，并未发现有性型子囊孢子。该物种产竹红菌素的能力在不同菌株间有所差别。在马铃薯葡萄糖琼脂培养基上：对于竹红菌素高产

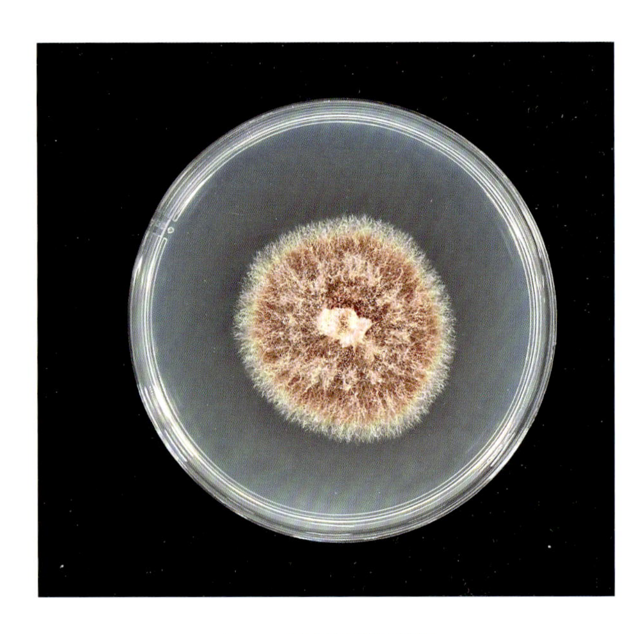

图 1　拟竹黄菌菌落

菌株，培养 7 d 的菌落直径为 12~15 mm，培养 14 d 的菌落直径为 56~59 mm，菌落边缘完整，表面深红色，完全被稀疏的白色气生菌丝和大量橙色分生孢子器覆盖，背面暗红色。对于竹红菌素产量较低菌株，菌落生长更快，表面浅红色，被白色气生菌丝覆盖，较难观察到分生孢子器。拟竹黄菌的分生孢子器表面褐色，呈囊泡状，大小为 150~500 μm × 175~625 μm（$\bar{x}$ = 375 μm × 450 μm，*n* = 30），分生孢子器壁由直径为 5~8 μm 的厚壁有角细胞组成。产孢细胞为内生芽殖型，大小为 4~5 μm × 2.5~3 μm，透明瓶梗状离散分布，表面光滑（图 2）。分生孢子圆柱形或椭圆形，无色，无隔膜，大小为 1.5~2 μm × 2~3 μm（$\bar{x}$ =1.6 μm × 2.4 μm，*n* = 30），壁薄且光滑（Tong et al.，2021）。

分布与危害

拟竹黄菌作为内生真菌，目前主要从刚竹属（*Phyllostachys*）植物上分离得到，也有少量来自赤竹属（*Sasa*）、蛇足石杉（*Huperzia serrata*）、石斛属（*Dendrobium*）等寄主中分离得到，主要分布于中国南方地区，在日本也有相关报道（Morakotkarn et al.，2007；Morakotkarn et al.，2008；Liang et al.，2009；Yang et al.，2009；Zhu et al.，2010），首都师范大学侯成林教授团队从广西、云南等地的毛竹种子中分离纯化到几百株拟竹黄菌菌株（Shen et al.，2012；Shen et al.，2014）。目前未发现拟竹黄菌的有性形态，也并未发现其对寄主植物有任何危害。

症状

作为植物内生真菌，被感染的寄主植物一般不表现出症状。

发病规律

拟竹黄菌大多从竹子的叶片、节或节间、种子等组织中分离得到（Morakotkarn et al.，2007；Shen et al.，2014），也有从竹黄子实体或其他植物叶片中分离得到成品（Liang et al.，2009；Yang et

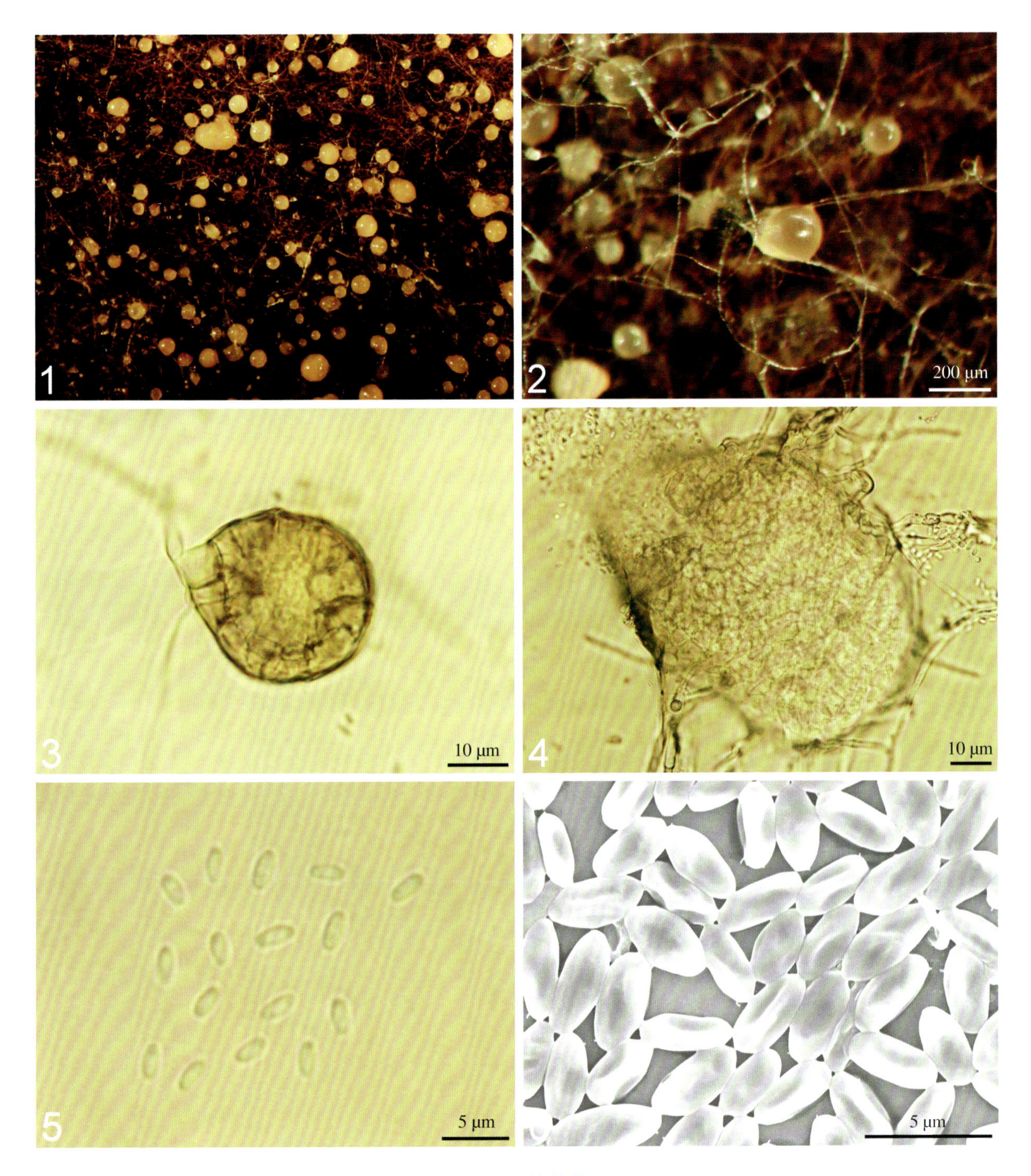

图 2 拟竹黄菌

1、2. 分生孢子流；3、4. 分生孢子器；5. 分生孢子；6. 分生孢子的扫描电镜

al.，2009；Zhu et al.，2010）。拟竹黄菌与竹黄菌和红竹黄菌（竹小肉座菌，*Rubroshiraia bambusae*）亲缘关系较近，都属于竹黄科真菌，但是竹黄菌可以产生有性和无性两种形态，竹红菌只产生有性形态，而拟竹黄菌在培养状态下只产生无性形态的分生孢子（Tong et al.，2021）。拟竹黄菌的分生孢子与竹黄菌的差异较大，拟竹黄菌的分生孢子圆柱形或椭圆形，无隔，平均大小为 1.6 μm × 2.4 μm，

竹黄菌的分生孢子纺锤形，中间有 15~18 个隔膜，平均大小为 75.4 μm × 23.1 μm，远远超过拟竹黄菌分生孢子的大小（Tong et al.，2021）。

价值

拟竹黄菌菌株是中国生产竹红菌素的重要工业菌株。它的发现及研究与红竹黄菌和竹黄菌的药用价值密不可分，红竹黄菌和竹黄菌作为中国珍贵的传统中药，临床上也有广泛的应用价值，但是随着城镇化的发展，红竹黄菌和竹黄菌的生境遭到严重破坏，加上近年来市场对红竹黄菌和竹黄菌的需求迅速增长，致使红竹黄菌和竹黄菌资源逐年减少。2018 年 5 月，《中国生物多样性红色名录——大型真菌卷》将竹黄菌列为易危（VU）等级，所以越来越多的研究者想通过竹黄菌菌株发酵生产活性化合物来对其进行应用。但是很多研究者从竹黄子实体中分离得到的竹黄菌菌株发酵并不能产生竹红菌素等活性物质（楼志华 等，2006；Cai et al.，2008；Zhu et al.，2010；Du et al.，2012；Tong et al.，2021）。而有少数从竹黄子实体分离得到的菌株可以产生竹红菌素等活性物质，但分子系统学研究发现其不是竹黄菌，而是一种竹黄近似菌（Liang et al.，2009；Yang et al.，2009），还有一部分从竹子枝条及其种子等分离到的内生真菌，发现其能产生竹红菌素，通过分子系统学分析发现也是竹黄菌近似菌（Morakotkarn et al.，2007；Shen et al.，2014）。这些研究说明了竹黄菌菌株无性型发酵产物不含竹红菌素，这就限制了竹黄菌工业化生产活性物质的应用，与此同时，研究者发现拟竹黄菌这种植物内生真菌具有发酵生产竹红菌素的潜能，目前被广泛研究和生产竹红菌素的菌株基本上都是拟竹黄菌菌株。

Morakotkarn 等人（2007；2008）从刚竹属（*Phyllostachy*）和赤竹属（*Sasa*）的竹子叶片等组织中分离得到拟竹黄菌，当初被鉴定为竹黄类似菌（*Shiraia*-like）；随后 Liang 等人（2009）和 Yang 等人（2009）分别从竹黄子实体中分离到拟竹黄菌，并进行了固体发酵培养和液体发酵培养，从中鉴定出来培养物含有竹红菌甲素（Hypocrellin A，HA）；之后 Zhu 等人（2010）从植物蛇足石杉中分离到 1 株拟竹黄菌 Slf14 菌株，采用液体发酵培养的方法，28℃培养 14 d，过滤收集菌丝体，提取检测发现其菌丝体中含有石杉碱甲（Huperzine A，HupA），并对 HupA 进行了乙酰胆碱酯酶体外抑制活性测定，发现其与 HupA 药物作用相同，HupA 是一种从中药千层塔（蛇足石杉）中分离出来的生物碱，也是治疗阿尔兹海默病药物的重要先导化合物。由于蛇足石杉被列入《国家重点保护野生植物名录》，以及《世界自然保护联盟濒危物种红色名录》——濒危（EN）等级，所以采用发酵技术，该菌株有望成为一种经济有效的、可替代蛇足石杉植物的、可再生的高价值 HupA 资源。

Cai 等人（2010）通过对拟竹黄菌 Super-H168 菌株进行液体发酵培养，分离纯化了 3 种胞外多糖（SP-1、SP-2 和 SP-3）。SP-1、SP-2 和 SP-3 的摩尔质量分别约为 189 kg/mol、130 kg/mol 和 52 kg/mol。单糖分析表明，SP-1 由甘露糖和葡萄糖组成，摩尔比为 1∶28.47，SP-2 和 SP-3 由甘露糖、葡萄糖和半乳糖组成，摩尔比分别为 63.32：70.06：1 和 2.31：14.69：1。3 种多糖对超氧自由基的清除率小于 3%，其中 SP–1、SP–2 和 SP–3 对羟基自由基的清除率分别为 86.5%、19.8% 和 60.5%，结果表明，3 种多糖对超氧自由基的清除能力较弱，而对羟基自由基的清除能力较强，其中 SP–1 的还原力最强，SP–2 的还原力最弱。由于真菌多糖通常具有有效的抗肿瘤和免疫调节特性，所以未来 Cai 等人（2010）还将进一步研究这些多糖的抗肿瘤活性。

Yang 等人（2013）又从拟竹黄菌 Super–H168 菌株中分离纯化并鉴定出了 1 种新漆酶。漆酶（ρ– 二元酚氧化酶，EC 1.10.3.2）是一种含 4 个铜离子的多酚氧化酶，是木质素分解系统中最重要的成员。漆酶广泛存在于真菌、植物、某些昆虫和少数细菌中（Yang et al.，2013），可催化多种底物的氧化，如单酚类、二酚类、多酚类、氨基酚、甲氧基酚、芳香胺和抗坏血酸等，它们在各种工业应用领域具有巨大的生物技术潜力，包括废水解毒、硫酸盐纸浆和染料漂白、聚合物合成、污染土壤的生物修复、烘焙、葡萄酒和饮料稳定以及抗癌药物的制造等（Du et al.，2012），在真菌中，漆酶在木质素降解、致病、解毒以及真菌发育和形态发生中起作用。许多木质素分解酶已被分离和表征。然而，这是首次报道从拟竹黄菌中分离到的漆酶。研究表明，该菌株 64 h 内可产生 82378 U/L 的漆酶，所以它是一个有吸引力的候选漆酶生产菌株。该研究证实了纯化的拟竹黄菌漆酶对染料的脱色能力，表明纯化的该菌株漆酶无须任何氧化还原介质，可用于工业废水的脱色。

首都师范大学生命科学学院侯成林团队从毛竹种子中分离到大量的拟竹黄菌菌株，并进行了抑菌实验，发现其具有广谱的抑菌活性，尤其是 zzz816 菌株，其竹红菌素产量显著高于之前的其他拟竹黄菌菌株，因此将其作为竹红菌素高产菌株申请了专利。与产竹红菌素的竹黄子实体不同，该研究表明在工业化生产中，可以利用高产竹红菌素的拟竹黄菌来提高竹红菌素的生产效率，而且未来的发展方向也是在菌株选育和工艺优化的基础上进一步提高发酵产物的产量（Shen et al.，2014）。

Gao 等人（2017）通过固体发酵培养拟竹黄菌 Super–H168 菌株，从中又分离纯化了 1 个 α– 葡萄糖苷酶，并研究了其生化性能，包括最佳 pH 值和温度、热稳定性以及抑制剂和金属离子对其活性的影响。此外，以麦芽糖和蔗糖为底物观察到该酶的转糖基化活性，而以海藻糖为底物则没有转糖基化活性。为了充分了解该菌株 α– 葡萄糖苷酶的结构和催化特性，为工业应用奠定基础，还对其进行了基因测序和蛋白质结构分析。

从拟竹黄菌被发现至今，研究者一直在致力于提高拟竹黄菌发酵培养竹红菌素含量的方法，首都师范大学侯成林团队通过液体发酵培养 zzz816 专利菌株的过程中，采用高效液相色谱指纹图谱与高分辨率多级质谱联用（HPLC–DAD–ESI–IT–TOF–MS）技术，检测到拟竹黄菌不仅含有 3 种竹红菌素（Hypocrellin A，HA；Hypocrellin B，HB；Hypocrellin C，HC），还含有竹黄菌没有的 3 种痂囊腔菌素（Elsinochrome A，EA；elsinochrome B，EB；elsinochrome C，EC）和 2 种菌寄生菌素（Hypomycin A；Hypomycin B）（童心，2016）。Tong 等人（2017）也采用 HPLC 方法，同时对拟竹黄菌中的 6 个苝醌类化合物（HA，HB，HC，EA，EB，EC）进行定量分析，并对该方法进行了线性、精密度、重复性、稳定性、准确度等考察，结果表明该方法准确可靠。竹红菌素的应用涉及医药、农业和材料学等各个领域，Song 等人（2020）检测了 25 种醌类化合物对白色念珠菌（*Candida albicans*）的作用发现，竹红菌素（HA，HB，HC）作为抗毒剂或抗菌药物佐剂的新功能，重点是竹红菌素是抑制而不是杀死致病真菌，这可以作为一种新的方法来预防野生型菌株和耐药念珠菌菌株引起的感染，避免耐药性的发生。而作为重要的苝醌类化合物的痂囊腔菌素也受到了越来越多的关注，与竹红菌素类似，研究者对其光敏性质以及光敏行为的研究较为深入，相关研究表明痂囊腔菌素在抗病虫害方面具有重要作用，并且对人体不会产生直接或间接的毒副作用，所以其在生物农药方面的应用较多。痂囊腔菌素 C 也可用作漂白剂，且漂白效果比竹红菌甲素更好（王秀丽 等，2003）。

由于拟竹黄菌能够通过发酵培养高效合成竹红菌素，又不像竹黄菌、红竹黄菌子实体受资源减少的限制，其势必将成为工业化生产活性化合物的重要菌株资源。近年来，首都师范大学侯成林团队也对拟竹黄菌的全基因组进行了测序，通过生物信息学分析及实验验证，发现了拟竹黄菌中竹红菌素等苝醌类化合物的生物合成基因簇（李彤，2018），以及竹红菌素合成的特异性转录调控因子（Li et al.，2019b）。张亚龙等人（2020）也充分利用拟竹黄菌的基因组资源，通过在构巢曲霉中表达竹红菌素的生物合成基因，成功构建了竹红菌素类化合物的重组菌株，实现了其异源生物合成，并且该菌株产生的主要成分竹红菌甲素，异竹红菌甲素以及微量竹红菌乙素，与野生竹黄菌的主要活性成分刚好一致，同时该重组菌株遗传操作稳定且培养周期短，成本低廉且易于操作，因此，该菌株有开发成商业菌株的潜力，也为寻找药用竹黄资源的替代方法提供了可能性。如果结合启动子优化、培养条件、培养基种类优化等方法，有望进一步提高竹红菌素类化合物的产量。Yan 等人（2018）也从拟竹黄菌 Slf14 菌株的基因组中挖掘出一个新的Ⅲ型聚酮合酶（PKS）基因（*Ssars*），并通过大肠杆菌和酿酒酵母细胞进行了异源表达，结果表明，这种新型的间苯二酚合成酶在大肠杆菌和酿酒酵母中均有功能重组，PKS 对内源性和外源性脂肪酸表现出宽松的底物特异性，之后可以通过在细胞或培养基中添加不同的脂肪酸，来利用该酶合成不同的烷基间苯二酚。

综上所述，拟竹黄菌不仅能合成竹红菌素等小分子化合物，以及多糖、酶类等大分子活性物质，更可以挖掘其基因组中丰富的生物信息，采用分子生物学手段对其进行遗传改造，更大限度在工业化生产中利用拟竹黄菌进行活性物质的生物合成。

发酵培养

由于拟竹黄菌通过发酵培养能产生竹红菌素等活性化合物，近十几年来，研究者一直在通过各种方法来筛选活性物质高产菌株，或者通过改变培养条件来提高其活性物质的产量。

Yang 等人（2009）采用液体发酵技术，研究了拟竹黄菌 UV-62 菌株的主要营养物质碳氮源和碳氮比对竹红菌素产量的影响，确定了葡萄糖和（NH_4）$_2SO_4$ 分别为生产竹红菌素的最佳碳源和氮源，根据中心复合设计和响应面分析，确定了在最佳碳源（45.7 g/L 葡萄糖）和最佳氮源［1.93 g/L（NH_4）$_2SO_4$］的条件下能使该菌株竹红菌素的产量达到（196.94 ± 6.93）mg/L。Cai 等人（2010）研究了拟竹黄菌 SUPER-H168 菌株在固体固态发酵条件下生产 HA 的工艺。通过对 8 种农用工业作物及其残余物的综合评价，确定玉米为最佳底物。最佳固态发酵条件为：接种量为 3×10^6 的孢子，基质粒直径 0.8~1 mm，初始含水量 50%，温度 30℃。之后又分别评价了 6 种外加碳源和 7 种外加氮源对 HA 产量的影响，确定了葡萄糖和 $NaNO_3$ 是最好的碳源及氮源。最后采用响应面法对其组合进行优化，结果表明补充葡萄糖和 $NaNO_3$ 的最佳组成为 1.65 g/100 g 和 0.43 g/L，能使 HA 产量达到 4.7 mg/g。

随后，研究者又通过在发酵培养过程中添加诱导因子来提高拟竹黄菌的竹红菌素产量。Cai 等人（2011）通过研究发现，在拟竹黄菌发酵初期，在培养物中添加表面活性剂 Triton X-100，可以将竹红菌素的产量提高到 780.6 mg/L。Du 等人（2013；2015）在培养基中分别加入细菌和真菌诱导剂，可以将拟竹黄菌中的竹红菌素产量提高 7.9 倍。Deng 等人（2016）在培养基中加入高浓度的 H_2O_2 也可以提高拟竹黄菌中的竹红菌素的产量。Liu 等人（2018）研究了 Ca^{2+} 对发酵培养苝醌类化合物的影响，结果表明 6 g/L 的 $CaCl_2$ 可将产量提高 5.8 倍。Ma 等人（2019b）发现拟竹黄菌与分离自竹黄子实体中的细菌黄褐假单胞菌（*Pseudomonas fulva*）SB1 共培养，也可以提高拟竹黄菌中的竹红菌素产量。Li 等人（2019c）在培养基中加入 2.0 g/L 的竹炭粉（直径 2.3~5.5 μm），能使竹红菌素的产量提高 1.6 倍。

研究者还发现，在拟竹黄菌发酵过程中采用超声处理（Sun et al.，2017），或者通过光暗交替（Sun et al.，2018）、200 lx 的红光（627 nm）照射（Ma et al.，2019a）、不同光照处理（Al et al.，2020）等方法，均能提高竹红菌素产量。

还有研究者对拟竹黄菌进行遗传改造，选育出高产竹红菌素的菌株进行发酵培养。Pan 等人（2012）通过拟竹黄菌原生质体诱变和紫外线照射的方式，选育了 HA 高产菌株。作者所在的实验室也对专利菌株 zzz816 进行了 $^{60}Co-\gamma$ 射线诱变育种，筛选出了多株竹红菌素高产菌株（Liu et al.，2016）。Gao 等人（2018a；2018b）通过过表达拟竹黄菌中的特定 α- 淀粉酶，Li 等人（2019a）通过过表达 *O*- 甲基转移酶 /FAD- 依赖性单加氧酶（*mono*）和羟化酶基因（*hyd*），均提高了拟竹黄菌发酵生产竹红菌素的含量。值得注意的是，作者团队通过过表达特异性转录因子，对于之前几乎不产竹红菌素的菌株，显著提高了其竹红菌素的产量（Li et al.，2019b）。

综上所述，拟竹黄菌的发酵培养技术的成功，必将对竹黄菌自然资源的保护及竹红菌素等活性化合物的扩大利用范围发挥重要的作用。

参考文献

李彤，2018. 全基因组分析竹红菌素的生物合成途径及其关键基因功能验证 [D]. 北京：首都师范大学 .

楼志华，陶冠军，蔡宇杰，等，2006. 竹黄菌发酵天然色素及其结构的初步研究 [J]. 天然产物研究与开发，18(3)：449–452.

王秀丽，孙振令，刘为忠，等，2003. 四种花醌类衍生物光敏活性的比较 [J]. 山东理工大学学报：自然科学版，17(5)：4.

童心，2016. 类竹黄菌 *Shiraia* sp. zzz816 花醌类化合物的分离与鉴定 [D]. 北京：首都师范大学 .

张亚龙，张乐，高洁，等，2020. 药用真菌竹黄主要活性成分的异源生物合成 [J]. 药学学报，55(7)：1691–1698.

AL SUBEH Z Y, RAJA H A, MONRO S, et al, 2020. Enhanced Production and Anticancer Properties of Photoactivated Perylenequinones[J]. Journal of Natural Products, 83(8)：2490–2500.

CAI Y, DING Y, TAO G, et al, 2008. Production of 1,5–dihydroxy–3–methoxy–7–methylanthracene–9, 10–dione by submerged culture of *Shiraia bambusicola*.[J]. Journal of Microbiology and Biotechnology, Journal of Microbiology and Biotechnology, 18(2)：322.

CAI Y, LIAO X, LIANG X, et al. 2011. Induction of hypocrellin production by Triton X–100 under submerged fermentation with *Shiraia* sp. SUPER–H168[J]. New Biotechnology, 28(6)：588–592.

CAI Y, WEI Z, LIAO X, et al, 2010. Characterization of three extracellular polysaccharides from *Shiraia* sp. Super–H168 under submerged fermentation[J]. Carbohydrate Polymers, 82(1)：34–38.

DENG H, CHEN J, GAO R, et al, 2016. Adaptive Responses to Oxidative Stress in the Filamentous Fungal S*hiraia bambusicola*[J]. Molecules, 21(9)：1118.

DU W, LIANG J, HAN Y, et al, 2015. Nitric oxide mediates hypocrellin accumulation induced by fungal elicitor in submerged cultures of *Shiraia bambusicola*[J]. Biotechnology Letters, 37(1)：153–159.

DU W, LIANG Z, ZOU X, et al, 2013. Effects of microbial elicitor on production of hypocrellin by *Shiraia bambusicola*[J]. Folia Microbiologica, 58(4)：283–289.

DU W, SUN C, YU J, et al, 2012. Effect of Synergistic Inducement on the Production of Laccase by a Novel *Shiraia bambusicola* Strain GZ11K2[J]. Applied Biochemistry and Biotechnology, 168: 2376–2386.

GAO R, DENG H, GUAN Z, et al, 2017. Purification, characterization and gene analysis of a new *α*–glucosidase from *shiraia* sp. SUPER–H168[J]. Annals of Microbiology, 67(1)：65–77.

GAO R, DENG H, GUAN Z, et al, 2018a. Enhanced hypocrellin production via coexpression of alpha–amylase and hemoglobin genes in *Shiraia bambusicola*[J]. AMB Express, 8(1)：71.

GAO R, XU Z, DENG H, et al, 2018b. Enhanced hypocrellin production of *Shiraia* sp. SUPER–H168 by overexpression of alpha–amylase gene[J]. Plos One, 13(5)：e0196519.

LI D, ZHAO N, GUO B J, et al, 2019a. Gentic overexpression increases production of hypocrellin A in *Shiraia bambusicola* S4201[J]. Journal of Microbiology,Journal of Microbiology, 57(2)：154–162.

LI T, HOU C L, SHEN X Y. 2019b. Efficient agrobacterium–mediated transformation of *Shiraia bambusicola* and activation of a specific transcription factor for hypocrellin production[J]. Biotechnology & amp; Biotechnological Equipment, 33(1)：1365–1371.

LI X P, MA Y J, WANG J W. 2019c. Adding bamboo charcoal powder to *Shiraia bambusicola* preculture improves hypocrellin A production[J]. Sustainable Chemistry and Pharmacy, 14: 100191.

LIU B, BAO J, ZHANG Z, et al, 2017. Enhanced production of perylenequinones in the endophytic fungus *Shiraia* sp. Slf14 by calcium/calmodulin signal transduction[J]. Applied Microbiology and Biotechnology,Applied Microbiology and Biotechnology, 102: 153–163.

LIU X Y, SHEN X Y, FAN L, et al, 2016. High–efficiency biosynthesis of hypocrellin A in *Shiraia* sp. using gamma–ray mutagenesis[J]. Applied Microbiology and Biotechnology, 100(11)：4875–4883.

MA Y J, SUN C X, WANG J W, 2019a. Enhanced Production of Hypocrellin A in Submerged Cultures of *Shiraia bambusicola* by Red Light[J]. Photochemistry and Photobiology, 95(3)：812–822.

MA Y J, ZHENG L P, WANG J W, 2019b. Inducing perylenequinone production from a bambusicolous fungus *Shiraia* sp. S9 through co–culture with a fruiting body–associated bacterium *Pseudomonas fulva* SB1[J]. Microbial Cell Factories, 18: 121.

MORAKOTKARN D, KAWASAKI H, SEKI T, 2007. Molecular diversity of bamboo–associated fungi isolated from Japan[J]. FEMS Microbiology Letters, 266: 10–19.

MORAKOTKARN D, KAWASAKI H, SEKI T, et al, 2008. Taxonomic characterization of *Shiraia*–like fungi isolated from bamboos in Japan[J]. Mycoscience, 49(4)：258–265.

PAN W S, JI Y Y, YANG Z Y, et al, 2012. Screening of high–yield hypocrellin A producing mutants from *Shiraia* sp. S8 by protoplast mutagenesis and ultraviolet irradiation[J]. Chinese Journal of Bioprocess Engineering,Chinese Journal of Bioprocess Engineering, 10: 18–23.

SHEN X Y, CHENG Y L, CAI C J, et al, 2014. Diversity and Antimicrobial Activity of Culturable Endophytic Fungi Isolated from Moso Bamboo Seeds[J]. Plos One, 9(4)：e95838.

SHEN X Y, ZHENG D Q, GAO J, et al, 2012. Isolation and evaluation of endophytic fungi with antimicrobial ability from *Phyllostachys edulis*[J]. Bangladesh Journal of Pharmacology, 7: 249–257.

SONG S, SUN X, MENG L, et al, 2021. Antifungal activity of hypocrellin compounds and their synergistic effects with antimicrobial agents against *Candida albicans*[J]. Microbial Biotechnology, 14(2)：430–443.

SUN C X, MA Y J, WANG J W, 2017. Enhanced production of hypocrellin A by ultrasound stimulation in submerged cultures of *Shiraia bambusicola*[J]. Ultrasonics Sonochemistry, 38: 214–224.

SUN C X, MA Y J, WANG J W, 2018. Improved hypocrellin A production in *Shiraia bambusicola* by light–dark shift[J]. Journal of Photochemistry and Photobiology B: Biology, 182: 100–107.

TONG X, WANG Q T, SHEN X Y, et al, 2021. Phylogenetic Position of *Shiraia*–Like Endophytes on Bamboos and the Diverse Biosynthesis of Hypocrellin and Hypocrellin Derivatives[J]. Journal of Fungi, 7: 563.

TONG Z W, MAO L, LIANG H, et al, 2017. Simultaneous determination of six perylenequinones in *Shiraia* sp. Slf14 by HPLC[J]. Journal of Liquid Chromatography & Related Technologies, 40(10)：536–540.

YAN H, SUN L, HUANG J, et al, 2018. Identification and heterologous reconstitution of a 5–alk(en) ylresorcinol synthase from endophytic fungus *Shiraia* sp. Slf14[J]. Journal of Microbiology, 56(11)：805–812.

YANG H, XIAO C, MA W, et al, 2009. The production of hypocrellin colorants by submerged cultivation of the medicinal fungus *Shiraia bambusicola*[J]. Dyes and Pigments, 82(2)：142–146.

YANG Y, DING Y, LIAO X, et al, 2013. Purification and characterization of a new laccase from *Shiraia* sp. SUPER–H168[J]. Process Biochemistry, 48(2)：351–357.

ZHU D, WANG J, ZENG Q, et al, 2010. A novel endophytic Huperzine A–producing fungus, *Shiraia* sp. Slf14, isolated from *Huperzia serrata*[J]. Journal of Applied Microbiology, 109(4)：1469–1478.

竹秆锈病病原菌

皮下柄锈菌 *Puccinia corticioides* Berk. & Syn.

Puccinia corticioides Berk. & Syn. in Berkeley, J. Linn. Soc., Bot. 16(89): 52 (1878) [1877]

= *Stereostratum corticioides* (Berk. & Broome) H. Magn., Ber. dt. bot. Ges. 17: 181 (1899)

= *Dicaeoma corticioides* (Berk. & Broome) Kuntze, Revis. gen. pl. (Leipzig) 3(3): 468 (1898)

皮下柄锈菌属于真菌担子菌门（Basidiomycota）柄锈菌亚门（Pucciniomycotina）柄锈菌纲（Pucciniomycetes）柄锈菌目（Pucciniales）柄锈科（Pucciniaceae）柄锈菌属（*Puccinia*）。该菌是引发竹秆锈病的病原菌。近年来竹秆锈病已经成为竹类植物的常见病、多发病、慢性病和顽固病。其发生也变得越来越频繁，越来越常见，并且已经对刚竹、淡竹、哺鸡竹、斑竹、桂竹、苦竹、短穗竹、箭竹、刺竹、龟甲竹、早竹等竹种造成了危害（徐志鸿 等，2019）。

分类历史

目前，国内还有大量的研究者对竹秆锈病的病原菌使用的是 *Stereostratum corticioides* 这个异名。2014 年，国家林业局发布的全国竹藤标准化技术委员会归口的林业行业标准《竹秆锈病诊断及防治技术规程》中对竹秆锈病的形态诊断和命名进行了规范，确定竹秆锈病的病原菌为皮下柄锈菌（高健 等，2014）。最近，Okane 等人（2020）对竹秆锈病的病原菌进行了进一步研究，系统发育分析结果表明 *Stereostratum corticioides* 是柄锈科（Pucciniaceae）的成员。Yamaoka（2017）根据 rDNA 序列分析了柄锈科（Pucciniaceae）的系统发育关系，同时也确定了其系统发育位置。尽管 Magnus（1899）根据革质的冬孢子堆产生大量的双细胞冬孢子，且每个冬孢子具有 3 个发芽孔等形

态学特征将 *Stereostratum corticioides* 划分到新建立的硬皮锈菌属（*Stereostratum*）中，但是系统发育分析的结果明确表明 *Stereostratum corticioides* 应该属于柄锈菌属（*Puccinia*）。因此，Okane 等人（2020）建议恢复 *Puccinia corticioides* 这个名字来取代 *Stereostratum corticioides*。

形态学特征

精子器叶面着生，散生，黄色至浅棕色，表皮下生的，瓶状，72~106 mm × 82~110 mm，平均值为 93.4 mm × 96.8 mm。锈孢子器叶下着生，散生，外周细胞呈不规则多角形，内壁凹陷，壁上有小刺突，23~33 mm × 18~27 mm，平均值为 27.9 mm × 21.6 mm，壁厚 2.1~3.6 mm，平均值为 2.97 mm。锈孢子圆形至近圆形，通常具角，21~28 mm × 18~23 mm，平均值为 24.4 mm × 20.8 mm，厚 1.7~4.2 mm，孢子壁较薄一侧平均值为 2.59 mm，厚 2.5~6.2 mm，孢子壁较厚一侧平均为 4.45 mm，无色，形态各异，呈冠状或环状。叶片病变，叶脉和叶柄肿胀。夏孢子堆呈褐色，夏孢子 19~26 mm × 15~21 mm，平均值为 23.4 mm × 17.6 mm，椭圆形，壁厚 1.8~2.8 mm，平均值为 2.29 mm，具有黄褐色至淡褐色的小刺突。冬孢子堆黄棕色，突起，垫状，冬孢子 27~40 mm × 19~23 mm，平均值为 33.6 mm × 22.0 mm，椭圆形至宽椭圆形，壁厚 1.7~2.7 mm，平均值为 2.12 mm，淡黄色至棕色，光滑，孢子梗透明，长 178~275 mm，平均值为 226.4 mm（图 1）（Okane et al.，2020）。

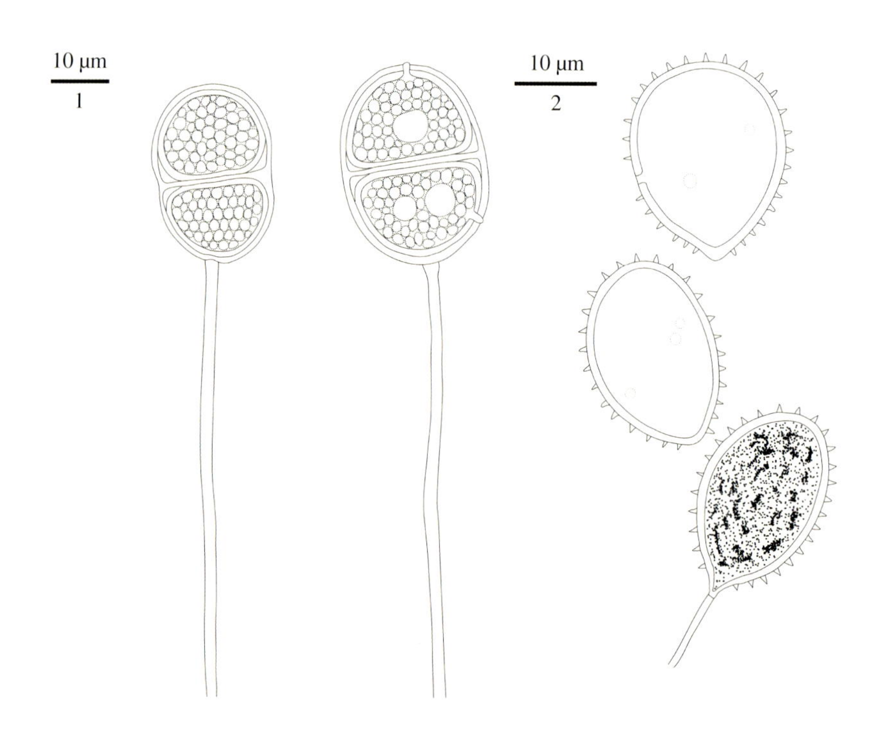

图 1　皮下柄锈菌

1. 冬孢子；2. 夏孢子

成熟的冬孢子堆在充分吸水后，于 10~25℃下，冬孢子即能萌发，萌发的最适温度为 16℃，但必须置于散射光下。夏孢子在水滴中才能萌发。温度 17~32℃为宜，但以 21~25℃下萌发率最高。在适温下，夏孢子 2 h 时后就有 10% 的萌发率，7 h 后达最高峰。在黑暗中，夏孢子萌发不受影响。在室内测定夏孢子寿命最长不超过 30 d。

分布与危害

竹秆锈病，又称竹褥病，该病在中国分布很广，江苏、浙江、安徽、山东、河南、湖北、湖南、广西、贵州、四川、陕西和台湾等地均有发生。该病害多会明显发生在 2 ~ 3 年生的竹秆上，且通常是存在于竹秆的基部、中部和下部。竹秆锈病发生比较严重的话，甚至可以蔓延到竹子的小枝。竹秆在被侵害以后，通常使得竹秆的发病部位呈现黑褐色。严重的病害其病部以上的竹秆都枯死。受害特别严重的，整株竹子都可能枯死。患病的病竹林常常是成整片地出现长势衰退，发笋减少，以及新竹粗度的逐年降低，产量也自然会大幅度的下降。同时，竹子的竹材质也变脆和发黑（徐志鸿 等，2019）。江苏、浙江、安徽等地自 1978 年以来，该病迅速蔓延，不少竹林发病率常达 30%~90%。造成大片竹林因病而毁林，对竹林生产影响很大，也影响到食用笋的产量和竹材工艺的价值。

症状

竹秆锈病多发生于秆基，特别是近地表秆基竹节的两侧，以后才逐渐扩展。重病竹林上部小枝也会发病，甚至跳鞭上也会发病。病部最初产生梭形褪色黄斑（有的不明显），11—12 月及翌年 2—3 月，在病部产生土红色至橙黄色的冬孢子堆，并突破寄主表皮外露。冬孢子堆圆形或椭圆形，直径 1~2 mm，厚 0.5~1.0 mm，常密集连成片，紧密结成毡状（图 2）。夏孢子堆在冬孢子堆下发育。在南京于 4 月中下旬开始，雨后冬孢子堆吸水翘裂剥落，夏孢子堆即显露出来。夏孢子堆初呈紫灰褐色，不久变成黄褐色、粉质（图 3）。没有冬孢子堆的部位也不产生夏孢子堆。当夏孢子堆脱落后，病斑表面呈暗褐色。下个冬季、春季时，在老病斑的周围又先后产生新的冬孢子堆和夏孢子堆，病斑进一步扩大，当包围或接近包围竹秆一周时，病竹易枯死。重病竹林不仅病竹秆基发黑枯死，而且相连的竹鞭也常发黑枯死，这时竹林极易衰败甚至毁林。枯死植株竹腔内有时有积水。

图 2 皮下柄锈菌冬孢子阶段

图 3 皮下柄锈菌夏孢子阶段

发病规律

皮下柄锈菌侵染的基本规律是：每年 10 月至翌年 3 月，为该病害的冬孢子堆时期。在此时，竹秆的中下部，近地表基部的竹节处，或者是重病竹竹秆的上部，以及跳鞭（即裸露的竹枝）的上面，均可见土红色至橙黄色的病斑。病斑，紧密结合成毡状物，即病菌的冬孢子堆，手摸时略感有弹性。冬孢子开始产生的时间为 9 月或 10 月。此时，在竹秆上只可以见到褪色的斑点，11 月才能够见到冬孢子堆，但是并未能够突破表皮。12 月突破表皮，并渐渐增多，连成块或者是连成带；翌年 1 月停止产生。2 月继续发展。3 月少量的病斑会产生。4 月冬孢子堆遇雨以后，橙黄色的毡状物吸水膨胀，并逐步地翘起，脱落。与此同时，在脱落的竹表皮上又可以见到一种浅褐色至黄褐色的，似咖啡色的粉状物，即产生的病菌，夏孢子堆。夏孢子堆呈椭圆形至条形的黄褐色至暗褐色的粉质状的突起，手摸起来比较滑润。5—7 月是夏孢子的产生期和侵染期。8 月，夏孢子脱落以后，病斑在竹表皮下繁衍大量的堆状菌丝。病斑呈黑褐色。9 月中旬，菌丝上会产生冬孢子堆。10 月突破竹表皮外露。冬孢子萌发产生担孢子，但是其对竹子并无侵染的能力。夏孢子堆虽然 1 年只产生 1 代，但是夏孢子的产生必须经过冬孢子阶段。因此夏孢子才是该病害传播的唯一来源，即引发竹类发病的就是这种病菌。如果在早春期间，人为地刮除孢子堆，当年就不能形成夏孢子堆。该病害的传播方式是由夏孢子于每年的5—6月借助气流进行传播，侵染其他的健康竹子。其潜伏期可以长达7~10个月。并且，在地势低洼、湿度大的竹园内，竹秆锈病的发病会比较严重。该病菌的菌丝体是多年生的，可以在寄主的体内长期存活，并逐年发展，每年产生的夏孢子就会侵染新竹。平时，通过观察发现在新竹上产生的冬孢子堆，无论在大小或是数量上，均比老病竹上产生的冬孢子堆要小，且少得多，再加上它的潜育期长，发病部位又近于基部，所以不容易被觉察到。但是竹秆锈病的病斑还是会逐年扩大的，进而导致竹类植株生长的衰弱。发病严重时，当该病害的病斑包围或者是接近包围绕竹秆一周时，其常常能够造成竹子的提早落叶，或是竹子小枝的枯死，以及病部以上竹秆的枯死。重病竹，则通常不仅仅表现在基部的发黑，而且其竹鞭甚至也有可能会发黑，并伴有枯死的现象。所以在夏季，在管护不良的竹林内，通常能发现有少量的枯死竹。

病菌可寄生于很多竹种上，如刚竹属、青篱竹属、箭竹属、苦竹属、赤竹属等的许多竹种上，但各竹种间感病程度有很大差异。刚竹属中感病竹种最多，有淡竹、水竹、早竹、白哺鸡竹、篌竹、沙竹、桂竹等。黄槽刚竹抗病性很强，一般不发病，只在江苏金坛发病株高达95%的淡竹林中，发现混生的黄槽刚竹有少数植株轻微发病。又如毛环竹（又称浙江淡竹）是不感病的，在江苏如皋和发病很重的淡竹林紧相邻，近20年来无一株发病，人工接种也不发病。在江苏、安徽等地一般淡竹林发病较普遍，而刚竹、早竹等不发病。早竹在南京即使和发病很重的淡竹林混交也不发病，但在浙江余杭却普遍发病，不少早竹林发病也很重。用淡竹和早竹上的夏孢子交互接种的结果显示，南京的早竹用余杭早竹上的夏孢子接种也能发病，而用南京的淡竹上的夏孢子接种早竹均不发病，说明竹秆锈病菌有不同专化型存在。在南京等地毛竹是不发病的，但在广西毛竹上也有秆锈病发生，也可能和该病菌不同专化型有关。

通过广泛调查表明，该病在发病历史、竹种等相同条件下，相互邻近的竹林凡湿度较高的，发病率一般也较高。

侵染过程

周世国等人（1995）利用扫描电子显微镜对竹秆锈病的感病组织中的菌丝分布及其危害性等进行了研究，其结果显示竹秆锈病病原菌的菌丝可在感病组织中沿胞间隙向纵横两个方向扩展。在纵向上，菌丝可沿胞间隙向上向下扩展到离孢子堆处1.5 cm以上。在横向上，菌丝可从表皮细胞层的细胞间隙向内扩展到竹黄最内几层薄壁细胞的胞间隙。但竹秆锈菌菌丝并不直接进入或穿过纤维细胞、导管、筛管及薄壁细胞，而仅由吸器形式进入薄壁细胞和筛管内部吸取营养，但不在导管和纤维细胞内部形成吸器。胞间菌丝在开始形成吸器时，先在菌丝顶端靠近寄主薄壁细胞壁和筛管壁处膨大成球形，然后由此膨大部位形成侵入丝，沿细胞壁上的纹孔进入薄壁细胞和筛管内部，以后侵入丝先端膨大成球形、棒形或其他不规则形状，进而发育为成熟的吸器。有时在病变组织中可以观察到一个薄壁细胞内同时存在几个吸器的情况。

周世国等人（1995）通过试验对有新鲜孢子堆病部、有孢子堆痕迹且表皮已坏死呈暗黑色病部和有孢子堆痕迹且表皮已完全坏死呈灰白色病部等 3 种类型的样品进行观察，并与健康竹组织解剖结构进行比较发现：在有新鲜孢子堆的病斑部位，角质层和 1~2 层表皮细胞层由于孢子堆的产生而被突破、坏死并脱落。有些孢子堆中孢子柄基部的菌丝细胞紧贴表皮细胞层下的维管束表面，这样整个表皮组织由于孢子堆的产生而被突破。组织内许多薄壁细胞都被竹秆锈菌的吸器所入侵，且这些细胞内仅见吸器而不见淀粉。少数被入侵的薄壁细胞虽还有淀粉粒存在，但形态已不完整或残存有一点淀粉粒的痕迹。这类病组织样品除以上变化外，结构上没有其他变化。在有孢子堆痕迹但表皮已坏死呈暗黑色部位的样品中，内部组织颜色与健康组织相同。这类样品表皮孢子堆痕迹密集，多数仅有孢子柄存在而无孢子。表面无孢子柄的痕迹处有一层菌丝覆盖。少数孢子堆痕迹中还可见到其他真菌的黑色球形或不规则形状的分生孢子器。残存表皮组织和内部未变色部位的薄壁细胞和筛管内仍有许多吸器存在。其他情况与上一类型相似。在有孢子堆痕迹但表皮组织已完全坏死呈灰白色病部的样品中，内部组织呈暗黑色或淡褐色。这类样品表面孢子堆多已脱落仅残留一层菌丝或全部脱落暴露出内部组织。在许多孢子堆脱落处边缘都生出一些其他真菌的黑色球形或不规则形状的分生孢子器。病组织内部，导管、筛管及薄壁细胞中都存在着许多其他真菌的菌丝。这些菌丝与竹秆锈菌的菌丝明显不同，比较细，且可以通过薄壁细胞壁、筛管壁和导管壁上的纹孔进入这些结构的内部。在这类样品内部的薄壁细胞和筛管内仍可见到竹秆锈菌吸器的残体。这类病组织内部薄壁细胞内淀粉粒基本消失，而细胞内壁上的纹孔多为 1 层，正常细胞内没有物质掩盖且细胞内壁也容易脱落。

以往有关竹秆锈病危害性的报道，认为竹秆锈病的发生，严重的会导致病竹枯死（朱熙樵 等，1983a；1983b）。但从周世国等人（1995）的试验观察结果来看，竹秆锈病的发生仅能导致病竹病斑部位表皮组织的坏死脱落，使病竹内部组织暴露出来，从而引起病竹的生长势减弱，但这并不能导致病竹的枯死。造成病竹枯死的原因可能是当竹秆锈菌产生冬孢子堆和夏孢子堆时，在竹秆表面造成了许多伤口，此伤口成为后期病原菌入侵的场所，后期入侵的病原菌，定植和扩展导致竹秆内部组织的变色坏死。当这种坏死斑扩展围绕病竹秆一圈后，在此处以上的竹秆和梢头就会枯死。

防治措施

一般情况下，春、秋两季是竹秆锈病病害侵染、传播的盛发期。病菌借助风雨进行传播，但又因该病的有效传播距离比较短，所以还容易在一些管理粗放，生长不良、细弱的竹林中发病。如果竹类栽植过密，或者是通风透气性差时，更容易发生该病，造成竹林的衰败。因此，竹秆锈病严重地影响了竹类的正常生长和园林绿化的景观效果。所以对其要积极地开展防治工作。

①在选购苗木时，应首选抗病种源或品种。

②养护管理。因为竹子遭受该病害侵染后，最终可能导致病竹生长的衰弱、出笋减少和整株竹的枯死，以及竹林的衰败。所以在日常的管护中，务必要及时做好竹林的抚育管理和松土、施肥及排灌的工作，以期为竹子创造出一个良好的生长环境，从而增强竹子的抗病能力。日常加强竹园的综合养护管理。特别是那些栽植密度过大，通风、透光性能差的竹园里，竹子的长势会衰弱，且易导致各种病虫害的发生。适时砍伐竹园内的病竹、老竹，以保持竹园内合适的立竹度，及早开展病枝清理。通常可选择在每年的春季（3 月底至 4 月上旬）及秋季（9 月初至 10 月初）各清理 1 次。在砍伐老、病竹时，要严格遵循"砍四留三，砍病留壮，砍密留稀"的原则，即砍去 4 年生以上的老竹子，保留 3 年生以下的竹子；砍伐病竹，包括竹秆锈病病斑已经上升到 1 m 以上的病竹，留下健壮的竹子，或者是竹秆锈病病斑比较轻的竹子，砍伐掉比较稠密的竹子，留下比较稀疏的竹子，并且务必要注意应连同竹鞭一并挖除，并对清除物集中到竹林外进行清理和烧毁，防止该病的进一步蔓延和减少病原菌。除此以外，中耕松土，科学肥水，增强竹子的树势，提高竹子的抗病害能力，减少病害的暴发。

③加强植物的检疫工作。因为竹秆锈病会随着苗木的运输传播至其他处，所以在引进苗木时，调运苗木的有关单位（个人）要主动申请检疫，在取得植物检疫证书后，再调运苗木。严禁将带有病斑的苗木进行调进和调出，防止病害的传播与蔓延。

④在竹林的日常管护中在 3 月中旬以前，可结合砍除病竹和刮除冬孢子堆，涂抹煤焦油和煤油，或柴油混合液，或者 20% 三唑酮原液等的工作，以用来预防病菌的感染。在涂刷用药时，需用小刷子浸蘸配好的药液涂刷于病竹的病斑，小刷子需要上下重复多次涂刷，以使病斑能够充分吸收药液变色。这里还需要注意的是：每年需要涂抹 1 次，连续涂抹 3~4 年，再逐年结合上面开展的砍伐老病竹的工作，竹林的发病率就会大大降低。如若涂药彻底，竹秆锈病这一病害是能够得到根本防治的。

⑤对于竹秆锈病发生较严重的竹林，也可以采用药剂进行防治。病害发生后，及时伐除全株，或者用刀刮除冬孢子堆或夏孢子堆及其周围的组织，然后用 20% 三唑酮乳油的 5 倍液或其他高效、低毒内吸杀真菌剂涂抹伤口，每隔 7~10 d 涂抹 1 次，连续涂抹 2~3 次。连续防治 1~2 年（高健 等，2014）。

参考文献

全国竹藤标准化技术委员会，2014. 竹秆锈病诊断及防治技术规程：LY/T 2346—2014[S]. 北京：中国标准出版社 .

徐志鸿，崔岩，朱振华，2019. 如何防治竹秆锈病 [J]. 浙江园林 (2)：81–84.

周世国，甘习华，姜力，1995. 竹秆锈病的扫描电镜观察研究 [J]. 南京林业大学学报（自然科学版）(2)：67–72.

朱熙樵，张九能，1983a. 竹秆锈病的研究 Ⅰ. 病原菌生物学特性的探讨 [J]. 竹类研究 (1)：46–53.

朱熙樵，张九能，1938b. 竹秆锈病研究 Ⅱ. 病害发生规律的探讨 [J]. 南京林业大学学报 (自然科学版)(4) :39–46.

MAGNUS P, 1899. Über die bei verwandten Arten auftretenden Modifikationen der Charaktere von Uredineengattungen[J]. Berichte der Deutschen Botanischen Gesellschaft, 17: 178–184.

OKANE I, ANDO Y, YAMAOKA Y, et al, 2020. First report of heteroecism in *Stereostratum corticioides*, the causal agent of bamboo culm rust[J]. ScienceDirect. Mycoscience, 61(4)：172–178.

YUICHI Y, OKANE I, YOSHITAKA O, et al, 2017. Taxonomic Determination of Anamorphic and Endocyclic Species of Rust Fungi and Construction of Foundations for Solving the Evolution of Life Cycles[J]. IFO Research Communications, 31:17–35.

珍稀民族药用菌

红竹黄菌 *Rubroshiraia bambusae* D. Q. Dai & K. D. Hyde

Rubroshiraia bambusae D. Q. Dai & K. D. Hyde, MycoKeys 58: 16 (2019)

红竹黄菌，又称竹红菌、竹小肉座菌、竹砂仁、竹果、竹花（惠金德和罗士德，1981），是中国珍贵的药用真菌（卯晓岚和陈增华，2021）。然而在中国，其因明显的肉质子实体曾被错误鉴定为竹红菌（*Hypocrella bambusae*）（刘波，1978）；而又因其子实体形态、寄主及药物治疗效果与竹黄菌（*Shiraia bambusicola*）相似，因此在中国民间其又常与竹黄菌混为一谈（Dai et al., 2019）。Dai 等人（2019）通过对红竹黄形态特征与系统发育学分析进行了准确鉴定，表明其应为竹黄科下的一个新属种，命名为红竹黄菌（*Rubroshiraia bambusae*），并建立了一个新属——红竹黄菌属（*Rubroshiraia*）以容纳该物种。目前，该物种隶属于子囊菌门（Ascomycota）座囊菌纲（Dothideomycetes）格孢腔菌目（Pleosporales）竹黄科（Shiraiaceae）红竹黄菌属。

形态学特征

红竹黄菌寄生在竹子的活枝上，子座 0.7~1.5 cm × 0.7~1.3 cm，单生，球形至近球形，肉质，略带红色，表面有不规则的喙状突起，子座内部组织厚，带粉红色，由结构复杂的较宽的交错菌丝组成（图 1）。子囊壳 800~1800 μm × 1000~2000 μm，

图 1　红竹黄菌菌落

球形至近球形，单列埋生于子座内，孔口250~ 500 μm × 450~550 μm。包被 20~35 μm，由几层无色至深褐色、有棱角的、错综复杂的小细胞组成。囊间丝无色分隔，假侧丝分枝，1~3 μm；子囊 660~800 μm × 45~55 μm，有 8 个子囊孢子，厚壁，双囊壁，圆柱形，带有短柄，具明显的顶端结构。子囊孢子 600~750 μm × 5.5~11 μm，螺旋状排列，丝状，无色，有 15~18 隔膜，壁光滑（图 2）。无性型未确定（Dai et al.，2019）。

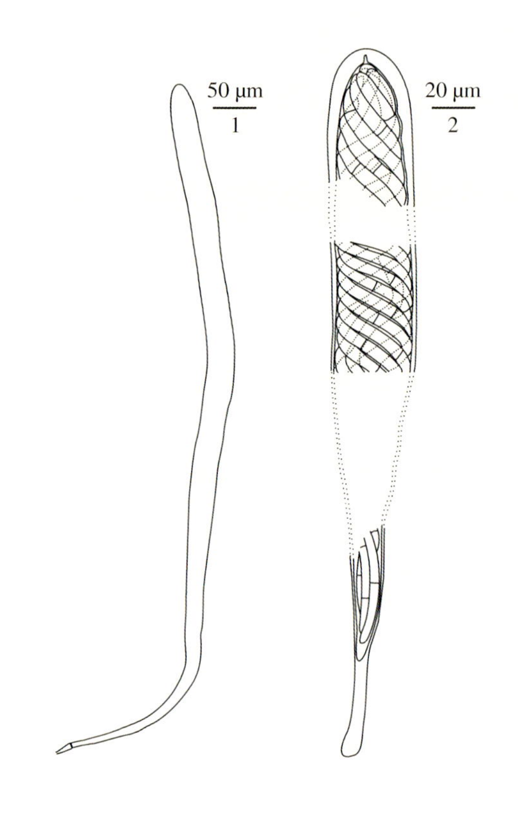

图 2 红竹黄菌
1. 子囊；2. 子囊顶部结构、中段含有子囊孢子的结构和基部结构

分布与危害

红竹黄菌地理分布狭窄，主要产于中国云南西北部及其相邻的四川、西藏部分地区，分布于海拔 2600~3800 m 的高山针阔叶混交林中，寄生在混交林下的箭竹属的节间或近节处（韦群辉 等，2000；朱丽萍 等，2006；刘卫 等，2008a）。由于红竹黄菌只生长于高海拔地区，又是中国珍贵的民族药，所以其危害还没有人研究。

症状

红竹黄菌主要围生于箭竹属的节间或近节处，较竹黄菌的子座小，近半球形，新鲜时粉红色或浅肉色，较松软，干后变成灰黄色或红褐色，较坚硬（图 3、图 4）(卯晓岚和陈增华，2021)。

图 3 竹鞘上的红竹黄菌子实体

图 4　成熟的红竹黄菌子实体

发病规律

红竹黄菌在每年 5—6 月的雨季开始生长，7—8 月成熟，生长于阴冷潮湿、平均温度 10~13.3℃、相对湿度在 90% 以上的林中。子座成熟后子囊孔向外开放，释放出大量子囊孢子，在子座喙状突起上形成 1 层黄色附属物，之后子座掉落地面腐烂或被虫蛀食。

防治措施

红竹黄菌的发病规律和症状与竹黄菌类似，由于分布在人迹罕至的高海拔地区，发病率较低，同时该菌是珍稀药用真菌，应该加强保护。

价值

作为重要的民族药用菌，红竹黄菌的干燥子座可供药用，在云南西北地区的纳西族、白族、彝族等民族医药中的应用由来已久。纳西族将其称为“闷巴”（剑川）、“迈博”（丽江），具有清热、解毒、除湿、消肿等功效，水煎内服，用于肾炎、膀胱炎、尿道炎等；彝族称为“玛恩”（剑川）、“玛代”（魏山）、“玛斯尼”（宁浪），具有清热、解毒、散痈、止痒、消肿等功效，水煎内服，也可研粉后以酒调糊外敷，治疗疮痈初起，红肿热痛，但疮痈已化脓者忌用；白族将其称为“竹炎”（鹤庆）、“竹厚”（大理）、“竹华”（云龙、漾鼻），具有疏经、活络、祛风、除湿等功效，泡药酒内服，用于跌打损伤、关节疼痛（朱丽萍 等，2006）。

对于红竹黄菌的化学成分研究，是从 20 世纪 70 年代开始的，云南省微生物研究所的万象义和陈远腾（1980）率先开展对红竹黄菌的研究，发现其含有具光敏活性的苝醌类物质——竹红菌甲素，并用“纸片法”研究了竹红菌甲素的光敏特性，结果证明了它对革兰氏阳性菌有很好的活性，而对阴性菌则无作用。试验还表明光敏反应必须有氧分子的参加，说明竹红菌甲素是一种光动力学物质，还研究了激活光敏反应的作用光谱，提出外涂竹红菌甲素和可见光（荧光高压汞灯或日光）照射的光化疗法，从而提高了临床治疗外阴白色病变和疤痕疙瘩的效果，万象义等人（1985）又从红竹黄菌中分离得到了另一种具有光敏活性的苝醌类化合物——竹红菌乙素，并发现其与竹红菌甲素一样具有临床治疗效果，并联合云南省人民医院和昆明振华制药厂等单位开发了用于治疗外阴白斑病变的制剂竹红菌软膏。

惠金德和罗士德（1981）从红竹黄菌提取过竹红菌甲素后的水溶部分，得到一种白色针状结晶，得率很高，约占样品总重的 5%，比竹红菌甲素高 1 倍以上，后来通过测定其乙酰化产物的质谱、核磁氢谱、红外光谱、熔点等实验，确定红竹黄菌水溶性成分为 D- 甘露醇，该研究对红竹黄菌的药理和合理利用资源具有一定价值。张蔚玲等人（1985）从红竹黄菌及竹黑菌、竹黄菌中分别分离得到了 D- 甘露醇，按生药风干重计，获得率依次为 4%、0.6%、0.6%。D- 甘露醇可用于治疗脑水肿、休克、循环虚脱、烫伤烧伤，可作为生化试剂、炸药原料，工业上用于电镀液、电溶及合成树脂等，在竹红菌素药物生产中，D－甘露醇作为副产品获得，是经济可行的（张蔚玲 等，1985）。

张曼华等人（1988）从红竹黄菌的丙酮抽提液中，用薄层层析、气相色谱、气－质联用等手段，分离、鉴定了其中含有的各种脂肪酸和脂肪酸甘油酯，当中以十八碳烯酸和十六碳酸含量较多。

张蔚玲（1994）在开展综合利用红竹黄菌的研究中，又从红竹黄菌乙醇提取物中分离得到了尿囊素，以生药风干计得率为 0.6%。尿囊素可作生化试剂，医药上用于治疗胃及十二指肠溃疡，皮肤局部化脓性创伤。

郑立雄等人（2010）从红竹黄菌中分离得到了 12 种化合物，通过理化性质和光谱测试，分别将这 12 种化合物鉴定为痂囊腔菌素 A（1）、竹红菌甲素（2）、竹红菌乙素（3）、竹红菌丙素（4）、1，8- 二羟基蒽醌（5）、D- 甘露醇（6）、尿囊素（7）、过氧化麦角甾醇（8）、麦角甾醇（9）、硬脂酸（10）、软脂酸单甘油酯（11）、软脂酸（12），其结构式如图 5 所示。其中痂囊腔菌素 A、竹红菌丙素、1，8- 二羟基蒽醌、过氧化麦角甾醇、软脂酸单甘油酯为首次从红竹黄菌药材中分离得到。该化学成分的研究结果，增加了对于红竹黄菌这一云南民族药物化学物质基础的认识，也为进

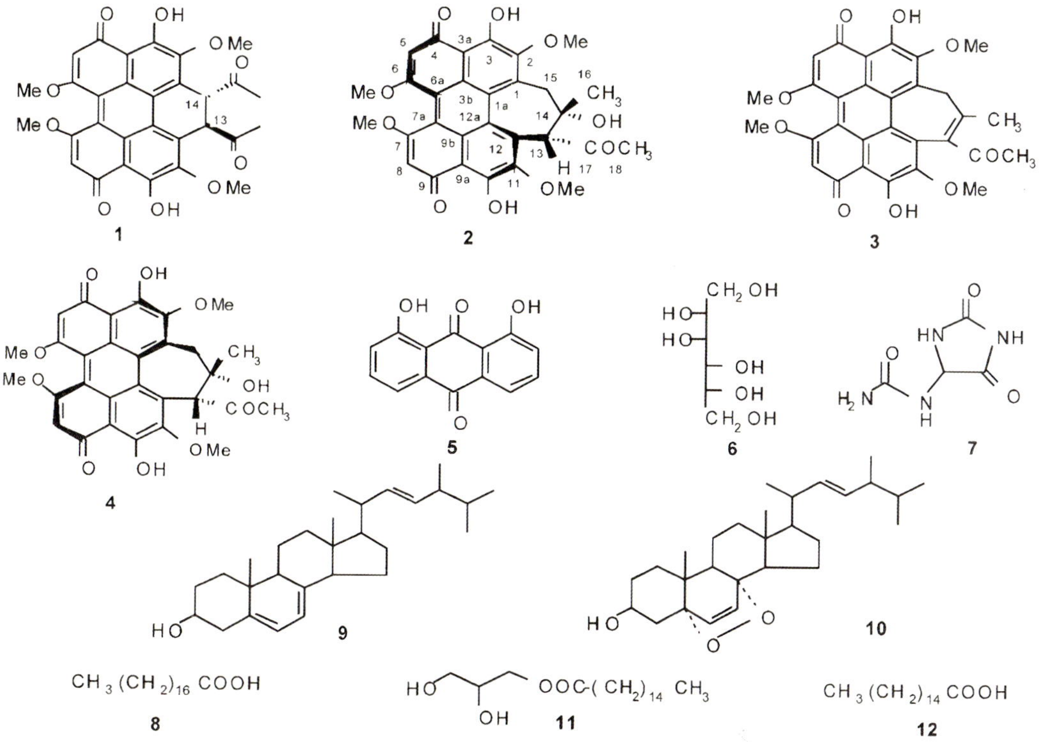

图 5　红竹黄菌主要化学成分的结构式（郑立雄 等，2010）

1. 痂囊腔菌素 A；2. 竹红菌甲素；3. 竹红菌乙素；4. 竹红菌丙素；5.1, 8- 二羟基蒽醌；6.D- 甘露醇；7. 尿囊素；8. 过氧化麦角甾醇；9. 麦角甾醇；10. 硬脂酸；11. 软脂酸单甘油酯；12. 软脂酸

一步提高红竹黄菌药材质量标准打下了基础。

刘卫等人（2007）通过干灰化法制备了从云南山区采集的野生竹红菌样品，用原子吸收光谱法测定了其中锰、镉、铬、锌、铜等 9 种元素的含量。结果显示，红竹黄菌对各金属元素的富集能力存在差异，对铁、硒和汞的富集能力相对要强，对镉、铬、铅等几种主要的重金属的富集能力相对较弱，测定的野生红竹黄菌中微量元素含量顺序是铁 > 硒 > 汞 > 锰 > 锌 > 铅 > 铜 > 铬 > 镉。这说明红竹黄菌中的硒元素含量较高，所以可以加大对红竹黄菌中硒的深度开发，在进行药物开发的同时，还可以进行保健品的开发。刘卫等人（2008b）又用凯氏定氮法测定了野生红竹黄菌中的总氮含量，研究了温度、消化时间及样品用量对野生红竹黄菌消化过程的影响。结果表明，野生红竹黄菌样品与硫酸钾、硫酸铜、硫酸的比例分别为 1∶5、2∶1、1∶15 时消化最佳，样品预处理条件和消化时间一致，温度为 250~350℃时，不同的样品用量测定的总氮量没有较大差异，消化温度越高，样品中获得的粗蛋白和总氮越高，温度是影响消化的关键因素，并且消化温度越高所用的消化时间越短。最终得到结论，利用凯氏定氮法测定红竹黄菌中总氮的最优消化条件为样品量 0.5 g 左右，起始消化温度 300℃，泡沫减少和烟雾变白后升高至 350℃，消化时间 4 h 左右，在此条件下红竹黄菌的粗蛋白含量达 22.50%，总含氮量达 3.60%。野生红竹黄菌中的蛋白质含量较高，说明红竹黄菌中除其光敏色素成分外的非色素类的化学成分也值得进一步的研究认识和开发。

陈月桂等人（2019）对竹黄菌和红竹黄菌子座的化学成分及主要成分的细胞毒活性进行了比较研究，通过高效液相色谱分析结合常规色谱方法，分离鉴定了两种真菌的 6 个相同成分，分别为 3 个主要成分竹红菌甲素、竹红菌乙素和竹红菌丙素，以及 3，6，8- 三羟基 -1- 甲基口山酮、3，8- 二羟基 -6- 甲氧基 -1- 甲基口山酮和过氧麦角甾醇。另外，从竹黄菌中还分离得到 11，11'- 二去氧沃替西林、麦角甾 -7，22E- 二烯 -3*β*，5*α*，6*β*- 三醇和麦角甾 -7，22E- 二烯 -2*β*，3*α*，9*α*- 三醇，并首次从红竹黄菌中分离得到竹红菌丁素、灰黄霉素、化合物 7 和 8。活性筛选发现，化合物 5 对三株肿瘤细胞 NCI-H1975、HepG2 和 MCF-7 有很强细胞毒活性，化合物 1 有较强细胞毒活性，而化合物 6 活性较弱，结构式如图 6 所示。首都师范大学侯成林团队也对红竹黄菌和竹黄菌子座中苝醌类化合物含量进行了测定，通过比较发现红竹黄菌中的苝醌类化合物含量是竹黄菌的 6 倍

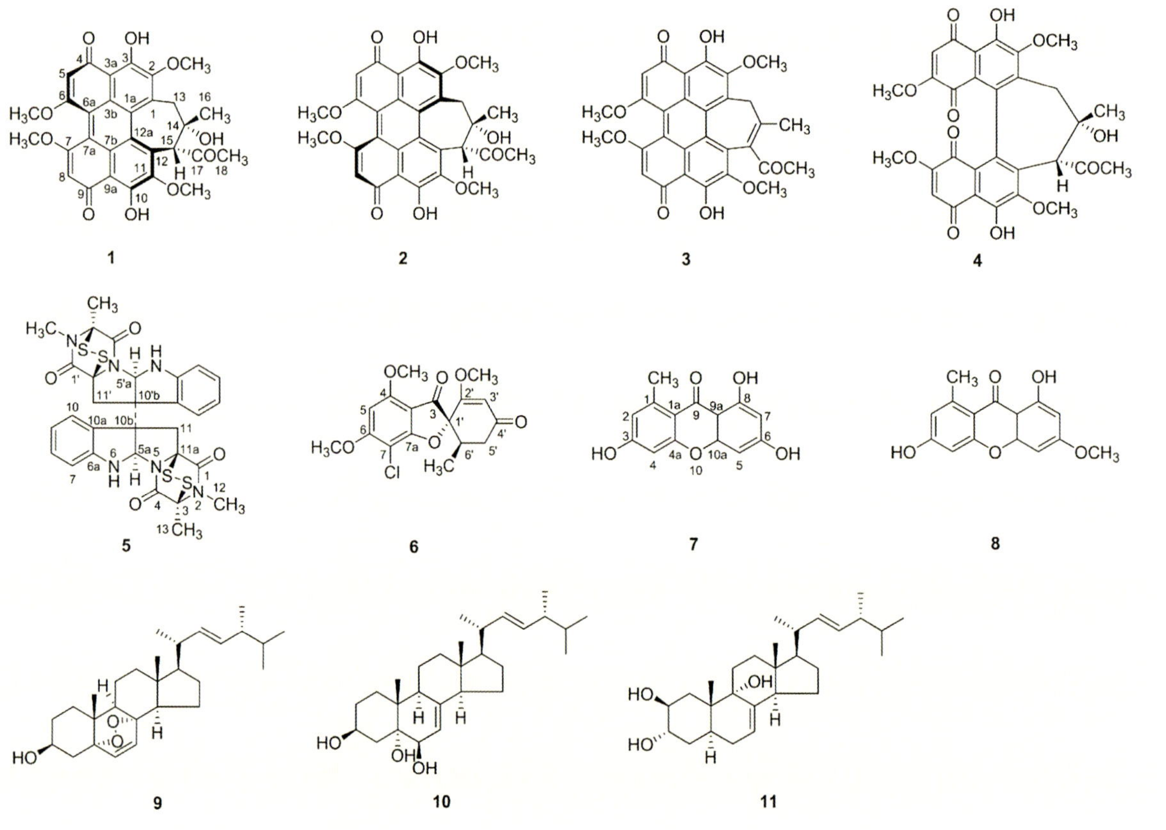

图 6　竹黄菌与红竹黄菌的化学成分结构式（陈月桂 等，2019）

1. 竹红菌甲素；2. 竹红菌乙素；3. 竹红菌丙素；4. 竹红菌丁素；5.11, 11'- 二去氧沃替西林；6. 灰黄霉素；7.3, 6, 8- 三羟基 -1- 甲基口山酮；8.3, 8- 二羟基 -6- 甲氧基 -1- 甲基口山酮；9. 过氧麦角甾醇；10. 麦角甾 -7, 22E- 二烯 -3*β*, 5*α*, 6*β*- 三醇；11. 麦角甾 -7, 22E- 二烯 -2*β*, 3*α*, 9*α*- 三醇

多（Tong et al.，2021）。以上研究结果对竹黄菌和红竹黄菌资源的开发利用提供了参考。

值得注意的是，Li 等人（2021）从红竹黄菌中分离到 1 个新的轴向手性双萘醌（Hypocrellone）和 1 个新的苝醌（Hypomycin F），以及 5 个已知化合物（Hypomycin A）、竹红菌甲素、竹红菌乙素、竹红菌丙素和竹红菌丁素，并分别检测了这 7 个化合物对新冠病毒（SARS-CoV-2）假病毒 S 蛋白的抑制活性，结果显示，竹红菌甲素和丙素可以与 SARS-CoV-2 的 S 蛋白受体结合域结合，阻止其与人血管紧张素转换酶 II 受体的相互作用，是潜在的 SARS-CoV-2 病毒进入的抑制剂，这说明竹红菌素在抗病毒方面的应用有巨大潜力。

栽培

由于红竹黄菌只能在高海拔等高寒地区的箭竹上生长，还未见成功对其进行人工栽培的报道。

发酵培养

有些研究者从红竹黄菌中分离到一些菌寄生菌（*Hypomyces* spp.），发现其也可以发酵产生竹红菌素（李淑贤 等，1998；刘为忠 等，2000；李聪 等，2000），并对其中的微量元素、脂肪酸、D- 甘露醇、苝醌类化合物等进行了检测。刘卫等人（2008a）采用一株从野生红竹黄菌中分离出产红色素的菌株进行液体培养，对其适宜生长的培养基、碳源、氮源和 pH 值进行了研究，结果显示，菌株在牛肉膏培养基上生长速度最快，最易利用的碳源和氮源是乳糖、NH_4NO_3，pH 值为 3~9 时均可生长，以 pH 值为 6 最适合，色素分泌最多。但是作者认为该菌株在 28℃恒温箱中培养，温度高于红竹黄菌的最适生长温度，没有分子鉴定证据，所以其可能不是红竹黄菌菌株。

首都师范大学侯成林团队也从红竹黄菌中分离到一株菌株，经分子系统发育学分析，确定其为红竹黄菌的菌株（Tong et al.，2021）。通过发酵培养发现，其生长速度非常缓慢，与可产生竹红菌素的拟竹黄菌不同，其最适生长温度为 16~20℃，而且在培养基与菌丝体中均检测到竹红菌素等苝醌类化合物，但是产量非常低。因此，对于红竹黄菌发酵培养产活性物质等方面的综合利用，还需要进一步探索。

参考文献

陈月桂，刘艳春，郭凯，等，2019. 竹黄菌与竹红菌的化学成分及细胞毒活性比较研究 [J]. 天然产物研究与开发，31(6)：1006–1011，1022.

顾晓天，周家宏，冯玉英，等，2005. HPLC 法测定竹红菌中竹红菌甲素的含量 [C]. 江苏省计量测试学会 2005 年论文集 .

惠金德，罗士德，1981. 竹红菌的水溶性成分简报 [J]. 中草药，12(5)：22.

李聪，汪汉卿，谢金伦，等，2000. 肉座菌科三种药用真菌的化学成分分析比较 [J]. 中草药，31(4)：250–251.

李淑贤，李聪，王光灿，等，1998. 几种光敏活性物质产生菌常微量元素分析研究 [J]. 云南教育学院学报 (2)：54–55，60.

刘波，1978. 中国药用真菌 [M].2 版 . 太原：山西人民出版社 .

刘卫，2007. 野生竹红菌中微量元素的测定 [J]. 安徽农业科学 (22)：6809−6810.

刘卫，鲁海菊，等，2008. 野生竹红菌中总氮的测定 [J]. 安徽农业科学，36(3)：843–844.

刘卫，鲁海菊，张举成，等，2008. 产生红色素的竹红菌生物学特性研究 [J]. 安徽农业科学，36(2)：412，474.

刘为忠，李聪，陈远腾，等，2000. 苝醌类化合物总量的测定 [J]. 云南化工 (2)：35−37.

卯晓岚，陈增华，2021. 中国食药用菌物：千菌方备药 [M]. 北京：科学出版社 .

万象义，陈远腾，1980. 一种新的光化学疗法药物：竹红菌甲素 [J]. 科学通报 (24)：1148−1149.

万象义，张蔚玲，王启方，1985. 竹红菌中乙素的分离与鉴定 [J]. 云南大学学报，7(4)：461–463.

韦群辉，和即仁，王润姝，2000. 民族药竹红菌的生药学研究 [J]. 中国民族民间医药 (1)：47–48，62.

张曼华，陈申，安静仪，等，1988. 竹红菌中乙素及脂肪酸的分离鉴定 [J]. 科学通报 (7)：518−522.

张蔚玲，1994. 竹红菌中尿囊素的分离和鉴定 [J]. 云南大学学报：自然科学版，16(1)：91–92.

张蔚玲，万象义，王启方，1985. 从竹红菌及竹黑菌、竹黄中提取甘露醇的方法 [J]. 云南大学学报（自然科学版）(3)：102−105.

郑立雄，张慧颖，李俊，等，2010. 云南民族药物竹红菌的化学成分研究 [J]. 云南中医学院学报，33(3)：25–29.

周林，董平，宋开玺，等，2007. 竹红菌中竹红菌乙素的提取及其含量的测定 [J]. 南京师大学报（自然科学版），30(2)：122–124.

朱丽萍，杨允辉，张慧颖，等，2006. 民族药物竹红菌的研究及开发进展 [J]. 中国民族民间医药 (5)：251–252.

DAI D Q, WIJAYAWARDENE N N, TANG L Z, et al, 2019. *Rubroshiraia* gen. nov., a second hypocrellin−producing genus in Shiraiaceae (Pleosporales)[J]. MycoKeys, 58:1–26.

LI Y T, YANG C, WU Y, et al, 2021. Axial Chiral Binaphthoquinone and Perylenequinones from the Stromata of *Hypocrella bambusae* Are SARS−CoV−2 Entry Inhibitors[J]. Journal of Natural Products, 84(2)：436−443.

TONG X, WANG Q T, HOU C L, et al, 2021. Phylogenetic Position of *Shiraia*−Like Endophytes on Bamboos and the Diverse Biosynthesis of Hypocrellin and Hypocrellin Derivatives[J]. Journal of Fungi, 7(7)：563.

XU H, FANG W S, CHEN X G, et al, 2001. Cytochalasin D from *Hypocrella Bambusae*[J]. Journal of Asian Natural Products Research, 3(2)：151−155.

珍稀食用菌

海绵胶煤炱菌 *Scorias spongiosa* (Schwein.) Fr.

Scorias spongiosa (Schwein.) Fr., Syst. mycol. (Lundae) 3(2): 291 (1832)

= *Botrytis spongiosa* Schwein., Schr. naturf. Ges. Leipzig 1: 127 [101 of repr.] (1822)

= *Algorichtera spongiosa* (Schwein.) Kuntze, Revis. gen. pl. (Leipzig) 2: 637 (1891)

= *Scorias spongiosa* var. *longipedunculata* Bat. & Cif., Saccardoa 2: 192 (1963)

海绵胶煤炱菌在中国被称为竹燕窝菌，又名竹花菌、竹燕窝、石花菌，隶属于子囊菌门（Ascomycota）座囊菌纲（Dothideomycetes）煤炱菌目（Capnodiales）煤炱菌科（Capnodiaceae）胶煤炱属（*Scorias*）（贺新生 等，2011）。海绵胶煤炭菌是引发竹煤烟病的病原菌，该病害是竹类植物的常见病害（贺新生 等，2011）。该病害在竹林中虽较为普遍，但并不严重，人们往往更希望利用其营养价值高、口感美味的特点，将其作为美味的食用菌。

形态学特征

海绵胶煤炱菌子囊果直径 72~88 μm，高 89~132 μm，群生，深褐色至黑色，光亮，近球形至扁椭圆体，顶部圆形，成熟时中央具孔口；包被 14~25 μm，由角胞组织细胞组成；子囊，8 孢型，双囊壁，椭圆形至纺锤形；子囊孢子 13~15 μm × 2~4 μm，无色，纺锤形，3~4 隔膜，顶部细胞比底部细胞略宽一点（杨慧，2014）。分生孢子器 412~614 μm × 40~57 μm，具长茎，瓶状，顶端逐渐延伸变细；分生孢子器壁螺旋状扭曲，似联丝体，经常与未成熟的子囊果连在一起，基本深褐色至黑色，顶部褐色至浅褐色。分生孢子 3.1~4.2 μm × 1.6~2.4 μm，无色，单细胞，椭圆体（杨慧，2014）。

分布与危害

该病原菌主要分布于中国广东、广西、四川、贵州、江苏、浙江等地的竹林中，在美国、加拿大、泰国、印度、巴基斯坦等地也有分布（Zhong et al., 2020）。该病除危害竹子外，还危害沼生栎（*Quercus palustris*）、美洲椴木（*Tilia Americana*）和槭属植物（*Acer* spp.）等（Zhong et al., 2020）。

病原菌的子实体贴于竹枝、竹叶、笋壳等组织上生长（图1），大型子实体最大超过20 cm，新鲜子实体质量300~1000 g，由5~8级胶质的大型丛生的分枝组成（图2、图3），子实体老化后会形成块状和碳酸盐棒状物，影响植物光合作用造成竹材死亡（贺新生 等，2011；Zhong et al., 2020）。

图1　海绵胶煤贫菌子实体（吴宏伟和张磊磊提供）

图2　海绵胶煤贫菌子实体

图3　体视显微镜下海绵胶煤贫菌子实体

症状

对寄主植物不产生直接危害，其病原菌的子实体仅出现在被居竹伪角蚜感染的竹林中，贴于竹枝、竹叶、笋壳等组织上生长，病原菌的子实体、竹林和蚜虫三者形成了独特的真菌－植物－昆虫的共生关系。其中，居竹伪角蚜（*Pseudoregma bambusicola*）是一种倾向于感染新生竹的蚜虫。与很多其他昆虫一样，居竹伪角蚜在吸取竹子营养的同时，也会分泌富含糖分的蜜露。海绵胶煤炱菌会腐生在蚜虫分泌的蜜露上，在竹类植物表面形成煤状污物层，有时煤污层很厚，呈皮壳状，这就是我们常见的煤污病（贺新生 等，2011；杨慧，2014；Zhong et al.，2020）。除此之外，该病原菌曾被报道，在条件适宜的情况下，其在竹类植物表面形成煤烟病病害后，能够进而发育形成石花菜状的或珊瑚状的大型子实体，即竹燕窝（Zhong et al.，2020）。虽然很多煤炱科的真菌都会导致煤污病，但在煤炱科中只有海绵胶炱菌能够形成大型的真菌子实体。

发病规律

在中国，海绵胶炱菌一般发生在受竹蚜虫影响的竹林中，并与竹林和蚜虫共生，其孢子附着在蚜虫分泌的蜜露上，利用蜜露进行萌发与生长（Zhong et al.，2020）。而在美国和加拿大，该病原菌主要生长在沼生栎、美洲椴木和槭属植物上（Zhong et al.，2020）。一般生长于夏、秋两季雨水较多的时期，适宜温度为16~32℃（Zhong et al.，2020）。

防治措施

主要是减少侵染来源：及时防治蚧类、蚜虫类、粉虱类害虫，铲除病菌营养来源是防治烟煤病的关键，如在病原菌还没有生长前用水冲洗树叶表面，控制并减少刺吸式昆虫所排泄蜜露的数量，能间接地防治烟煤菌的发生（杨慧，2014）。蚂蚁能够以蜜露为食，因此蚂蚁的数量也是防治烟煤菌的一个重要因素，也可间接影响烟煤菌的发生（王思铭 等，2010）。

价值

海绵胶煤炱菌虽然是一种病原真菌，但一般很少有人去防治。因为病原菌子实体，俗称竹燕窝菌，食用口感弹脆，所含营养成分较多，是一种美味的食用真菌，通常呈现胶质珊瑚状，颜色为浅黄色或黑色，深受中国川南地区民众的喜爱。

研究发现，每 100 g 海绵胶煤炱菌含总糖 38.4 g、粗多糖 7.4 g、粗纤维 6.8 g、粗蛋白 12.8 g、粗脂肪 4.1 g、灰分 9.3 g、水分 12.4 g，总糖和蛋白质的含量明显高于黑木耳、香菇等（Zhong et al.，2020）。此外，海绵胶煤炱菌还含有丰富的氨基酸，其必需氨基酸含量如下：苏氨酸 480 mg、缬氨酸 500 mg、蛋氨酸 100 mg、异亮氨酸 280 mg、亮氨酸 460 mg、苯丙氨酸 230 mg、赖氨酸 360 mg、组氨酸 480 mg，以及大量其他类型的非必需氨基酸，必需氨基酸与非必需氨基酸的比例为 0.71，符合联合国粮农组织和世界卫生组织对理想蛋白质的要求（黄毅 等，2016）。同时，海绵胶煤炱菌还富含钙、钾、镁、钠等大量元素以及硼、铬、铁、锌、硒、铜、锰等微量元素（Zhong et al.，2020）。Pan 等人（2016）也发现海绵胶煤炱菌中含有铜、锰、锌、铁、钙等矿物质元素，且重金属汞、铅、镉和砷的含量符合国家食品安全标准。

海绵胶煤炱菌作为一种真菌，还含有大量的活性物质。张协光等人（2019）通过高效液相色谱法鉴定了海绵胶煤炱菌中的麦角甾醇、胆甾醇和豆甾醇，并且发现它们具有与维生素 D 相似的结构，以及抗菌消炎的作用。冯望等人（2013）采用水提醇沉法提取了海绵胶煤炱菌的多糖，通过纯化后所获得的纯多糖（几乎）不含有核酸和蛋白质，且其获得量为 3.72%。此外，海绵胶煤炱菌多糖对 DPPH 具有一定的抗氧化活性。同时，随着培养时间的延长，海绵胶煤炱菌所含的过氧化氢酶（CAT）和超氧化物歧化酶（SOD）的活性先升高后降低。过氧化氢酶普遍存在于组织中，其活性与植物的代谢强度及抗寒、抗病能力有一定的关系。而超氧化物歧化酶是一种能够清除超氧阴离子自由基的酶。且试验结果表明，第 10~12 天是海绵胶煤炱菌生长代谢最旺盛的阶段（冯望等 2013）。Wu 等人（2018）的研究发现海绵胶煤炱菌的 3 种胞外多糖对人肝癌（Hep−G2）和人骨肉瘤（MG−63）细胞具有细胞毒活性，其中氯仿提取的胞外多糖对癌细胞的抑制效果更好。

袁小红等人（2013a）用乙醇萃取法提取了海绵胶煤炱菌和其他五种真菌的乙醇提取物，发现海绵胶煤炱菌的乙醇提取物对 4 种植物病原菌的生长有一定的抑制能力，即姜瘟病菌（*Ralstonia solanacearum*），水稻白叶枯病菌（*Xanthomonas oryzae*），白菜软腐菌（*Erwinia carotovora*）和柑橘溃疡病菌（*Xanthomonas citri*）。但对苹果腐烂病菌（*Valsa malimiyabe et Yamada*），葡萄黑痘病菌（*Sphaceloma ampelinum*），苹果斑点落叶病菌（*Alternaria alternaria* f. sp. mali），棉花枯萎病菌（F*usarium oxysporum* f. sp. *vasinfectum* 和番茄棉腐病菌（*Pythium ultimum*）的生长没有抑制作用。这表明海绵胶煤炱菌的乙醇提取物对不同类型的病原菌的抗菌作用存在一定差异。

随后，袁小红等人（2013b）还采用 MTT 法测试了海绵胶煤炱菌、条纹炭角菌、瑞克纤孔菌、木蹄层孔菌、红缘拟层孔菌和高木蹄层孔菌，这 6 种高等真菌醇提物对人食管癌细胞（Eca109、TE−1），人肺腺癌细胞（PC−9），人结肠癌细胞（HT29，HCT116），人乳腺癌细胞（MCF−7，MDA−MB−231），人肝癌细胞（HepG2，SMMC−7721）和人白血病细胞（MV4−11，H1975）等 11 种恶性肿瘤细胞的抗肿瘤活性进行研究。结果表明，海绵胶煤炱菌醇提物对 Eca109，MDA−MB−231，MV4−11 和 SMMC−7721 这 4 种瘤株均有较强的抗肿瘤活性。

彭凌等人（2015）通过干燥试验、流变学试验和面包烘焙试验，探讨了海绵胶煤炱菌子实体添加量对小麦粉品质的影响。试验结果表明，采用真空冷冻干燥处理海绵胶煤炱菌子实体，制粉后添加海绵胶煤炱菌子实体菌粉 3%，此时面粉干湿面筋均有所增加，其中延伸性增加了 0.02 cm/min，比延性增加了 0.2 mm/h，弹性无变化，流散性逐渐减小，水分降低了 0.03%，蛋白含量增加了 0.7%，沉降值增加了 2 mL，灰分降低 0.02%，降落数值增加了 20 s。添加 3% 左右的海绵胶煤炱菌子实体菌粉制成的面包，具有更丰富的营养物质，且其品质较佳，是一种具有市场前景的新型食用菌烘焙食品。

Schumacher 等人（2022）从海绵胶煤炱菌中分离出了两种新的内酯类脂质蝎素以及甲酯，并证明这两种新物质具有强效的抗真菌特性，对于开发新型抗真菌药物具有重要的意义。

虽然，当竹丛生长的地理环境和所采得海绵胶煤炱菌子实体的生长位置有所不同时，其海绵胶煤炱菌子实体所含的矿物质是有所变化的，但其富含人体所需的氨基酸、糖类、灰分、维生素等，已是被营养医学所证实的。其丰富的营养成分也已逐渐被越来越多的人群所认识、接受，成为餐桌珍宝。

栽培

由于海绵胶煤炱菌的生长条件非常苛刻，形成因素特殊，目前并没有人工栽培成功的先例。贺新生等人（2012）探索了海绵胶煤炱菌子实体形成的培养条件，研究了该菌的子实体发育规律，为规模化生产这种新型食用蕈菌提供了技术方案。他们在浙江、四川、江苏等地共采集到 100 多份野生子实体标本，经组织分离得到纯培养菌株，在多种琼脂、液体、固体培养基上进行了纯培养。研究结果显示：在琼脂和固体培养基上，海绵胶煤炱菌的菌丝体直接分泌胶质物质形成胶质的小型子实体；而在液体培养基上只形成菌丝和胶质菌丝球，不形成子实体。对海绵胶煤炱菌的形态发育过程进行了以下详细的阐述：

①分生孢子萌发：分生孢子在培养基上吸水膨大，体积倍增，从一端或两端萌发长出芽管，后发育为有隔膜的菌丝。小块组织或短菌丝接种后也直接萌发，形成新的有隔膜的菌丝。

②菌丝分枝：菌丝在培养基内生长，形成辐射状的新菌丝，新菌丝产生 1~2 级新分枝，分枝夹角一般小于 45°。

③菌丝细胞膨大：在菌丝伸长的同时，从单根菌丝的基部细胞逐渐膨大，菌丝长度由 3~5 mm 长到 10~15 mm，细胞直径由菌丝基部到顶端依次减小。

④相邻菌丝平行集束：相互接近的膨大菌丝集束，成为索状，体积增大。有一定距离的菌丝由分枝相互连接成为集束状。

⑤菌丝分泌胶质物质：菌丝在生长形成分枝和逐渐集束的同时，在菌丝表面逐渐分泌出胶质物质，覆盖菌丝。

⑥形成胶质原基：胶质物质不断积累使菌落体积增大，形成子实体原基，为块状胶质组织，其内部和表面有菌丝。

⑦子实体分枝：在块状胶质组织表面形成子实体分枝，分枝表面先粗糙后逐渐变光滑。

⑧形成原分生孢子器：在光滑的子实体分枝顶端形成透明的原分生孢子器，无色素，球形或椭圆形。

⑨形成长喙：原分生孢子器顶端伸长，形成长喙。

⑩成熟分生孢子器：分生孢子器上不断积累黑褐色物质成为黑色，为成熟的分生孢子器。

⑪ 孢子排出：分生孢子器内的孢子由长喙中央的孔道排出，孔道的直径与孢子直径相当，分生孢子在长喙顶端堆积。

⑫ 分生孢子器喙顶形成孢子液团：排出的孢子在长喙顶端堆积成为圆球形或半球形的孢子液团，表面有 1 层液膜包围，形成固定的外形，孢子液团单生或 2 个邻近的孢子团合并在一起，孢子液团大小为 50~200 μm。孢子没有充满孢子液团，液团内还有液体。

⑬ 孢子液团破裂：干燥后或在外力的作用下孢子液团容易破裂，释放孢子。

在人工培养基上形成的小型子实体只有 1~2 级的分枝，在霉菌污染的情况下有 2~3 级子实体分枝发生，菌落高度不超过 15 mm，形成大型子实体非常困难。其野生子实体有 7~8 级分枝，高度有 l0~15 cm。形成大型子实体是否需要竹飞虱等昆虫的分泌物质刺激，是否需要环境中特别是竹叶腐殖质中或土壤中的其他微生物的共同作用，还需要进一步探索（贺新生 等，2012）。

刘丽萍等人（2016）进一步深入探究了海绵胶煤炱菌子实体的生长规律，他们发现海绵胶煤炱菌的子实体在生长初期时主干是白色透明的，且少有分枝；生长到中期之后出现了许多小的分枝，整个形态相对初期要复杂，且分枝的尖端处有小黑点；黑点聚集之后其子实体下部略呈黑色，后期分枝上面的小黑点范围变大蔓延到整个分枝甚至主干，整个形态也由最初的白色透明状到完全变黑。从试验结果来看，其子实体从生长到变黑，在冬季大概需要 2 个月。且通过电镜扫描发现，在生长初期主干上会出现一些突起，这些突起呈圆形密集分布。中期，原本呈圆形的突起略有生长，成为一个独立的分枝，在个别较长的分枝上又产生一些突起。随着时间的推移，这些突起逐渐变长变细，到后期形成尖端很细的分枝，便不再产生新的突起，其子实体也就不再继续生长，而是由这些尖端开始变黑。同时，海绵胶煤炱菌子实体的含水率在整个生长阶段并没有明显差异，均保持在 7.3%~7.6%，这说明其子实体在变黑的过程中并没有变干。在扫描电镜下发现海绵胶煤炱菌的子实体尖端最细的分枝呈现一种封闭的管状，且周围无气孔，水分不易散失，由此推断海绵胶煤炱菌的子实体在各个生长阶段含水率差异不明显可能与该构造相关。

虽然海绵胶煤炱菌的子实体难以进行人工栽培，但是它是可以进行人工干预的。也就是说，可以给海绵胶煤炱菌的子实体提供合适的竹林，然后进行人工干预，让其可以生长得更好。但是海绵胶煤炱菌的子实体，即竹燕窝，其产量易受环境影响，其野生产品产量和品质不稳定，同时缺乏人工野外培育干预关键技术体系，这些成为制约竹燕窝产业发展的瓶颈。此外，竹燕窝前处理困难，尚无完善的精深加工技术体系和标准成为阻碍竹燕窝产业发展的关键因素。基于上述问题，乐山师范学院的农向教授带领团队成员开展了“竹燕窝生态化精加工关键技术研究与应用”项目研究，经过 10 年技术攻关，在国内外首次建立了竹燕窝野外人工干预培育关键技术，率先研发了附加值较高的竹林下系列产品。主要技术内容如下：一是项目全面阐明了影响竹燕窝生长发育的关键因子（菌种细胞发育、蜜露成分、适宜气候条件），揭示了竹燕窝生长发育规律，首次研发出竹燕窝野外人工干预培育技术，显著提高了竹燕窝产量和品质，亩产特级竹燕窝产量提高 20% 以上。二是明确了醛类是竹燕窝香味的主要成分；使用拉曼光谱仪和比表面积及孔径分析仪建立了鉴别竹燕窝粉末的快速有效的无损检测技术；采用非靶向代谢组学方法，揭示了竹燕窝生物活性的物质基础。三是首次建立了竹燕窝前处理技术和加工工艺；研发了竹燕窝系列产品，丰富了竹林下产品种类；开发的竹燕窝系列产品得到了广泛的推广应用，经济、生态和社会效益显著（农向，2021）。该团队研发的竹燕窝产品在 2015 年被中国林业产业联合会批准进入国家森林生态产品供应商目录，项目有效带动了四川竹林下经济的发展，促进了竹农户增收。

参考文献

冯望，吴颖，尤雅，等，2013. 海绵胶煤炱菌酶活性与多糖抗氧化活性的研究 [J]. 食品与发酵科技，49(5)：34–37.

贺新生，刘超洋，林琦，等，2011. 竹类煤烟病大型病原菌：海绵胶煤炱菌的分子鉴定 [J]. 福建林学院学报，4:78–82.

贺新生，刘超洋，郑俊娟，等，2012. 竹类食用蕈菌：海绵胶煤炱菌子实体的纯培养 [J]. 竹子研究汇刊，31(1)：18–22.

黄毅，罗静，袁小红，等，2016. 不同来源海绵胶煤炱菌子实体营养成分的比较分析 [J]. 中国食用菌，35(6)：46–50.

农向，2021. 竹燕窝培育关键技术研发与产业化应用 [D]. 乐山：乐山师范学院 .

彭凌，贺新生，2015. 海绵胶煤炱菌菌粉对小麦粉品质的影响 [J]. 食品研究与开发，19:44–47.

王思铭，陈又清，李巧，等，2010. 蚂蚁光顾云南紫胶虫对其天敌紫胶黑虫种群的影响 [J]. 昆虫知识，47(4)：730–735.

杨慧，2014. 云南地区烟煤菌形态学与分子系统学的研究 [D]. 北京：中国林业科学研究院 .

禹小波，钟胜男，胡烨，等，2021. 乐山地区竹燕窝不同发育时期的细胞学研究 [J]. 乐山师范学院学报，36(8)：20–23.

袁小红，张春杰，刘霞，等，2013. 6 种高等真菌醇提物对植物病原菌的抗菌活性研究 [J]. 安徽农业科学，41(12)：5289–5290.

袁小红，张春杰，郑仁林，等，2013. 六种高等真菌醇提物的抗肿瘤活性筛选 [J]. 西南科技大学学报，28(3)：95–97.

张协光，孙天宇，肖伟敏，等，2019. HPLC 法同时测定植物样品中 3 种甾醇含量 [J]. 食品工业，40(1)：327–330.

钟胜男，禹小波，胡烨，等，2021. 海绵胶煤炱菌（竹燕窝）多糖的组成及体外抗氧化活性 [J]. 食品工业科技，42(6)：62-66.

PAN J L, GAO L N, ShENG Z H, et al, 2016. Molecular identification of Scorias spongiosa and content analysis of metal elements[J]. China food Safety (33)：126–127.

SCHUMACHER R W, WATERS A L, PENG J N, et al, 2022. Hamann Journal of Natural Products[J], 85(5)：1436–1441.

WU Y, LI T X, JIA X W, et al, 2018. Effect of Tween 80 and Chloroform on the Secretion, Structure and Cytotoxic Activities of Exopolysaccharides from Scorias spongiosa[J]. Journal of Biologically Active Products from Nature, 8(5)：312−318.

XU Y, FENG H, ZHANG Z, et al, 2023. The Protective Role of Scorias spongiosa Polysaccharide−Based Microcapsules on Intestinal Barrier Integrity in DSS−Induced Colitis in Mice[J]. Foods, 12(3)：669.

YAN J K, DING Z C, GAO X, et al, 2018. Comparative study of physicochemical properties and bioactivity of Hericium erinaceus polysaccharides at different solvent extractions[J]. Carbohydrate Polymers, 193:373−382.

ZHONG S, YU H, NONG X, et al, 2020. A mini−review of distribution, growth environment and nutrient composition from Scorias spongiosa (Bamboo Bird's Nest)[J]. IOP Conference Series Materials Science and Engineering, 782(4)：042040.

传统药用菌

竹黄菌 *Shiraia bambusicola* Henn.

Shiraia bambusicola Henn., Bot. Jb. 28(3): 274 (1900)

竹黄菌，俗称竹赤团子、竹赤斑菌、竹茧、竹参、竹花、淡竹黄和竹三七等（李向敏 等，2009），隶属于子囊菌门（Ascomycota）座囊菌纲（Dothideomycetes）格孢腔菌目（Pleosporales）竹黄科（Shiraiaceae）竹黄属（*Shiraia*）（Liu et al.，2013）。竹黄菌虽然是引发竹赤团子病的病原菌，但也是中国一种重要的中药资源（陈艺萌 等，2013）。

形态学特征

竹黄菌寄生在竹子上，子座大小为 1.5~6 cm × 1~4 cm；成熟子座呈粉红色，肉质，捏之有弹性，球形、纺锤形或者不规则形的瘤状；子囊壳为球形或者椭圆形，埋于子座的边缘，成熟时常有喙，直径 480~580 μm；子囊圆柱形，具有明显的双层壁，260~350 μm × 22~35 μm，内含 6 个子囊孢子，偶有 8 个孢子，子囊孢子单行排列；子囊孢子常为纺锤形，两端稍尖，砖格状纵横分隔，幼时无色，成熟时常稍带橄榄色或者淡褐色，42~92 μm × 13~35 μm；假侧丝线形，不分枝（图 1）。子座、子囊及子囊孢子大小因产地、寄主或者不同的研究者观测而有所不同（李向敏 等，2009）。分生孢子器在同一子座内侧形成，近球形，直径 320~360 μm；分生孢子为砖隔状，与子囊孢子近似，无色或者淡褐色，30~88 μm × 16~29 μm（Liu et al.，2013）。

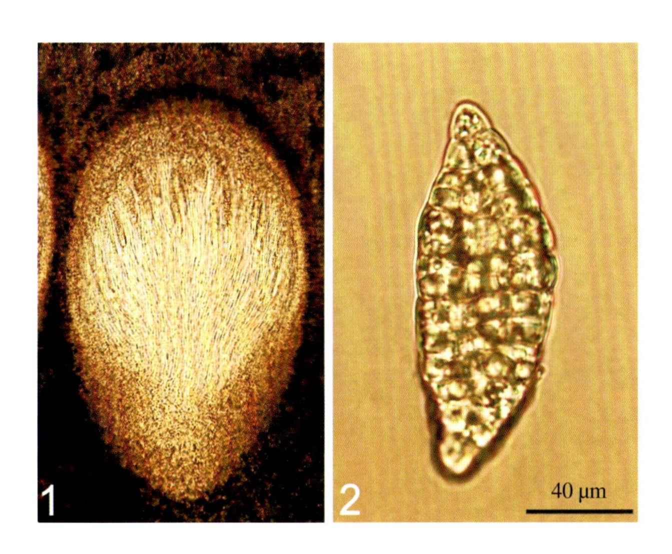

图 1　竹黄菌

1. 子实体纵切面；2. 子囊孢子

分布与危害

竹黄菌主要分布于中国南方地区，如浙江、江苏、安徽、广西、云南、四川和贵州等地，在日本也有其相关报道（Ali & Olivo，2002；贾小明 等，2006；Morakotkarn et al.，2007）。其寄主主要有业平竹属（*Semiarundinaria*），异名为短穗竹属、箭竹属、刚竹属、箣竹属、苦竹属等（赖广辉和傅乐意，2000；徐梅卿 等，2006；龙正海 等，2009）。寄生了竹黄菌的竹子小枝条常易折断，当竹黄菌大量发生或者年年发生时，竹叶发黄，竹子生长明显衰弱，严重时会导致成片的竹林衰败甚至死亡，因此竹黄是一种森林植物病害（李向敏 等，2009）。

症状

竹黄菌引起的竹赤团子病始发于春季，最初从小枝叶鞘膨大破裂处出现灰白色、米粒大小的子座，之后子座逐渐长大，颜色也渐变淡黄、粉红。入夏，开始先后产生无性子实体和有性子实体（图 2）；有时在同一子座上能同时找到分生孢子和子囊孢子。夏末秋初，子座开始龟裂萎缩，湿度大的时候常能挤出大量的孢子角或者流出液体并覆盖在子座表面，使子座形成鲜艳的橘红色，随后子座颜色逐渐变白，直至最后被虫子蛀蚀，干瘪发黑甚至脱落（李向敏 等，2009）。

图 2　竹黄菌子实体

发病规律

新鲜的竹黄菌寄生于上一年生的枝条上，当年新生的枝条不会生长（Liu et al., 2012），在中国东南地区，5 月下旬至 6 月上旬的这一段时间内，最适竹黄菌发育，但西南地区各地竹黄菌的发生时间有可能相对延后，云南在 7 月甚至 8 月都可在竹子上找到新鲜的竹黄子座（陈艺萌 等，2013）。竹黄菌的发生在不同生境中情况不同，阴暗潮湿、水沟旁或者低洼地段的竹林常有发生，在纯竹林内发生率高于混交林，竹林边缘又明显高于竹林内部（龙正海 等，2009）。病原菌的越冬场所为病枝，孢子主要借风雨传播。病害容易发生在竹株矮小密聚，湿度大，不透风的竹林内，以及在管理不善，处于半荒芜状态的、生势衰弱的中幼竹上也易发生。春、夏季高温多雨的气候条件有利于病害的发生和蔓延（李向敏 等，2009）。

防治措施

①不用病竹作为母竹进行栽植。

②栽植密度合理，保持竹林内通风透光。

③加强竹林抚育管理，增强或恢复竹林生长，增强竹枝抗病力。

④及时清除病原，剪除病枝或砍除病竹，集中烧毁病枝，以免病原菌传播危害。

价值

正所谓“甲之蜜糖，乙之砒霜”。虽然竹黄菌可引起竹子患赤团子病，却又是中国珍贵的药用真菌。《本草纲目》中记载：“竹黄，释名竹膏，气味甘、寒、无毒，主治小儿惊风发热。”作为传统中药，其性味淡温，具有通经活络、活血化瘀、化痰止咳、镇静的作用，在中国民间常用来治疗跌打损伤、虚寒胃痛、风湿性关节炎、小儿惊风、坐骨神经痛、急性肝炎和气管炎等（陈占利 等，2011）。

竹黄菌有很高的药用价值，不仅子实体可入药，其中提取出来的各个活性成分也备受现代医药研究的关注。关于竹黄菌活性产物的研究从 20 世纪 80 年代开始，首先陈远腾和万象义（1981）在其子实体中分离到竹红菌甲素（Hypocrellin A，HA）；方积年等人（1982）从竹黄子实体经分离后按常规发酵，再分离、纯化得到竹黄多糖 SB1 及 SB2 两个组分，初步药理试验表明竹黄多糖对小白鼠的四氯化碳急性肝损伤具保护作用；随后 Wu 等人（1989）和 Kishi 等人（1991）从竹黄菌子实体中分离到竹红菌乙素（Hypocrellin B，HB）和丙素（Hypocrellin C，HC）；沈云修等人（2002）首次分离到 hypomycin A，麦角甾醇，过氧化麦角甾醇和 1, 8- 二羟基蒽醌；之后 Chen 等人（2005）分离到 11, 11'- 二去氧沃替西林（11, 11'-dideoxyverticillin），并发现其可作为血管生成的抑制剂；Fang 等人（2006）分离到竹红菌丁素（Hypocrellin D，HD）（图 3），发现其具有抑制肿瘤细胞生长的活性；房立真和刘吉开（2010）在竹黄中首次分离到大环内酯类抗生素（Macrosphelides A）；Zhou 等人（2019）从竹黄子实体中分离到包含 β-D- 呋喃半乳糖的多糖，能激活巨噬细胞，显著提高巨噬细胞的吞噬能力，具有免疫调节活性。

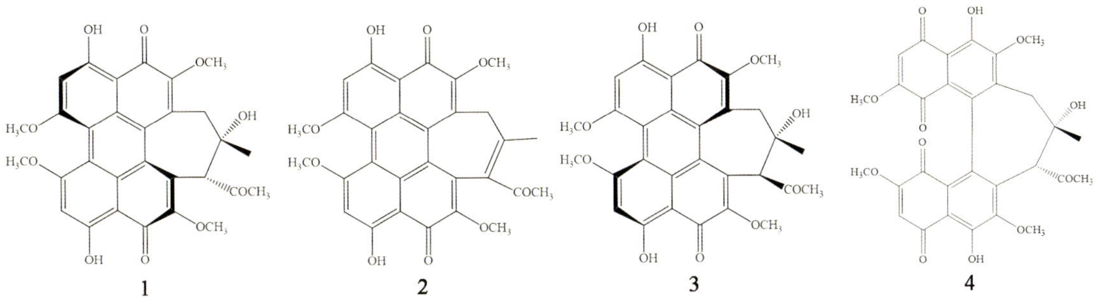

图 3　竹红菌素结构式

1. 竹红菌甲素；2. 竹红菌乙素；3. 竹红菌丙素；4. 竹红菌丁素

竹黄菌的药用价值主要表现在以下几个方面：

1. 抑菌、抗病毒、抗肿瘤细胞作用

竹红菌素作为竹黄菌的主要活性成分，属于光敏剂，在一定波长的光照下（510 nm 左右）可

以产生单线态氧和超氧阴离子和羟自由基，其中单线态氧在生物体中具有很强的细胞杀伤能力（梁晓辉 等，2008），所以其在光动力疗法（Photodynamic therapy，PDT）上的应用被寄予厚望。

Kishi 等人（1991）研究发现，竹黄中的竹红菌素能对枯草芽孢杆菌起到抗菌作用。万象义等人（1980）用纸片法进行了抑菌试验，结果证明了竹红菌甲素对革兰氏阳性菌有很好的活性，而对阴性菌则无作用，试验还表明，光敏反应必须有氧分子的参加，这就指出竹红菌甲素是一种光动力学物质。卢明锋等人（2012）成功研究出以光敏剂竹红菌素作为杀菌剂而配制成的光敏杀菌型洗涤剂，也表明竹红菌素有很好的抗菌作用。

竹红菌素还可以对 HIV-Ⅰ型病毒增殖产生抑制作用，并对多种肿瘤细胞（HeLa 细胞、小鼠红细胞、小鼠肝癌细胞、食管癌细胞、黑色素瘤细胞、胃癌细胞等）具有杀伤作用（傅乃武 等，1989；尚立群 等，2005；陈洁 等，2005；Zhang et al.，2016）。竹红菌素光敏靶位点为肿瘤细胞的膜脂和膜蛋白，使得膜质的过氧化作用增强膜蛋白巯基减少引发膜蛋白交联，从而破坏膜脂和膜蛋白的结构。竹红菌素的光敏反应还可以抑制蛋白酶 C 活力以及造成 Na^+ / K^+ ATP 酶基因发生点突变 DNA 分子损伤（包括 DNA 链的断裂、氢键的断裂以及碱基堆积力的破坏）、诱导肿瘤细胞凋亡等效果（梁晓辉 等，2008）。

近几年学者致力于研究将竹红菌素及其衍生物载入聚合物胶束或纳米颗粒中，用于治疗耐甲氧西林金黄色葡萄球菌感染（Guo et al.，2020）和癌症治疗等（Wang et al.，2020；Zheng et al.，2019；Zhang et al.，2020）。

2. 护肝及护心血管作用

万阜昌（1982）试验发现，竹黄水煎提取物能使离体蛙心收缩力减弱和心率变慢，同时对离体兔耳血管也有直接扩张作用，竹黄降低毛细血管通透性这一作用，可以使炎性渗出减少，有利于肿胀的缓解或消除，对小鼠乙酸刺激性疼痛有较好的镇痛作用。方积年等人（1982）通过初步药理试验表明，竹黄多糖对小白鼠的四氯化碳急性肝损伤具有保护作用。

3. 镇痛、抗炎和局麻作用

朱丽青等人（1990）对小鼠进行镇痛试验，观察到竹红菌素明显提高了小鼠热板痛阈值，而在抗炎试验中，也观察到 HB 能显著地减轻大鼠足趾肿胀程度，证明 HB 起到了有效的镇痛作用和很好的抗炎作用。熊大邃等人（1985）用竹黄水浸液、普鲁卡因液和任氏液分别浸泡蟾蜍坐骨神经标本，观察到 100% 竹黄浸液组的阈值最高，30 min 已增加近 10 倍，作用明显超过普鲁卡因组；又用家兔作试验材料，浸泡的竹黄水浸液、普鲁卡因液和氯化钠液，也观察到真菌竹黄的水溶性部分可增加坐骨神经干的刺激阈，故有局麻作用。

4. 利尿及毒副作用

竹黄菌中有较高含量的甘露醇，从药学的角度来看甘露醇具有良好的利尿作用，能有效减轻人体的各种组织水肿，降低青光眼的眼内压（陈艺萌 等，2013）。虽然竹黄菌有很高的药用价值，但有相关报道，服用竹黄酒可能会引起日光性皮炎（林学仪，1993；李丹，2012）。竹黄菌的毒副作用也可能因个人体质而异，建议饮用竹黄酒时应尽量避免日光直晒。

竹红菌素作为竹黄菌中的主要活性成分，在医药、农业及材料学领域中均已得到广泛的应用。在医药领域，主要作为外用药物，在临床上已经用于光动力治疗外阴白色病变和瘢痕疙瘩等皮肤病症（王文杰 等，1981；梁春缓 等，1984）。在农业中作为生防治剂杀菌灭虫，具有色价高、色泽鲜红、着色能力强等特点，以及易溶于酒精等有机溶剂的特性，有助于竹红菌素作为一种脂溶性食品添加剂应用于食品工业。此外，竹红菌素还有一定的抑菌功能，可被改造为天然防腐剂用于食品生产。

栽培

竹黄菌的生长跟环境因子有关。竹黄菌是一种中温型真菌，菌丝发育的最适温度为 22~25℃，空气相对湿度为 65%~75%，子座发育的最适温度为 25~28℃，湿度在 80%~90%（龙正海 等，2009）。竹黄菌在空气湿度低于 80% 的竹林中寄生率较低，子座生长更慢，个小质硬、品质较差。竹黄菌生长发育需要散射光，阳光直射的地方子实体发生较少。但菌丝体的生长对光照的要求不严。此外，采自中国东南地区的竹黄菌丝最适发育温度更接近 25℃，而采自中国西南地区的竹黄菌丝最适发育温度更接近 22℃，这种差异可能是由于各地区的不同海拔造成的（陈艺萌 等，2013）。

中国竹黄菌资源一直处于自然的生长状态，竹黄菌的发生条件严格、自然侵染率低。随着现代城镇化建设发展，竹黄菌的生境遭到严重破坏，再加上近年来市场对竹黄菌的需求量迅速增长，致使竹黄菌资源逐年减少。此外，通过培养菌丝体进行产孢诱导，在实验室几乎不能产生竹黄菌子囊孢子（刘永翔 等，2010）。林海萍（2002）在实验室内通过对不同培养基的筛选获得 3 个竹黄菌子实体，子座呈浅灰色，不含竹红菌素。而韩燕峰等人（2012）在实验室内通过人工培养竹黄的方法，只获得了类似竹黄子实体结构的实验结果，最终也未成功获得子实体。刘永翔团队经过多年的摸索，已经在野外意外实现了竹黄的小规模人工栽培，并申请专利，但是规模化栽培与推广仍有若干技术问题需要解决（陈艺萌 等，2013）。竹黄菌人工栽培技术的成功必将对其自然资源的保护和扩大利用范围发挥重要的作用。

发酵培养

竹黄菌作为中国珍贵的传统中药，临床上也有广泛的应用价值，所以越来越多的研究者想通过竹黄菌菌株发酵生产活性化合物来对其进行应用。

林海萍（2002）对竹黄菌进行了组织分离、单孢分离、多孢分离的分离纯化方法比较，结果表明组织分离的成功率最高，且菌丝生长量最大，为竹黄菌最佳分离纯化方法；同时发现竹黄菌菌丝在 PDA 培养基上的生长速度普遍比竹汁培养基上的大，但 PDA 培养基上气生菌丝较短，较稀疏，5 d 后菌落背面变为黑色，而竹汁培养基上的气生菌丝较长，较浓密，5 d 后菌落背面先变红后变黑，因此认为竹汁培养基较适合用于竹黄菌的分离与纯化。随后采用 4 种不同的固体培养料对竹黄菌菌株进行发酵培养，结果培养料以 B 为最好，其配方为竹笋 50%，棉籽壳 20%，米糠 20%，玉米粉 l%，蔗糖 1%，碳酸钙 2%，硫酸镁 0.5%，磷酸二氢钾 0.5%，在该培养料上菌丝平均生长速度为 0.2 cm/d，且首次获得人工培养子座。对竹黄菌菌株液体发酵培养基及条件进行了优化，结果显示竹黄菌丝生长最佳条件为：竹汁 20%，米粉 5%，米糠 4%，VB_1 0.05%，（KH_2PO_4+$MgSO_4$•$7H_2O$）0.2% + 0.1% 为培养基，起始 pH 值 5，300 mL 摇瓶装量 80 mL，10% 接种量，26℃恒温 120 r/min 振荡培养 7 d，菌丝干重最高可达 6 g/100 mL。

然而，很多研究者从竹黄子实体中分离得到的竹黄菌菌株，经过发酵培养发现其并不能产生竹红菌素等活性物质（楼志华 等，2006；Cai et al.，2008；Du et al.，2012；Tong et al.，2021）。楼志华等人（2006）通过液体发酵培养的竹黄菌菌株，首次从其发酵液中分离到了蒽醌类色素，但是液体培养条件、产物的结构以及产物的生理活性等方面都有待进一步深入细致的研究。Cai 等人（2008）也通过液体发酵培养竹黄菌菌株，分离到一种抗肿瘤、抗菌的蒽醌类化合物——1, 5-二羟基 -3- 甲氧基 -7- 甲基 -9, 10- 蒽醌；不同碳源对该化合物的产量有显著影响，只有在使用乳糖时才能获得高产量的该化合物；以 $NaNO_3$ 为氮源可促进该蒽醌的生成，而其他氮源则抑制其生成；当 pH 值高于 8 时，该蒽醌在细胞生长的固定阶段形成；然而产孢抑制了该蒽醌的产生。Du 等人（2012）从竹黄菌子实体中分离到一株高产漆酶的竹黄菌株 GZ11K2，研究发现无毒的硫酸铜和罗丹明 B 可以诱导其产生漆酶；在培养中分别在培养时间为 24 h 和 12 h 加入铜和罗丹明 B，其漆酶产量最高；与其他种相比，该菌株在 108 h 后的产漆酶活性为 16400 U/L，具有较好的工业应用潜力。侯成林教授团队也比较了竹黄菌子实体和竹黄菌菌株次级代谢产物的不同（Tong et al.，2021），发现竹黄菌菌株发酵培养不产竹红菌素等苝醌类化合物，其原因还有待进一步研究。

参考文献

陈艺萌，周德群，刘作易，等，2013. 竹黄的生物学特性及其药用价值的研究进展 [J]. 西南农业学报，26(5)：2162–2166.

陈远腾，万象义，1981. 竹黄 (*Shiraia bambusicola* P. Henn.) 主要光敏有效成分的初步探讨 [J]. 云南大学学报（自然科学版）(2)：104–107.

陈占利，殷志琦，张健，等，2011. 药用真菌竹黄的研究进展 [J]. 亚太传统医药，7(7)：160–163.

傅乃武，诸衍信，1989. 竹红菌甲素对肿瘤细胞光动力作用和体内代谢的研究 [J]. 癌症（英文版）(8)：450−451，478.

韩燕峰，杜文，梁建东，等，2012. 竹黄无性型菌的人工培养研究 [J]. 食品工业科技，33(14)：239–241，249.

贾小明，徐晓红，庄百川，等，2006. 药用竹黄菌的生物学研究进展 [J]. 微生物学通报，33(3)：147–150.

赖广辉，傅乐意，2000. 竹黄主要寄主植物的研究 [J]. 中国野生植物资源，19(1)：8–11.

李丹，2012. 能够引起日光性皮炎的中药：竹黄 [J]. 中国社区医师：医学专业，14(10)：310.

李向敏，高健，岳永德，等，2009. 竹黄的系统学、生物学及活性成分的研究 [J]. 林业科学研究，22(2)：279−284.

梁睿媛，梅国栋，肖子斌，1984. 竹红菌素光化疗法治疗瘢痕疙瘩：217 例临床疗效观察 [J]. 云南医药 (6)：354–356.

梁晓辉，蔡宇杰，廖祥儒，等，2008. 药用真菌竹黄的研究进展 [J]. 食品与生物技术学报，27(5)：21–26.

林海萍，2002. 竹黄菌 (*Shiraia bambusicola*) 生物学性状及其人工培养技术研究 [D]. 杭州：浙江大学 .

林学仪，1993. 服竹黄出现日光性皮炎样皮肤反应伴窦性心动过缓 1 例 [J]. 中国中药杂志，18(12)：755.

刘永翔，朱英，黄永会，等，2010. 竹生真菌及竹黄生物学研究进展 [J]. 贵州农业科学，38(12)：150–154.

龙正海，严小军，许建安，2009. 浙江省竹黄菌资源的调查 [J]. 中南林业科技大学学报，29(5)：166–170.

楼志华，陶冠军，蔡宇杰，等，2006. 竹黄菌发酵天然色素及其结构的初步研究 [J]. 天然产物研究与开发，18(3)：449−452.

卢明锋，张月杰，陈月芳，等，2012. 一种光敏杀菌型洗涤剂的研制 [J]. 安徽农业科学，40(4)：1942–1943.

沈云修，荣先国，高宗华，2002. 竹黄的化学成分研究 [J]. 中国中药杂志，27(9)：674–676.

万阜昌，1982. 真菌竹黄对心血管等作用的研究 [J]. 中药通报，7(5)：28.

万象义，陈远腾，1980. 一种新的光化学疗法药物：竹红菌甲素 [J]. 科学通报，25(24)：1148−1149.

王文杰，韩洪富，刘凡秀，等，1981. 激光治疗女阴白色病变 236 例（附配合应用红竹菌素 78 例）[摘要][J]. 四川激光 (A01)：79.

熊大邃，杨长友，苏惠民，1985. 竹黄局麻作用 [J]. 中药药理与临床 (3)：96−97.

徐梅卿，戴玉成，范少辉，等，2006. 中国竹类病害记述及其病原物分类地位（上）[J]. 林业科学研究，19(6)：692–699.

朱丽青，胡汉杰，1990. 竹黄的镇痛痛抗炎作用 [J]. 中草药，21(1)：22–23.

ALI S M, OLIVO M, 2014. Efficacy of *hypocrellin pharmacokinetics* in phototherapy[J]. International Journal of Oncology, 2(16)：1229–1237.

CAI Y, DING Y, TAO G, et al, 2008. Production of 1,5−dihydroxy−3−methoxy−7−methylanthracene−9,10−dione by submerged culture of *Shiraia bambusicola*[J]. Journal of Microbiology and Biotechnology, Journal of Microbiology and Biotechnology, 18(2)：322.

CHEN Y, ZHANG Y X, LI M H, et al, 2005. Antiangiogenic activity of 11,11'−dideoxyverticillin, a natural product isolated from the fungus *Shiraia bambusicola*[J]. Biochemical and Biophysical Research Communications, 329(4)：1334−1342.

DU W, SUN C, YU J, et al, 2012. Effect of Synergistic Inducement on the Production of Laccase by a Novel *Shiraia bambusicola* Strain GZ11K2[J]. Applied Biochemistry and Biotechnology, 168(8)：2376−2386.

FANG L Z, QING C, SHAO H J, et al, 2006. Hypocrellin D, a Cytotoxic Fungal Pigment from Fruiting Bodies of the Ascomycete *Shiraia bambusicola*[J]. The Journal of Antibiotics, 59(6)：351−354.

GUO L Y, YAN S Z, TAO X, et al, 2020. Evaluation of hypocrellin A−loaded lipase sensitive polymer micelles for intervening methicillin−resistant *Staphylococcus aureus* antibiotic−resistant bacterial infection[J]. Materials Science and Engineering: C, 106: 110230.

KISHI T, TAHARA S, TANIGUCHI N, et al, 1991. New Perylenequinones from *Shiraia bambusicola* [J]. Planta Medica, 57(4)：376−379.

LIU Y, LIU Z, WONGKAEW S, 2012. Developing characteristics and relationships of *Shiraia bambusicola* with Bamboo[J]. Songklanakarin Journal of Science and Technology, 34(1)：17–22.

LIU Y X, HYDE K D, ARIYAWANSA H A, et al, 2013. Shiraiaceae, new family of Pleosporales (Dothideomycetes, Ascomycota)[J]. Phytotaxa, 103(1)：51–60.

MORAKOTKARN D, KAWASAKI H, SEKI T, 2007. Molecular diversity of bamboo−associated fungi isolated from Japan[J]. FEMS Microbiology Letters, 266(1)：10−19.

TONG X, WANG Q T, SHEN X Y, et al, 2021. Phylogenetic Position of *Shiraia*−Like Endophytes on Bamboos and the Diverse Biosynthesis of Hypocrellin and Hypocrellin Derivatives[J]. Journal of Fungi, 7(7)：563.

WANG H, JIA Q, LIU W, et al, 2020. Hypocrellin Derivative-Loaded Calcium Phosphate Nanorods as

NIR Light-Triggered Phototheranostic Agents with Enhanced Tumor Accumulation for Cancer Therapy[J]. ChemMedChem, 15(2)：177–181.

WU H, LAO X F, WANG Q W, et al, 1989. The Shiraiachromes: Novel Fungal Perylenequinone Pigments from *Shiraia Bambusicola*[J]. Journal of Natural Products, 52(5)：948−951.

ZHANG S, QIU D, LIU J, et al, 2016. Active Components of Fungus *Shiraia bambusiscola* Can Specifically Induce BGC823 Gastric Cancer Cell Apoptosis[J]. Cell Journal, 18(2)：149–158.

ZHANG C, WU J, LIU W, et al, 2020. Hypocrellin−Based Multifunctional Phototheranostic Agent for NIR−Triggered Targeted Chemo/Photodynamic/Photothermal Synergistic Therapy against Glioblastoma[J]. ACS Applied Bio Materials, 3(6)：3817−3826.

ZHENG X, LIU W, GE J, et al, 2019. Biodegradable Natural Product−Based Nanoparticles for Near−Infrared Fluorescence Imaging−Guided Sonodynamic Therapy[J]. ACS Applied Materials & Interfaces, 11(20)：18178−18185.

ZHOU D, LI P, DONG Z, et al, 2019. Structure and immunoregulatory activity of β−D−galactofuranose−containing polysaccharides from the medicinal fungus *Shiraia bambusicola*[J]. International Journal of Biological Macromolecules, 129: 530−537.

重要食用菌

大球盖菇 *Stropharia rugosoannulata* Farl. ex Murrill

Stropharia rugosoannulata Farl. ex Murrill, Mycologia 14(3): 139 (1922)

= *Geophila rugosoannulata* (Farl. ex Murrill) Kühner & Romagn., Fl. Analyt. Champ. Supér. (Paris): 336 (1953)

= *Naematoloma rugosoannulatum* (Farl. ex Murrill) S. Ito, Mycol. Fl. Japan 2(5): 337 (1959)

= *Psilocybe rugosoannulata* (Farl. ex Murrill) Noordel., Persoonia 16(1): 129 (1995)

= *Stropharia ferrii* Bres., Stud. Trent., Classe II, Sci. Nat. Econ. 7(1): 4 (1926)

= *Naematoloma ferrei* (Bres.) Singer, Lilloa 22: 503 (1951)

= *Naematoloma ferrii* (Bres.) Singer, Lilloa 22: 503 (1951)

= *Stropharia rugosoannulata* f. *lutea* Hongo, J. Jap. Bot. 27: 371 (1952)

= *Naematoloma ferrei* f. *luteum* (Hongo) Hongo, J. Jap. Bot. 27: 372 (1952)

= *Naematoloma rugosoannulatum* f. *luteum* (Hongo) S. Ito, Mycol. Fl. Japan 2(5): 337 (1959)

= *Stropharia bulbosa* f. *lutea* (Hongo) Hongo, Mem. Fac. lib. Arts Educ. Shiga Univ., Nat. Sci. 9: 83 (1965)

= *Stropharia ferrii* var. *lutea* Hongo, J. Jap. Bot. 27: 371 (1952)

大球盖菇隶属于担子菌门（Basidiomycota）蘑菇纲（Agaricomycetes）蘑菇目（Agaricales）球盖菇科（Strophariaceae）球盖菇属（*Stropharia*）（赵政博和田恩静，2018）。1922 年，在美国首次发现并命名，后来日本、中国和欧洲各国也相继发现其分布。在 20 世纪 60 年代，德国开始试种，其后波兰、捷克斯洛伐克、匈牙利相继引种栽培。随后美国、西欧等也开始栽培，后引种至中国。

大球盖菇现行的学名为 *Stropharia rugosoannulata*，曾用的异名有 *Stropharia ferrii*、*Naematoloma ferrii*、*Naematoloma rugosoannulatum*。根据学名的拉丁文原意，本种的中文译名有皱环球盖菇、大球盖菇、酒红大球盖菇（黄年来，1995）。

形态学特征

大球盖菇，子实体单生、群生或丛生（图 1、图 2），菌盖直径 7~45 cm，初半球形，后平展，红褐色至葡萄酒红褐色或暗褐色，老后褐色至灰褐色，表面平滑，有纤维状或细纤维状鳞片，湿时稍有黏性，菌肉肥厚，白色，菌褶（与菌柄）直生，初近白色，后成暗紫灰色，稍宽，褶缘有不规则的缺刻。菌柄粗壮，9~15 cm × 1~4 cm，向基部渐粗，中实或空，表面平滑，有丝状光泽，初白色，后淡褐黄色。菌环厚，膜质，环上面有深沟纹，深裂成星形，裂片先端向上卷，菌环易脱落，在老熟的子实体上常消失。孢子印紫褐色，孢子 12~15 μm × 6.5~9 μm，椭圆形，顶端有明显的芽孔，壁厚。褶侧囊状体为典型的黄囊体，棍棒状，顶端小突起 24.0~53.0 μm × 6.5~3.5 μm，具褶缘囊状体，比褶侧囊状体稍小（黄年来，1995；萨仁图雅 等，2005）。

图 1 竹林中栽培大球盖菇子实体（蔡春菊提供）

图 2 大球盖菇子实体

生长规律

野生大球盖菇主要分布于欧洲、南美洲、北美洲及亚洲的温带地区，通常在春季和秋季出现于草丛、林缘、园地、垃圾场、木屑堆或牛马粪堆（黄年来，1995）。中国野生大球盖菇资源主要分布于云南、四川、西藏、甘肃、吉林、陕西等地（戴玉成，等 2013）。大球盖菇为草腐菌，属中低温菇，原基形成的温度条件为 10~20℃；子实体生长最适温度为 16~21℃（黄年来，1995）。在不同温度条件下，子实体性状有明显差异，低温（日均气温 15.7℃）时子实体粗壮肥厚，单菇质量较大，品质好，不易开伞；温度较高（日均气温23.6℃）时则相反（刘传森，2022）。水分是大球盖菇孢子萌发、菌丝和子实体生长的关键因素之一。长期干旱或严重干旱时，大球盖菇孢子脱水休眠，待环境足够湿润时孢子吸水萌发（Stamets & Chilton，1983）。不同基质栽培的子实体含水量89.00%~94.95%，无明显差异。空气相对湿度为85%~95%时，子实体表面湿润，菌盖圆整不开裂（杨琦智 等，2021）。大球盖菇为好氧型真菌，通风不良易导致畸形菇的出现（昌仲一，2018）。在菌丝生长阶段对氧气要求不高，环境CO_2浓度小于2%即可，但在原基形成和子实体发育阶段则需要充足的氧气，要求CO_2浓度低于0.15%（骆庆 等，2022）。

价值

1. 大球盖菇的活性成分

据Brodzinska和Lasota（1981）以及Maruszewska（1979）报道，大球盖菇干品中含灰分11.40%，碳水化合物32.73%，蛋白质为25.81%，脂类为2.60%。无机元素中磷含量最多，100 g干品中含1204.65 mg，之后依次为钙98.34 mg，铁32.5 mg，锰10.45 mg，铜8.63 mg，砷5.42 mg，钴0.38 mg，还含有丰富的葡萄糖、半乳糖、甘露糖、核糖和乳糖。总氮中72.45%为蛋白氮，27.55%为非蛋白氮。蛋白质中42.80%为清蛋白和球蛋白。其清蛋白含所有的必需氨基酸，而球蛋白不含精氨酸。亮氨酸、缬氨酸、苯丙氨酸和赖氨酸含量相对较少，而组氨酸和色氨酸含量较高。除此之外，还含有多种维生素，如100 g干品中含烟酸51.38 mg，核黄素3.88 mg，硫胺素0.51 mg，维生素B_6 0.42 mg，维生素B_{12} 0.41 mg（Lasota & Florczak，1983）。Lasota和Stefanczyk（1980）报道，大球盖菇含胆碱、甜菜碱、组胺、鸟嘌呤、胍和乙醇胺等多种生物胺，其中组胺、乙醇胺和胆碱含量较高。

Kostadinov和Stefanov（1978）报道，大球盖菇子实体形成过程中，蛋白质、纤维素和微量元素含量随子实体成熟而下降，而碳水化合物含量增加（占干重的35.3%~49.3%），氨基酸含量减少，脂类物质含量低（占干重的1.1%~1.4%），且子实体成熟过程中变化也小。Vetter和Rimoczi（1978）报道，大球盖菇菌盖和菌柄中粗蛋白和可溶性蛋白含量高，且孢子弹射前含量最高；粗纤维含量与其他食用菌的无明显差异。

食药用菌的多种成分均具有较强的抗氧化活性，包括多糖、多酚、萜类、黄酮和蛋白等。大球盖菇的抗氧化物质集中在多糖类物质。杜敏华等人（2013）研究发现，大球盖菇粗多糖对羟基自由基和超氧阴离子有很好的清除能力。王峰等人（2009）研究发现大球盖菇多糖通过降低自由基对细胞膜造成的氧化损伤和缓解H_2O_2诱导的小鼠红细胞溶血的发生来发挥抗氧化作用；大球盖菇多糖能提高CCl_4和D-半乳糖损伤小鼠的抗氧化能力。Liu等人（2020）从大球盖菇子实体中分离纯化出两种多糖组分SRP-1和SRP-2，体外实验显示SRP-2具有更强的抗氧化能力。Song等人（2009）研究发现，大球盖菇菌丝体具有很好的抗氧化作用。张亚茹等人（2021）研究表明，镉胁迫对大球盖菇的菌丝生长具有抑制作用，镉胁迫浓度的增加，促进了丙二醛含量的升高，同时也促进了非酶类抗氧化剂抗坏血酸含量、还原型谷胱甘肽含量的增加。

2. 大球盖菇的保健功能

在药用价值方面，也多集中在大球盖菇的研究上。Ji 等人（2017）报道大球盖菇中含有多糖、黄酮、甾醇、酚类、凝集素、牛磺酸、皂苷等物质，能够起到抗氧化、抗肿瘤、抗疲劳、保肝、降血糖、保护胃肠等保健功效。过氧化物酶、超氧化物歧化酶是机体清除 H_2O_2、超氧离子等活性氧的氧化还原酶，对生物抗氧化、防辐射、抗衰老等方面都有重要作用，而大球盖菇自身不仅含有丰富的氧化还原酶，其提取物还能提高氧化还原酶的活性；其菌丝体抗氧化酶丰富，过氧化物同工酶有 4 种。大球盖菇中提取的大球盖菇多糖具有较高的氧化还原能力。有研究者综合红外光谱分析、单糖分析与核磁共振分析，得出大球盖菇多糖是由 5 种单糖组成的杂多糖，以吡喃糖为主，含有 D- 果糖、D- 葡萄糖和 D- 木糖（陈君琛 等，2011；翁敏劼，2010）。大球盖菇多糖在体外能有效地清除自由基，对细胞膜有较好的保护作用以及一定的抑菌作用；体内能提高血液和组织抗氧化酶和非酶体系的抗氧化能力，抑制脂质过氧化物的形成，有很好的抗氧化作用（王峰，2009）。翁敏劼 等人（2010）报道大球盖菇多糖浓度达到 0.4 mg/mL 时，能清除 50% 的超氧阴离子，其清除作用相当于 0.1 mg/mL 的茶多酚。大球盖菇多糖可抑制小鼠肝线粒体肿胀、小鼠红细胞氧化溶血和肝匀浆产生的脂质过氧化作用，改善肝总超氧化物歧化酶（Superoxide dismutase，SOD）、Mn-SOD 及 CuZn-SOD 活性，提高肝和肾全血谷肤甘肽过氧化物酶（Glutathione peroxidsade，GSH-Px）活性，降低心丙二醛（Malondialdehyde，MDA）含量，对 D- 半乳糖致衰老小鼠的血液、血清和肝的抗氧化指标均有较好的改善，同时还能提高心脏线粒体抗氧化能力（陶明煊 等，2007；Song et al.，2009）。大球盖菇还具有良好的富集有机硒的能力，是良好的富硒食用菌（余海立 等，2018）。苗元振（2009）进行动物实验，测定了大球盖菇多糖和富硒多糖对小鼠 GSH-Px 活性、SOD 活性和 MDA 含量的影响，结果表明大球盖菇多糖和富硒多糖能对抗自由基对生物膜的损害，维护细胞正常的生理机能，而大球盖菇硒多糖较多糖抗氧化能力更强（苗元振，2009；苗元振 等，2009）。大球盖菇含有的黄酮类化合物也具有一定的抗氧化作用和抑菌作用。段永刚（2010）通过试验得出大球盖菇黄酮类化合物在邻二氮菲 - Fe^{2+} - H_2O_2 体系中的最高清除率为 24.38%，最佳清除浓度为 0.01 mg/mL；在邻苯三酚体系中最高抑制率为 26.85%，最佳抑制浓度为 0.03 mg/mL；在卵黄脂蛋白不饱和脂肪酸（PUFA）体系中最高抑制率为 21.67%，最佳抑制浓度为 0.04 mg/mL，具有很强的抗氧化效果；利用大球盖菇黄酮类化合物对大肠杆菌、青霉菌和啤酒酵母进行抑菌性测定，发现大球盖菇黄酮类化合物溶液对大肠杆菌有极其显著的抑制作用，对青霉菌也有一定的抑制作用（段永刚，2010）。陈君琛等也证实大球盖菇黄酮类化合物的清除自由基能力（Heleno et al.，2015）。黄珊（2010）报道从大球盖菇中提取的大球盖菇酚对羟基自由基的清除效果显著，对超氧阴离子自由基具有一定的清除能力，同时球盖菇酚具有一定的抗油脂氧化活性。

栽培

1. 培养物生长情况

菌丝在生长过程中可产生能够分解纤维素的微晶纤维素酶、*β*- 葡萄苷酶和羧甲基纤维素酶，以及能分解木质素的锰过氧化物酶、木质素过氧化物酶和漆酶，所以纤维素、半纤维素、木质素等均可作为主要碳源被其利用（孙萌，2013）。菌丝生长过程中对氮源的选择差异不显著，但是对氮源浓度极敏感（黄春燕 等，2012）。在无氮源的情况下，大球盖菇菌丝能快速生长，但长势极微弱；低浓度氮可促进菌丝分枝，长势强；高浓度氮则显著抑制菌丝生长（黄春燕 等，2012）。温度是影响其孢子萌发、菌丝生长、原基分化的关键条件之一（Stamets & Chilton，1983；鲍蕊 等，2016）。大球盖菇孢子首先需经历较长时间的冷处理（5℃，30 d），随后在温度大于 24℃的条件下才能萌发，萌发的适宜温度为 28℃（鲍蕊 等，2016）。菌丝在 5~30℃范围内可生长，最适温度为 25~30℃；温度为 5~10℃时菌丝生长缓慢，低于 5℃时菌丝停止生长但不会死亡；温度为 35℃时菌丝停止生长甚至死亡（闫培生 等，2001）。但也有研究发现，个别菌株在 35℃时还能萌发新菌丝，该条件下培养 20 d 菌丝仍有活性（陈绪涛 等，2021）。大球盖菇菌丝在含水量为 65%~80% 的基质中才能正常生长，其中最适含水量为 75%（闫培生 等，2001）。基质的通气性越好，菌丝生长越快，长势越好；基质的 pH 值可能通过影响大球盖菇胞外酶的活性而影响营养物质的获得，从而进一步影响菌丝生长（孙萌，2013）。大球盖菇菌丝在 pH 值为 4~10 均可生长，最适 pH 值为 5~6（陈绪涛 等，2021）。大球盖菇在菌丝生长阶段不需要光照，但在原基分化和子实体生长发育阶段需要散射光刺激，适宜光照强度为 100~500 lx（黄年来，1995）。

2. 大球盖菇的人工栽培

自然状态下大球盖菇从春季至秋季生于林中、林缘的草地上或路旁、园地、木屑堆上。营养要求以纤维素和木质素为主，稻草、木屑、竹屑均可作为培养料。子实体发生要求环境相对湿度在 85% 以上（以 95% 左右为宜）；最适温度为 12~25℃。在光照方面，郁闭度 0.70~0.75 的竹林下产量最高；菌丝生长可完全不要光线，但散射光对子实体的形成有促进作用。大球盖菇在 pH 值为 4.5~9 时均能生长，以 pH 值为 5~7 的微酸性环境较适宜。覆土可促进子实体形成，覆土以砂壤土为好。栽培基质使用 100% 新鲜竹屑，沤制 3~4 周或 92%~96% 新鲜竹屑加 4%~8% 麦麸，浇透水，覆盖薄膜，沤制 2 周。应选择交通方便、水源充足、地势平坦、阴凉潮湿、土壤疏松、腐殖质含量高、郁闭度 0.80~0.85 的竹林，且近 3 年内未栽培大球盖菇的地块。毛竹林立竹密度宜为 160~180 株 / 亩；雷竹林密度为 900~1000 株 / 亩；麻竹林丛密度为 42~50 丛 / 亩；绿竹林密度为 50~60 丛 / 亩。一般 1 亩竹林可种植 200 m^2 左右。根据当地气温、湿度，选择耐受性适合的菌种。播种后正常天气下要保持表层覆盖土湿润，一般 3~5 d 喷水 1 次，以表层覆盖土湿润即可，以免浇水过多影响培养料的温度。秋季 8 月底至 9 月初至次年 2 月中旬播种，播种到出菇需要 40~45 d。发菇最适合地温为 10~20℃。从 10 月中下旬至翌年的 5 月底均可出菇，而其出菇最适宜的季节在 10 月下旬至 12 月上旬和 3—4 月。采收标准为菌褶尚未破裂或刚破裂，菌盖呈钟形时为采收适合期。采用拔的方式采收，没有伤口，鲜菇在 0~2℃温度下可保鲜 1~14 d。烘干前把菇切开，一分为二，先在 70℃左右高温烘 1 h，然后在 40~50℃左右低温烘干 4 h 左右。秋季菇栽培利用夏季高海拔地区温度低或大密度的竹林环境，在 7 月下旬至 8 月初，采用无纺布容器培养菌丝 20~25 d。8 月下旬，挖沟脱袋栽培（沟深 12~15 cm，每 3 袋 /m，每亩 1500 袋）。出菇时间为 9 月底。产量可达每袋无纺布产鲜菇 1.1 kg，每亩产量 1650 kg。利用林下种植优势，发展秋季菇产业，提高秋季大球盖菇的市场供应量，提高种植效益。竹林大面积种植的平均产量（鲜菇）1500 kg/ 亩，产值为 30000 元 / 亩（按鲜菇批发价格 20 元 /kg 计算）；种植成本为 8600 元 / 亩，包括菌种 1400 元 / 亩，基质材料等 1200 元 / 亩，灌溉设施 1500 元 / 亩，劳动力投入 4500 元 / 亩（30 工 / 亩，150 元 / 工）；净收入为 21400 元 / 亩（以最小种植单元 3~5 亩统计）（郑德平，2022）。

参考文献

鲍蕊，杜双田，张晶，等，2016. 温度对大球盖菇生长发育的影响 [J]. 西北农林科技大学学报（自然科学版）44(10)：193–198.

昌仲一，2018. 油菜下脚料不同配比对大球盖菇生长发育及品质的影响 [D]. 合肥：安徽农业大学 .

陈君琛，翁敏劼，赖谱富，等，2011. 大球盖菇多糖的分子质量分布及其单糖的组成 [J]. 中国农业科学，44(10)：2109−2117.

陈绪涛，熊泽亚，章炉军，等，2021. 我国主栽皱环球盖菇菌株遗传多样性及栽培特性 [J]. 菌物学报，40(12)：3081–3095.

戴玉成，图力古尔，崔宝凯，2013. 中国药用真菌图志 [M]. 哈尔滨：东北林业大学出版社 .

杜敏华，王小立，苏海飞，等，2013. 大球盖菇多糖超声波提取及抗氧化活性 [J]. 食品研究与开发，34(16)：18−22.

段永刚，2010. 大球盖菇营养品质分析，黄酮类化合物提取及应用研究 [D]. 福州：福建农林大学 .

黄春燕，万鲁长，张柏松，等，2012. 大球盖菇菌丝生长适宜氮源研究 [J]. 中国食用菌，31(6)：18–19，23.

黄年来，1995. 大球盖菇的分类地位和特征特性 [J]. 食用菌 (6)：11.

黄珊，2010. 大球盖菇酚类物质的提取及其抗氧化性研究 [D]. 福州：福建农林大学 .

刘传森，2022. 气候与基质对露天栽培赤松茸出菇的影响 [J]. 中国食用菌，41(7)：30–34.

骆庆，郭涛，孙召新，等，2023. 大球盖菇的生物学基础，活性成分及其应用 [J]. 微生物学通报，50(6)：2709−2720.

苗元振，2009. 大球盖菇硒多糖分离纯化及其抗氧化活性分析 [D]. 泰安：山东农业大学 .

苗元振，马继波，贾乐，等，2009. 大球盖菇硒多糖体内抗氧化能力检测 [J]. 生物技术通报 (S1)：181−183.

萨仁图雅，图力古尔，2005. 大球盖菇研究进展 [J]. 食用菌学报，12(4)：57–64.

孙萌，2013. 大球盖菇菌丝培养及胞外酶活性变化规律研究 [D]. 延吉：延边大学 .

陶明煊，王峰，王晓炜，等，2007. 大球盖菇多糖对小鼠心脏抗氧化作用研究 [J]. 食品科学，9: 529–532.

王峰，王晓炜，陶明煊，等，2009. 大球盖菇多糖清除自由基活性和对 D− 半乳糖氧化损伤小鼠的抗氧化作用 [J]. 食品科学，30(5)：233−238.

翁敏劼，2010. 大球盖菇多糖的提取、结构及生物活性研究 [D]. 福州：福建农林大学 .

翁敏劼，甘纯玑，周学划，等，2010. 大球盖菇多糖生物活性的研究 [C]. 第九届全国食用菌学术研讨会摘要集 .

闫培生，李桂舫，蒋家慧，等，2001. 大球盖菇菌丝生长的营养需求及环境条件 [J]. 食用菌学报，8(1)：5–9.

杨琦智，赵青青，陈青君，等，2021. 日光温室不同配方和工艺栽培大球盖菇的农艺性状分析 [J]. 中国农学通报，37(14)：59–65.

余海立，汪瑾雨，毛成凤，等，2018. 正交试验优化大球盖菇富硒发酵工艺 [J]. 食品工业 39(2)：103–107.

张亚茹，赵妍，宋盼盼，等，2021. 镉胁迫对大球盖菇菌丝生长及抗氧化系统的影响 [J]. 分子植物育种，19(7)：2372−2380.

赵政博，田恩静，2018. 球盖菇属真菌研究进展 [J]. 菌物研究，16(3)：164–169.

郑德平，2022. 竹林林下食用菌仿野生栽培模式探索 [J]. 绿色科技，24(3)：110–114.

BRODZINSKA Z, LASOTA W, 1981. Chemical composition of cultivated mushrooms Part I: *Stropharia rugosoannulata* Farlow ex. Murr[J]. Bromatologia I Chemia Toksykologiczna, 14(3−4)：229−238.

JI X, PENG Q, YUAN Y, et al, 2017. Isolation, structures and bioactivities of the polysaccharides from jujube fruit (Ziziphus jujuba Mill.)：A review[J]. Food Chemistry, 227: 349−357.

KOSTADINOV I, STEFANOV S. 1978. Studies on the chemical composition of cultivated *Stropharia rugosoannulata*[J]. Karstenia, 18: 100−101.

LASOTA W, FLORCZAK J, 1981. Determination of vitamin B12 in dried mushrooms[J]. Bromatologia I Chemia Toksykologiczna, 16(3)：271−273.

LASOTA W, STEFANCZYK M, 1980. Determination of biogenic amines in *Pleurotus ostreatus* Fr ex Jacquin and *Stropharia rugosoannulata*[J]. Bromatologia I Chemia Toksykologiczna, 13(3)：327−329.

LIU Y, HU C F, FENG X, et al, 2020. Isolation, characterization and antioxidant of polysaccharides from *Stropharia rugosoannulata*[J]. International Journal of Biological Macromolecules, 155: 883−889.

MARUSZEWSKA M G H, 1979. Content of arsenic, copper and manganese in some species of mushrooms[J]. Bromatologia I Chemia Toksykologiczna, 12(1)：91−95.

SONG Z, JIA L, XU F, et al, 2009. Characteristics of Se−Enriched Mycelia by *Stropharia rugoso-annulata* and its Antioxidant Activities in vivo[J]. Biological Trace Element Research, 131(1)：81−89.

STAMETS P, CHILTON J, 1983. The Mushroom Cultivator: A Practical Guide to Growing Mushrooms at Home[M]. Washington: Agarikon Press.

VETTER J, RIMÓCZI I, 1978. the trend of the protein fractions and the fibre content during the development of fruitbodies of *Stropharia rugosoannulata* Farlow ex Murr [J]. Acta Botanica Academiae Scientiarum Hungaricae, 24(1−2)：205−218.

附　录

竹生真菌名录

中文	学名	寄主	国家（地区）	参考文献
	Acanthostigma bambusicola Teng & S. H. Ou	Bamboo	China	Xu et al. (2006)
	Acanthostigma bambusicola var. *major* Teng & S. H. Ou	Bamboo	China	Xu et al. (2006)
	Aciculosporium take I. Miyake	Bamboo	Japan	Hino et al. (1961)
	Acremonium moriforme W. Gams	*Phyllostachys* sp.	China	Jiang et al. (2022)
	Acremonium murorum (Corda) W. Gams	*Phyllostachys* sp.	China	Jiang et al. (2022)
	Acremonium persicinum (Nicot) W. Gams	*Phyllostachys edulis*, *Phyllostachys makinoi*	China	Jiang et al. (2022)
	Acrodictys bambusicola M. B. Ellis	Bamboo	China	Jiang et al. (2022)
	Acrodictys irregularis R. F. Castañeda, Gusmão & Guarro	Bamboo	China	Jiang et al. (2022)
	Acrodictys porosiseptata G. Z. Zhao	*Bambusa* sp.	China	Jiang et al. (2022)
	Acrospermoides protracta I. Hino & Katum.	*Pleioblastus simoni*	Japan	Hino et al. (1961)
万寿竹锈孢锈	*Aecidium dispori* Dietel	*Disporum cantonien*	China	Zhang & Wang (1999)
簕竹青皮炱	*Aithaloderma bambusinum* Petr.	*Bambusa* sp.	China	Xu et al. (2006)
	Aithaloderma phyllostachydis Hara	*Pleioblastus simoni*	Japan	Hino et al. (1961)
	Aleurodiscus tenuissimus L. D. Dai	Bamboo	China	Dai et al. (2017)
	Aleurodiscus tropicus L. D. Dai & S. H. He	Bamboo	China	Dai et al. (2017)
链格孢	*Alternaria alternata* (Fr.) Keissl.	*Phyllostachys edulis*	China	Xu et al. (2006)
	Amphibambusa bambusicola D. Q. Dai & K. D. Hyde	Bamboo	Thailand	Liu et al. (2015)
梭孢圆孔壳	*Amphisphaeria fusispora* (Syd. & P. Syd.) Teng	*Phyllostachys sulph*	China	Xu et al. (2006)
	Amphisphaeria hiugensis I. Hino & Katum.	*Phyllostachys bamb*	Japan	Hino et al. (1961)
	Amphisphaeria phyllostachydis Hara	*Phyllostachys bamb*	Japan	Hino et al. (1961)
	Amphisphaeria schizostachyi Rehm	Bamboo	China	Xu et al. (2006)
星形圆孔壳	*Amphisphaeria stellata* Pat.	Bamboo	China	Xu et al. (2006)
	Amylirosa haraeana I. Hino & Katum.	*Phyllostachys bamb*	Japan	Hino et al. (1961)
凤梨小花口壳	*Anthostomella bromeliaceae* Rehm	*Sinobambusa tootsik*	China	Zhou et al. (2002)
文莱小花口壳	*Anthostomella bruneiensis* K. D. Hyde	*Bambusa tuldoides*	China	Zhou et al. (2002)
南非小花口壳	*Anthostomella caffrariae* B. S. Lu & K. D. Hyde	*Bambusa chungii*	China	Zhou et al. (2002)
致病小花口壳	*Anthostomella contaminans* (Durieu & Mont.) Sacc.	*Arundinaria hindsii*	China	Zhou et al. (2002)
被毛小花口壳	*Anthostomella flagellariae* (Rehm) B.S. Lu & K. D. Hyde	*Arundinaria hindsii*	China	Zhou et al. (2002)
异型孢小花口壳	*Anthostomella irregularispora* K. D. Hyde	*Phyllostachys nidula*	China	Zhou et al. (2002)
长孢小花口壳	*Anthostomella longa* B. S. Lu, Dalisay & K. D. Hyde	*Arundinaria hindsii*	China	Zhou et al. (2002)
奇异小花口壳	*Anthostomella mirabilis* Speg.	Bamboo	China	Xu et al. (2006)

续表

中文	学名	寄主	国家（地区）	参考文献
亮小花口壳	*Anthostomella nitidissima* Sacc.	Bamboo	China	Xu et al. (2006)
深埋小花口壳	*Anthostomella profunda* Sacc.	Bamboo	China	Xu et al. (2006)
	Anthostomella pseudobambusicola D. Q. Dai & K. D. Hyde	Bamboo	Thailand	Dai et al. (2017)
棕竹小花口壳	*Anthostomella raphiae* B. S. Lu & K. D. Hyde	*Phyllostachys hetero*	China	Zhou et al. (2002)
瑞氏小花口壳	*Anthostomella rehmii* (Thüm.) Rehm	Bamboo	China	Zhou et al. (2002)
	Anthostomella sasae Hara	Bamboo	Japan	Hino et al. (1961)
竹生小花口壳	*Anthostomella sepelibilis* (Berk. & M. A. Curtis) Sacc.	*Bambusa* sp.	China	Zhou et al. (2002)
白井小花口壳	*Anthostomella shiraiana* Hara	Bamboo	China	Xu et al. (2006)
条纹小花口壳	*Anthostomella striola* Sacc.	Bamboo	China	Xu et al. (2006)
单列孢小花口壳	*Anthostomella uniseriata* J. Fröhl. & K.D. Hyde	*Bambusa vulgaris*	China	Zhou et al. (2002)
扫帚菌	*Aphelaria dendroides* (Jungh.) Corner	Bamboo	China	Xu et al. (2006)
蒙塔涅梨假壳	*Apiosoira montagnei* Sacc.	Bamboo	China	Xu et al. (2006)
	Apiospora muroiana I. Hino & Katum.	*Phyllostachys bamb*	Japan	Hino et al. (1961)
	Apiospora shiraiana (P. Syd.) Hara	*Phyllostachys bamb*	Japan	Hino et al. (1961)
	Arthrinium hyphopodii D. Q. Dai & K. D. Hyde	Bamboo	Thailand	Senanayake et al. (2015)
	Arthrinium longistromum D. Q. Dai & K. D. Hyde	Bamboo	Thailand	Dai et al. (2017)
暗色节菱孢	*Arthrinium phaeospermum* (Corda) M. B. Ellis	*Phyllostachys hetero*	China	Xu et al. (2006)
	Arthrinium rasikravindrae Shiv M. Singh, L. S. Yadav, P. N. Singh, Rah. Sharma & S. K. Singh	Bamboo	Thailand	Dai et al. (2017)
	Arthrinium subglobosum D. Q. Dai & K. D. Hyde	Bamboo	Thailand	Senanayake et al. (2015)
	Arthrinium thailandicum D. Q. Dai & K. D. Hyde	Bamboo	Thailand	Dai et al. (2017)
	Arthrinium yunnanum D. Q. Dai & K. D. Hyde	Bamboo	Thailand	Dai et al. (2017)
里克笔束霉	*Arthrobotryum rickii* Syd. & P. Syd.	Bamboo	China	Xu et al. (2006)
	Ascochyta arundinariae Tassi	Bamboo	Japan	Hino et al. (1961)
淡竹壳二孢	*Ascochyta lophanthi* Davis	*Phyllostachys glauc*	China	Xu et al. (2006)
	Ascochyta sasae Hara	Bamboo	Japan	Hino et al. (1961)
箣竹生拟胶盘菌	*Ascotremellopsis bambusicola* Teng & S. H. Ou ex S. H. Ou	Bamboo	China	Xu et al. (2006)
藤黄生星盾炱	*Asterina garciniicola* Ouyang & B. Song	*Garcinia multiflora*	China	Hosagoudar et al. (2000)
	Asterina microscopica Lev.	*Chusquea* sp.		Léveillé(1846)
桂竹小星盾炱	*Asterinella hingensis* I. Hino & Hidaka	*Phyllostachys bamb*	China	Xu et al. (2006)
	Astrocystis mirabilis Berk. & Broom	Bamboo	Thailand	Dai et al. (2017)
	Astrosphaeriella africana D. Hawksw.	Bamboo	Thailand	Liu et al. (2011)
	Astrosphaeriella bakeriana (Sacc.) K. D. Hyde & J. Fröhl.	Bamboo	China	Zhou et al. (2003)
	Astrosphaeriella bambusae Phook. & K. D. Hyde	Bamboo	Thailand	Phookamsak et al. (2015)
	Astrosphaeriella exorrhiza Boise	*Thysanolaena maxi*	Thailand	Phookamsak et al. (2015)

续表

中文	学名	寄主	国家（地区）	参考文献
	Astrosphaeriella fissuristoma J. Fröhl., K. D. Hyde & Aptroot	Bamboo	Hong Kong	Zhou et al. (2003)
	Astrosphaeriella fuscomaculans W. Yamam.	*Phyllostachys nigra*	Japan	Hino et al. (1961)
	Astrosphaeriella fusispora Syd. & P. Syd.	*Phyllostachis bambu*	Thailand	Phookamsak et al. (2015)
	Astrosphaeriella maculans (Rehm) Aptroot, K. D. Hyde & Joanne E. Taylor	Bamboo	Hong Kong	Zhou et al. (2003)
	Astrosphaeriella neofusispora Phook. & K. D. Hyde	Bamboo	Thailand	Phookamsak et al. (2015)
	Astrosphaeriella neostellata D. Q. Dai, Phook. & K. D. Hyde	Bamboo	Thailand	Phookamsak et al. (2015)
	Astrosphaeriella splendida K. D. Hyde & J. Fröhl. K. D. Hy	Bamboo	Hong Kong	Zhou et al. (2003)
星形孔圆壳	*Astrosphaeriella stellata* (Pat.) Sacc	Bamboo	Hong Kong	Zhou et al. (2003)
	Astrosphaeriella thailandica Phook	Bamboo	Thailand	Phookamsak et al. (2015)
	Astrosphaeriella thysanolaenae Phook. & K. D. Hyde	*Thysanolaena maxi*	Thailand	Phookamsak et al. (2015)
	Astrosphaeriella tornata (Cooke) D. Hawksw. & Boise	Bamboo	Thailand	Phookamsak et al. (2015)
	Astrotheca nigrocornis I. Hino & Katum.	*Phyllostachys bamb*	Japan	Hino et al. (1961)
	Aulographum globosum I. Hino & Katum.	*Pleioblastus simoni*	Japan	Hino et al. (1961)
须芒草瘤座菌	*Balansia andropogonis* Syd., P. Syd. & E. J. Butler	*Microstegium ciliatu*	China	Xu et al. (2006)
竹瘤座菌	*Balansia take* Hara	*Phyllostachys sulph*	China	Xu et al. (2006)
孝竹刺炱	*Balladyna lelebae* W. Yamam.	*Bambusa multiplex*	China	Xu et al. (2006)
	Bambusaria bambusae (J. N. Kapoor & H. S. Gill) Jaklitsch, D. Q. Dai, K. D. Hyde & Voglmayr	*Thyrsostachys siame*	Thailand	Jaklitsch et al. (2015)
	Bambusicola bambusae D. Q. Dai & K. D. Hyde	Bamboo	Thailand	Dai et al. (2012)
	Bambusicola didymospora Phook., D. Q. Dai & K. D. Hyde	Bamboo	Thailand	Dai et al. (2017)
	Bambusicola dimorpha Thambug., Senan. & K. D. Hyde	Bamboo	China	Yang et al. (2019)
	Bambusicola guttulate X. D. Yu, S. N. Zhang & Jian K. Liu	Bamboo	China	Jiang et al. (2022)
	Bambusicola irregularispora D. Q. Dai & K. D. Hyde	Bamboo	Thailand	Dai et al. (2012)
	Bambusicola loculata D. Q. Dai & K. D. Hyde	Bamboo	Thailand	Dai et al. (2012)
	Bambusicola massarinia D. Q. Dai & K. D. Hyde	Bamboo	Thailand	Dai et al. (2012)
	Bambusicola pustulata D. Q. Dai & K. D. Hyde	Bamboo	Thailand	Dai et al. (2017)
	Bambusicola sichuanensis C. L. Yang & Y. G. Liu	*Phyllostachys hetero*	China	Yang et al. (2019)
	Bambusicola splendida D. Q. Dai & K. D. Hyde	Bamboo	Thailand	Dai et al. (2012)
	Bambusicola subthailandica C. L. Yang & Y. G. Liu	*Phyllostachys hetero*	China	Yang et al. (2019)
	Bambusicola thailandica Phook., D. Q. Dai & K. D. Hyde	Bamboo	Thailand	Dai et al. (2017)

续表

中文	学名	寄主	国家（地区）	参考文献
	Bambusicola triseptatispora Phook., D. Q. Dai & K. D. Hyde	Bamboo	Thailand	Dai et al. (2017)
	Bambusistroma didymosporum D. Q. Dai & K. D. Hyde	Bamboo	Thailand	Adamčík et al. (2015)
	Belonopsis longispora I. Hino & Katum.	*Pleioblastus simoni*	Japan	Hino et al. (1961)
	Botryobambusa fusicoccum Phook., Jian K. Liu & K. D. Hyde	Bamboo	Thailand	Liu et al. (2012)
	Brachysporiella gayana Bat.	*Phyllostachys makinoi*	China	Jiang et al. (2022)
	Brachysporiella pulchra (Subram.) S. Hughes	*Phyllostachys edulis*	China	Jiang et al. (2022)
	Broomella miakei I. Hino & Katum.	*Sasa veitchii*	Japan	Hino et al. (1961)
	Broomella pustulata I. Hino & Katum.	*Sasa borealis*	Japan	Hino et al. (1961)
	Brunneoclavispora bambusae Phook. & K. D. Hyde	Bamboo	Thailand	Ariyawansa et al. (2015)
	Byssosphaeria jamaicana (Sivan.) M. E. Barr	*Bambusa* sp.	China	Jiang et al. (2022)
簕竹丽赤壳	*Calonectria bambusae* (Hara) Höhn.	*Phyllostachys* spp.	China	Xu et al. (2006)
	Calonectria ciliata (Link) W. C. Snyder & H. N. Hansen	*Phyllostachys makinoi*	China	Jiang et al. (2022)
	Calonectria sasae Hara	Bamboo	Japan	Hino et al. (1961)
	Calospora atropustulata I. Hino & Katum.	*Phyllostachys bamb*	Japan	Hino et al. (1961)
	Camarosporium phyllostachydis I. Miyake & Hara	Bamboo	Japan	Hino et al. (1961)
	Campanella junghuhnii (Mont.) Singer	Bamboo	Japan	Hino et al. (1961)
雅致弯梗霉	*Campsotrichum elegans* Penz. & Sacc.	Bamboo	China	Zhang & Wang (1999)
	Canalisporium caribense (Hol.-Jech. & Mercado) Nawawi & Kuthub.	*Bambusa sp*	China	Jiang et al. (2022)
	Capnodium elongatum Berk. & Desm.	Bamboo	Japan	Hino et al. (1961)
簕竹刺壳炱	*Capnophaeum ischurochloae* Sawada & W. Yamam.	*Bambusa omeiensis*	China	Xu et al. (2006)
核孢壳	*Caryospora putaminum* (Schwein.) Fuckel	Bamboo	China	Zhang & Wang (1999)
毛竹喙球菌	*Ceratosphaeria phyllostachydis* S. Zhang	*Phyllostachys hetero*	China	Xu et al. (2006)
森林喙球菌	*Ceratosphaeria silva-nigra* (Penz. & Sacc.) Teng	Bamboo	China	Xu et al. (2006)
华尾孢	*Cercophora thailandica* D. Q. Dai & K. D. Hyde	Bamboo	Thailand	Dai et al. (2017)
	Cercosporella dendrocalami Sawada	*Dendrocalamus latiflorus*	China	Zhang & Wang (1999)
麻竹小尾孢菌	*Cercosporidium bambusicolum* Sawada	*Bambusa*	China	Xu et al. (2006)
竹短胖孢	*Cerebella paspali* Cooke & Massee	*Microstegium Nees*	China	Zhang & Wang (1999)
雀稗脑形霉	*Chaatopatalla setulosa* I. Hino & Katum.	*Pleioblastus simoni*	Japan	Hino et al. (1961)
	Chaetomium globosum Kunze	Bamboo	China	Zhang & Wang (1999)
球毛壳	*Chaetopatella coronata* I. Hino & Katum.	*Pleioblastus* sp.	Japan	Hino et al. (1961)
	Chaetopatella longiciliata I. Hino & Katum.	*Sasa kurilensis*	Japan	Hino et al. (1961)
	Chaetopatella ryukyuensis I. Hino & Katum.	*Pleioblastus* sp.	Japan	Hino et al. (1961)

续表

中文	学名	寄主	国家（地区）	参考文献
	Chaetopeltiopsis sasae Hara	Bamboo	Japan	Hino et al. (1961)
	Chaetophoma pleioblasti I. Hino & Katum.	*Pleioblastus nezasa*	Japan	Hino et al. (1961)
	Chaetosphaeria fusispora I. Hino & Katum.	*Phyllostachys aurea*	Japan	Hino et al. (1961)
	Chaetosphaeria hiugensis I. Hino & Katum.	*Sinobambusa tootsik*	Japan	Hino et al. (1961)
	Chaetosphaeria macrospora (Kawam.) Hara	Bamboo	China	Xu et al. (2006)
大孢刺球菌	*Chaetosphaeria nagatensis* I. Hino & Katum.	*Phyllostachys nigra*	Japan	Hino et al. (1961)
	Chaetosphaeria stenostachyae Sawada	*Bambusa*	China	Xu et al. (2006)
狭穗簕竹刺球菌	*Chaetosphaeria yosie-hidakai* I. Hino & Katum.	*Sasa borealis*	Japan	Hino et al. (1961)
	Chaetosphaerulina vermicularispor I. Hino & Katum.	*Phyllostachys bamb*	Japan	Hino et al. (1961)
	Chaetosphaerulina yasudai I. Hino & Katum.	Bamboo	Japan	Hino et al. (1961)
	Chaetothyrium echinulatum W. Yamam.	*Phyllostachys bamb*	China	Xu et al. (2006)
小刺盾炱	*Chromocrea nigricans* S. Imai	Bamboo	Japan	Hino et al. (1961)
	Chrysomyxa bambusae Teng	*Bambusa* sp.	China	Zhang & Wang (1999)
竹金锈菌	*Cladosporium graminum* (Pers.) Link	*Bambusa*	China	Xu et al. (2006)
禾枝孢	*Cladosporium herbarum* ((Pers.) Link	*Lndocalamus tessella*	China	Xu et al. (2006)
多主枝孢	*Cladosporium oxysporum* Berk. & M. A. Curtis	*Fargesia spathacea*	China	Xu et al. (2006)
尖孢枝孢	*Cladosporium sphaerospermum* Penz.	*Monstera deliciosa*	China	Xu et al. (2006)
球孢枝孢	*Claviceps purpurea* (Fr.) Tul.	*Lndocalamus*	China	Xu et al. (2006)
	Clonostachys rhizophaga Schroers	*Dendrocalamus giganteus*	Mozambique	Huang et al. (2023)
麦角菌	*Clypeolum japonicum* I. Hino & Katum.	*Phyllostachys nigra*	Japan	Hino et al. (1961)
	Clypeostroma arundinariae Sawada	Bamboo	Japan	Hino et al. (1961)
	Coccodiella arundinariae Hara	*Phyllostachys bamb*	Japan	Hino et al. (1961)
	Cochliobolus heterostrophus (Drechsler) Drechsler	*Pseudoxytenanthera ritcheyi*	India	Huang et al. (2023)
	Cochliobolus sasae I. Hino & Katum.	*Sasa* sp.	Japan	Hino et al. (1961)
	Cocostroma arundinariae Hara	*Phyllostachys hetero*	China	Xu et al. (2006)
青篱竹垫座菌	*Colletotrichum bambusicola* C. L. Hou & Q. T. Wang	*Bambusoideae*	China	Wang et al. (2020)
	Colletotrichum coccodes (Wallr.) S. Hughes	*Bambusoideae*	China	Ren et al. (2008)
	Colletotrichum graminicola (Ces.) G. W. Wilson	*Bambusoideae*	China	Parris (1959)
	Colletotrichum hsienjenchang I. Hino	*Bambusoideae*	Japan	Sato et al. (2012)
	Colletotrichum metake Saccardo.	*Pseudosasa japonica*	Japan	Saccardo（1908）
	Colletotrichum sasaecolum I. Hino & Katum.	*Sasa kurilensis*	Japan	Hino et al. (1961)
	Colletotrichum septorioides Sacc.	Bamboo	China	Zhang & Wang (1999)
壳针孢状刺盘孢菌	*Colletotrichum trichellum* (Fr.) Pat.	*Bambusoideae*	USA	Crouch et al. (2009a)

续表

中文	学名	寄主	国家（地区）	参考文献
	Collodiscula fangjingshanensis Q. R. Li, J. C. Kang & K. D. Hyde	Bamboo	China	Liu et al. (2015)
	Collodiscula japonica I. Hino & Katum.	*Phyllostachys bamb*	Japan	Hino et al. (1961)
	Collodiscula leigongshanensis Q. R. Li, J. C. Kang & K. D. Hyde	Bamboo	China	Liu et al. (2015)
	Coniosporium bambusae (Thüm.) Sacc.	*Bambusa*	China	Xu et al. (2006)
箣竹梨孢	*Coniosporium pulvinatum* A. L. Sm.	Bamboo	Japan	Hino et al. (1961)
	Coniosporium punctiformis Sacc	Bamboo	Japan	Hino et al. (1961)
	Coniosporium saccardianum Teng	*Phyllostachys hetero*	China	Xu et al. (2006)
萨卡度梨孢	*Coniosporium shiraianum* (P. Syd.) Bubák	*Bambusa*	China	Xu et al. (2006)
白井梨孢	*Coniothyrium bambusae* I. Miyake	*Phyllostachys nigra*	Japan	Hino et al. (1961)
	Corticium bambusae Burt	*Phyllostachys sulph*	China	Xu et al. (2006)
箣竹伏革菌	*Corticium centrifugum* (Lév.) Bres.	*Dendrocalamus latif*	China	Xu et al. (2006)
箣孔伏革菌	*Corynespora tsurudai* Hara	Bamboo	Japan	Hino et al. (1961)
	Cryptospora bambusa Burt	Bamboo	China	Zhang & Wang (1999)
箣竹隐孢壳	*Cryptosporella bambusicola* I. Hino	*Phyllostachys nigra*	Japan	Hino et al. (1961)
	Cunninghammyces umbonatus (G. Cunn.) Stalpers	*Phyllostachis bambu*	Portugal	Ireneia Melo & José Cardoso (2007)
	Cyathus montagnei Tul. & C. Tul.	Bamboo	China	Zhang & Wang (1999)
蒙塔尼黑蛋巢菌	*Cylindrosporium bambusae* I. Miyake & Hara	Bamboo	Japan	Hino et al. (1961)
	Cytosporella bambusae Hara	Bamboo	Japan	Hino et al. (1961)
	Daldinia bambusicola Y. M. Ju, J. D. Rogers & F. San Martín	Bamboo	Thailand	Dai et al. (2017)
	Dasturella divina (Syd.) Mundk. & Khesw.	*Bambusa arundinac*	China	Xu et al. (2006)
垫锈菌	*Diaboliumbilicus mirabilis* (I. Hino & Katum)	Bamboo	Japan	Hino et al. (1961)
	Dictyopanus pusillus (Pers. ex Lév.) Singer	Bamboo	China	Xu et al. (2006)
小网孔菌	*Dictyopanus subpulverulentus* (Berk. & M. A. Curtis) Pat.	Bamboo	China	Xu et al. (2006)
粉状网孔菌	*Dictyophora cinnabarina* W. S. Lee	*Dendrocalamus latif*	China	Xu et al. (2006)
朱红竹荪	*Dictyophora duplicata* (Bosc) E. Fisch.	ground	China	Zhang & Wang (1999)
短裙竹荪	*Dictyophora echinovolvata* M. Zang, D. R. Zheng & Z. X. Hu	ground	China	Zhang & Wang (1999)
棘托竹荪	*Dictyophora indusiata* (Vent.) Desv.	ground	China	Zhang & Wang (1999)
长裙竹荪	*Dictyophora indusiata* f. *lutea* (Liou & L. Hwang) *Kobayasi*	ground	China	Zhang & Wang (1999)
纯黄竹荪	*Dictyophora mirulina* Teng	ground	China	Zhang & Wang (1999)
邹盖竹荪	*Dictyophora multicolor* Berk. & Broome	ground	China	Zhang & Wang (1999)
杂色竹荪	*Dictyophora rubrovolvata* M. Zang, D. G. Ji & X. X. Liu	ground	China	Zhang & Wang (1999)

续表

中文	学名	寄主	国家（地区）	参考文献
红托竹荪	*Dictyosporium pseudomusae* Kaz. Tanaka, G. Sato & K. Hiray.	Bamboo	Japan	Tanaka et al. (2015)
	Didothis dispersa I. Hino & Katum.	*Pleioblastus nezasa*	Japan	Hino et al. (1961)
	Didymella eumorpha Sacc.	*Bambusa* sp.	China	Xu et al. (2006)
美形亚隔孢壳	*Didymella maculosa* Penz. & Sacc.	Bamboo	China	Xu et al. (2006)
亚隔孢壳	*Didymella phyllostachydis* I. Hino & Katum.	Bamboo	Japan	Hino et al. (1961)
	Didymella pseudosasae I. Hino & Katum.	*Psedosasa japonica*	Japan	Hino et al. (1961)
	Didymella texuispora I. Hino & Katum.	*Pleioblastus* sp.	Japan	Hino et al. (1961)
	Didymella yezoensis I. Hino & Katum.	*Sasa paniculata*	Japan	Hino et al. (1961)
	Didymobotryum kusanoi Henn.	Bamboo	China	Zhang & Wang (1999)
草野束双孢	*Didymobotryum verrucosum* I. Hino & Katum.	*Sasa borealis*	Japan	Hino et al. (1961)
	Didymosphaeria arundinariae Ellis & Everh.	*Phyllostachys* sp.	China	Xu et al. (2006)
青篱竹隔孢球壳	*Didymosphaeria bambusicola* Höhn.	Bamboo	China	Xu et al. (2006)
簕竹生隔孢球壳	*Didymosphaeria fusispora* Penz. & Sacc.	Bamboo	China	Xu et al. (2006)
梭隔孢球壳	*Didymosphaeria hysterioides* (Ces.) Theiss. & Syd.	Bamboo	China	Zhang & Wang (1999)
扁隔孢球壳	*Didymosphaeria infossa* Sacc.	Bamboo	China	Zhang & Wang (1999)
埋隔孢球壳	*Didymosphaeria japonica* I. Hino & Katum.	*Phyllostachys bamb*	Japan	Hino et al. (1961)
	Didymosphaeria macrospora I. Hino & Katum.	*Phyllostachys bamb*	Japan	Hino et al. (1961)
	Didymosphaeria phyllostachydis I. Hino & Katum.	*Phyllostachys bamb*	Japan	Hino et al. (1961)
	Didymosphaeria pustulata I. Hino & Katum.	*Sasa kurilensis*	Japan	Hino et al. (1961)
	Didymosphaeria striatula Penz. & Sacc.	*Phyllostachys bamb*	Japan	Hino et al. (1961)
	Didymosphaeria striatula var. *minuta* I. Hino & Katum.	*Phyllostachys bamb*	Japan	Hino et al. (1961)
	Didymosphaeria tosaensis I. Hino & Katum.	*Sasa veitchii*	Japan	Hino et al. (1961)
	Dimeriella dendrocalami Sawada & W. Yamam.	*Dendrocalamus latif*	China	Xu et al. (2006)
牡竹小隔孢炱	*Dimeriella sasae* I. Hino & Katum.	Bamboo	Japan	Hino et al. (1961)
	Dimerina arundinariae I. Hino & Katum.	*Pleioblastus nezasa*	Japan	Hino et al. (1961)
	Dimerina bambusicola Teng	Bamboo	China	Xu et al. (2006)
簕竹生光壳小煤炱	*Dimerium japonicum* Syd., P. Syd. & Hara	Bamboo	Japan	Hino et al. (1961)
	Dimerosporina arundinariae I. Hino & Katum.	*Pleioblastus simoni*	Japan	Hino et al. (1961)
	Dinemasporium bambusicola A. Hashim., G. Sato & Kaz. Tanaka	*Pleioblastus chino*	Japan	Hashimoto et al. (2015)
	Dinemasporium cruciferum Ellis	Bamboo	Japan	Hashimoto et al. (2015)
	Dinemasporium gramineum I. Hino & Katum.	Bamboo	Japan	Hino et al. (1961)
	Dinemasporium graminum var. *strigosulum* P. Karst.	*Phyllostachys sulph*	China	Zhang & Wang (1999)
竹刺杯毛孢	*Dinemasporium japonicum* A. Hashim., G. Sato & Kaz. Tanaka	*Sasa kurilensis*	Japan	Hashimoto et al. (2015)

续表

中文	学名	寄主	国家（地区）	参考文献
	Dinemasporium longicapillatum Y. Yamag. & Masuma	Bamboo	Japan	Hashimoto et al. (2015)
	Dinemasporium microsporum Sacc.	Bamboo	China	Zhang & Wang (1999)
小孢刺杯毛孢	*Dinemasporium parastrigosum* A. Hashim. & Kaz. Tanaka	Bamboo	Japan	Hashimoto et al. (2015)
	Dinemasporium rishiriense A. Hashim. & Kaz. Tanaka	*Sasa kurilensis*	Japan	Hashimoto et al. (2015)
	Dinemasporium sasae A. Hashim., Sat. Hatak. & Kaz. Tanaka	*Sasa kurilensis*	Japan	Hashimoto et al. (2015)
	Dinemasporium strigosum (Pers.) Sacc.	*Sasa kurilensis*	Japan, China	Hashimoto et al. (2015)
刚毛刺杯毛孢	*Diplodina pseudosasae* I. Hino & Katum.	*Psedosasa* sp.	Japan	Hino et al. (1961)
	Dothidea goudotii Lev.	*Chusquea* sp.		Léveillé(1845)
	Dothiorella thailandica Abdollahz., A. J. L. Phillips & A. Alves	Bamboo	Thailand	Liu et al. (2012);
	Dtcellomyces Olive	Bamboo	China	Xu et al. (2006)
青篱竹座担子菌	*Durella brunnea* I. Hino & Katum.	*Phyllostachys bamb*	Japan	Hino et al. (1961)
	Ellisembia bambusicola (M.B. Ellis) J. Mena & G. Delgado	*Bambusa* sp.	Sierra Leone, Hon	Ellis (1976); Zhou et al. (2001)
竹生束孢菌	*Ellisembia coronata* (Fuckel) (Fuckel) Subram.	*Sarothamnus*	Europe, Hong Kon	Ellis (1976); Zhou et al. (2001)
冠状束孢菌	*Ellisembia pseudoseptata* (M.B. Ellis) D. Q. Zhou & K. D. Hyde	*Phyllostachys hetero*	Sierra Leone, Chin	Ellis (1976); Zhou et al. (2001)
假隔束孢菌	*Embryonispora bambusicola* G. Z. Zhao	Bamboo	China	Zhao et al. (2014)
	Endodothella bambusae (Sacc.) Theiss. & Syd.	*Bambusa* sp.	China	Xu et al. (2006)
簕竹隔孢黑痣	*Engleromyces goetzii* P. Henn	Bamboo	China	Xu et al. (2006)
戈茨肉球菌	*Epichloe sasae* Hara	*Indocalamus tessella*	China	Xu et al. (2006)
箬竹香柱菌	*Epichloe bambusae* Pat.	*Phyllostachys glauc*	China	Xu et al. (2006)
簕竹香柱菌	*Epichloe sasae* Hara	*Sasa borealis*	Japan	Hino et al. (1961)
	Epicoccum neglectum Desm.	Bamboo	Japan	Hino et al. (1961)
	Epicoccum nigrum Link	*Phyllostachys hetero*	China	Xu et al. (2006)
黑附球菌	*Erinella albocarpa* I. Hino & Katum.	*Pleioblastus* sp.	Japan	Hino et al. (1961)
	Erinella hyalopilosa I. Hino & Katum.	*Sasa* sp.	Japan	Hino et al. (1961)
	Eriosporella bambusicola D. Q. Dai, Wijayaw. & K. D. Hyde	Bamboo	Thailand	Dai et al. (2014b)
	Eutypa bambusina Penz. & Sacc.	*Bambusa* sp.	China	Xu et al. (2006)
簕竹弯孢壳	*Eutypa kusanoi* Henn.	*Bambusa* sp.	China	Xu et al. (2006)
草野弯孢壳	*Eutypa linearis* Rehm	Bamboo	Thailand	Dai et al. (2017)
	Eutypella bambusina (Penz. & Sacc.) Rehm	*Bambusa* sp.	China	Xu et al. (2006)
簕竹弯孢聚壳	*Exomassarinula calospora* Teng	Bamboo	China	Xu et al. (2006)
	Exserticlava triseptate (Matsush.) S. Hughes	*Dendrocalamus* sp.	China	Jiang et al. (2022)

续表

中文	学名	寄主	国家（地区）	参考文献
	Exserticlava vasiformis (Matsush.) S. Hughes	*Bambusa* sp.	China	Jiang et al. (2022)
美胶孢球壳	*Favolaschia fujisanensis* Kobayasi	Bamboo	Japan	Hino et al. (1961)
	Favolaschia nipponica Kobayasi	Bamboo	Japan	Hino et al. (1961)
	Favolaschia phyllostachydis Imazek	Bamboo	Japan	Hino et al. (1961)
	Favolaschia pustulosa Kobayasi	Bamboo	China	Xu et al. (2006)
疹胶孔菌	*Favolaschia staudtii* Henn.	Bamboo	China	Xu et al. (2006)
伞胶孔菌	*Favolaschina tomkinensis* (Pat.) Singer	Bamboo	China	Xu et al. (2006)
中南半岛胶孔菌	*Favolus rhipidium* (Berk.) Sacc.	Bamboo	Japan	Hino et al. (1961)
	Fenestella bambusicola Teng	Bamboo	China	Xu et al. (2006)
簕竹生集颈假壳	*Fissuroma aggregatum* (I. Hino & Katum.) Phook., Jian K. Liu, E. B. G. Jones & K. D. Hyde	*Phyllostachys bamb*	Japan, Thailand	Tanaka and Harada (2005a);
	Fissuroma bambusae Phook. & K. D. Hyde	Bamboo	Thailand	Phookamsak et al. (2015)
	Fissuroma neoaggregatum Phook. & K. D. Hyde Phook. &	Bamboo	Thailand	Phookamsak et al. (2015)
	Fissuroma thailandicum Phook. & K. D.	Bamboo	Thailand	Phookamsak et al. (2015)
	Flammeascoma bambusae Phook.	Bamboo	Thailand	Liu et al. (2015)
	Flavodon flavus (Klotzsch) Ryvarde	Bamboo	Thailand	Choeyklin et al. (2009)
	Fusadum stilboides Wollenw.	*Phyllostachys elega*	China	Xu et al. (2006)
束梗镰孢	*Fusarium acuminatum* Ellis & Everh.	*Phyllostachys hetero*	China	Xu et al. (2006)
锐顶镰孢	*Fusarium aquaeductuum* (Radlk. & Rabenh.) Lagerh. & Rabenh.	*Phyllostachys sulph*	China	Xu et al. (2006)
间型水生镰孢	*Fusarium bambusicola* Hara	*Bambusa omeiensis*	China	Xu et al. (2006)
簕竹生镰孢	*Fusarium camptoceras* Wollenw. & Reinking	*Phyllostachys hetero*	China	Xu et al. (2006)
弯曲镰孢	*Fusarium equiseti* (Corda) Sacc.	*Bambusa textilis*	China	Xu et al. (2006)
	Fusarium fujikuroi Nirenberg	*Bambusa* sp.	India	Huang et al. (2023)
木贼镰孢	*Fusarium heterosporum* Nees & T. Nees	*Phyllostachys hetero*	China	Xu et al. (2006)
	Fusarium incarnatum (Desm.) Sacc.	*Bambusa multiplex*	China	Huang et al. (2023)
异孢镰孢	*Fusarium moniliforme* f. *subglutinans* (Wollenw. & Reinking) C. Moreau	*Bambusa ventricosa*	China	Zhang & Wang (1999)
串珠镰孢胶孢变种	*Fusarium moniliforme* var. *intermedium* Neish & M. Legg.	*Phyllostachys hetero*	China	Xu et al. (2006)
串珠镰孢种间变种	*Fusarium moniliforme* f. *moniliforme* J. Sheld.	*Bambusa textilis*	China	Xu et al. (2006)
串珠镰孢	*Fusarium oxysporum* Schltdl.	*Phyllostachys dulcis*	China	Xu et al. (2006)
尖镰孢	*Fusarium semitectum* Berk. & Ravenel	*Dendrocalamus latif*	China	Xu et al. (2006)
半裸镰孢	*Fusarium solani* (Mart.) Sacc.	*Phyllostachys sulph*	China	Xu et al. (2006)
腐皮镰孢	*Fusarium stilboides* Wollenw.	*Phyllostachys sulph*	China	Zhang & Wang (1999)
米梗镰孢	*Fusarium stromaticola* Henn.	Bamboo	Japan	Hino et al. (1961)

续表

中文	学名	寄主	国家（地区）	参考文献
	Fusarium phyllostachydicola W. Yamam.	Bamboo	Japan	Hino et al. (1961)
	Ganoderma lipsiense (Batsch) G. F. Atk.	*Bambusa dolichocla*	China	Xu et al. (2006)
树舌	*Ganoderma lucidum* (Curtis) P. Karst.	*Bambusa* sp.	China	Xu et al. (2006)
灵芝	*Gelatinomyces conus* Parkash	Bamboo	India	Vipin PARKASH (2017)
	Gelatinomyces siamensis Sanoam.	Bamboo	Thailand	Niwat Sanoamuang (2013)
	Gibbera maeshimana I. Hino & Katum.	Bamboo	Japan	Hino et al. (1961)
	Gibbera philippinensis Rehm	*Phyllostachys* sp.	Japan	Hino et al. (1961)
	Gibberella aeae Teng	*Phyllostachys sulph*	China	Zhang & Wang (1999)
赤霉菌	*Gibberella bambusae* (Teng) W. Y. Zhuang & X. M. Zhang	Bamboo	China	Zhang and Zhuang (2003)
	Gibberella culmicola I. Hino & Katum.	*Pleioblastus simoni*	Japan	Hino et al. (1961)
	Gibberella fusispora I. Hino & Katum.	*Phyllostachys bamb*	Japan	Hino et al. (1961)
	Gibberella phyllostachydicola W. Yamam. W. Y	Bamboo	Japan	Hino et al. (1961)
	Gibberella pulicaris (Kunze) Sacc.	*Bambusa sinospinos*	China	Xu et al. (2006)
虱状赤霉	*Gibberella zeae* (Schwein.) Petch	Bamboo	Japan	Hino et al. (1961)
	Gloeosporium sphaerosporum Hara	Bamboo	Japan	Hino et al. (1961)
	Gloniella araucana Speg.	Bamboo	China	Zhang & Wang (1999)
亚船壳	*Gnomonia hsienjenchang* I. Hino & Katum.	*Phyllostachys bamb*	Japan	Hino et al. (1961)
	Goosiomyces bambusicola Rashm.	*Bambusa arundinac*	China	Dubey and Neelima (2013)
	Grammothele fuligo (Berk. & Broome) Ryvarden	Bamboo	Thailand	Choeyklin et al. (2009)
	Gregarithecium curvisporum Kaz. Tanaka & K. Hiray.	*Sasa* sp.	Japan	Tanaka et al. (2015)
	Guignardia bambusae I. Miyake & Hara	*Shibataea kumasaca*	Japan	Hino et al. (1961)
	Guignardia bambusina Sacc.	*Phyllostachys bamb*	Japan	Hino et al. (1961)
	Hadrotrichum caespitulosum Sacc.	*Bambusa* sp.	China	Zhang & Wang (1999)
簇密粗毛座霉	*Haplotrichum arundinariae* Sawada	Bamboo	Japan	Hino et al. (1961)
	Haraea barbata Sawada	*Sasa kurilensis*	Japan	Hino et al. (1961)
	Haraea japonica Sacc. & P. Syd.	*Sasa kurilensis*	Japan	Hino et al. (1961)
	Haraea sasae Hara	Bamboo	Japan	Hino et al. (1961)
	Helicobasidium purpureum (Tul.) Pat.	Bamboo	China	Zhang & Wang (1999)
紫卷担子菌	*Helicothyrium ryukyuense* I. Hino & Katum.	*Pleioblastus* sp.	Japan	Hino et al. (1961)
	Helminthospoium foveolatum Pat.	*Phyllostachys hetero*	China	Xu et al. (2006)
坑状长蠕孢	*Helminthosporium arundinis* Lév.	*Arundo formosava*	China	Xu et al. (2006)
芦竹长蠕孢	*Helminthosporium bambusae* Cooke	Bamboo	Japan	Hino et al. (1961)
	Helminthosporium bambusicola Meng Zhang, H. Y. Wu & Zhen Y. Wang	*Bambusa* sp.	China	Zhang et al. (2010)

续表

中文	学名	寄主	国家（地区）	参考文献
	Helminthosporium cantonense Sacc.	*Bambusa* sp.	China	Zhang & Wang (1999)
广州长蠕孢	*Hendersonia phyllostachydis* I. Miyake & Hara	Bamboo	Japan	Hino et al. (1961)
	Hendersonia striatospora I. Hino & Katum.	*Psedosasa japonica*	Japan	Hino et al. (1961)
	Hidakaea tumidula I. Hino & Katum.	*Phyllostachys bamb*	Japan	Hino et al. (1961)
	Hina bambusicola Hara	*Pleioblastus nezasa*	Japan	Hino et al. (1961)
	Hinoa sasae (Hara) Hara & I. Hino & Katum.	*Pleioblastus simoni*	Japan	Hino et al. (1961)
	Hirudinaria arundinariae Hara	Bamboo	Japan	Hino et al. (1961)
	Homostegia fusispora Syd. & P. Syd.	*Phyllostachys sulph*	China	Xu et al. (2006)
梭孢四胞座壳	*Hygrophorus puniceus* (Fr.) Fr.	ground	China	Zhang & Wang (1999)
红紫蜡伞	*Hymenochaete bambusicola* S. H. He	Bamboo	Thailand	Nie et al. (2017)
	Hymenochaete innexa G. Cunn.	Bamboo	China	Nie et al. (2017)
	Hymenochaete muroiana I. Hino & Katum.	Bamboo	China	Nie et al. (2017)
	Hymenochaete orientalis S.H. He	Bamboo	China	Nie et al. (2017)
	Hymenochaete rhabarbarina (Berk.) Cooke	Bamboo	China	Nie et al. (2017)
	Hymenochaete tropica S. H. He & Y. C. Dai	Bamboo	China	Nie et al. (2017)
	Hymenoscypha sasicola I. Hino & Katum.	*Sasa* sp.	Japan	Hino et al. (1961)
	Hypocrea muroiana I. Hino & Katum.	*Sinobambusa tootsik*	Japan	Hino et al. (1961)
	Hypocrea phyllostachydis P. Chaverri & Cand.	*Phyllostachys bamb*	France	Priscila Chaverri et al. (2004)
	Hypocrea rufa (Pers.) Fr.	Bamboo	China	Zhang & Wang (1999)
红棕肉座菌	*Hypocrella bambusae* (Berk. & Broome) Sacc.	Bamboo	SRI LANKA	Dai et al. (2019)
	Hypocreopsis phyllostachydis (Syd. & P. Syd.) I. Miyake & Hara	Bamboo	China	Xu et al. (2006)
刚竹类肉座菌	*Hypocreopsis phyllostachydis* (Syd. & P. Syd.) I. Miyake & Hara	Bamboo	Japan	Hino et al. (1961)
	Hypoxylon caulogenum I. Hino & Katum.	*Phyllostachys bamb*	Japan	Hino et al. (1961)
	Hypoxylon fuscopurpureum (Schwein.) M. A. Curtis	*Phyllostachys* sp. & *Sasa* sp.		Tanaka (2004)
	Hypoxylon laminosum J. Fourn., Kuhnert & M. Stadler	Bamboo	French	Kuhnert et al. (2014)
	Hypoxylon minutulum (Penz. & Sacc.) J. H. Mill. ex Teng	Bamboo	China	Zhang & Wang (1999)
小光炭团菌	*Hypoxylon nagatense* I. Hino & Katum.	*Phyllostachys bamb*	Japan	Hino et al. (1961)
	Hypoxylon neosublenormandii D. Q. Dai & K. D. Hyde	Bamboo	Thailand	Dai et al. (2017)
	Hypoxylon nigropustulatum I. Hino & Katum.	*Sasa kurilensis*	Japan	Hino et al. (1961)
	Hypoxylon nummularioides Rehm	Bamboo	China	Xu et al. (2006)
铜钱状炭团菌	*Hypoxylon pseudefendleri* D. Q. Dai & K. D. Hyde	Bamboo	Thailand	Dai et al. (2017)
	Hypoxylon rubiginosum (Pers.) Fr.	Bamboo	China	Xu et al. (2006)

续表

中文	学名	寄主	国家（地区）	参考文献
赤褐炭团菌	*Hypoxylon sublenormandii* Suwann., Rodtong, Thienh. & Whalley	Bamboo	Thailand	Suwannasai et al. (2005)
	Hypoxylon tuberculiforme I. Hino & Katum.	*Pleioblastus simoni*	Japan	Hino et al. (1961)
	Hysteroglonium rokkoense I. Hino & Katum.	*Sasa* sp.	Japan	Hino et al. (1961)
	Irpex lacteus (Fr.) Fr.	Bamboo	Thailand	Choeyklin et al. (2009)
	Kalmusia scabrispora (Teng) Kaz. Tanaka, Y. Harada & M. E. Barr	*Phyllostachys bamb*	Japan	Tanaka et al. (2009)
	Kamalomyces bambusicola Y. Z. Lu & K. D. Hyde	Bamboo	Thailand	Phookamsak (2018)
	Kamalomyces indicus R. K. Verma, N. Sharma & Soni	*Dendrocalamus stric*	Thailand	Boonmee et al. (2011)
	Kamalomyces mahabaleshwarensis Rashmi Dubey & Moonamb.	Bamboo	China	Dubey and Neelima (2013)
	Kamalomyces thailandicus Phook., Y. Z. Lu & K. D. Hyde	Bamboo	Thailand	Phookamsak (2018)
	Katumotoa bambusicola Kaz. Tanaka & Y. Harada	*Sasa kurilensis*	Japan	
	Konenia bambusae Hara	Bamboo	Japan	Hino et al. (1961)
	Konenia sasicola I. Hino & Katum.	*Psedosasa japonica*	Japan	Hino et al. (1961)
	Konradia bambusina Racib.	*Bambusa* sp.	China	Xu et al. (2006)
箣竹绿座菌	*Koorchaloma okamurae* I. Hino & Katum.	Bamboo	Japan	Hino et al. (1961)
	Kretzschmariella culmorum (Cooke) Y. M. Ju & J. D. Rogers	Bamboo	China	Ju et al. (1994)
藁杆小炭墩菌	*Kusanobotrys bambusae* Henn.	*Pleioblastus nezasa*	Japan	Hino et al. (1961)
	Kweilingia bambusae (Teng) Teng	*Oligostachyum lubri*	China	Xu et al. (2006)
箣竹蜡皮菌	*Lasiosphaeria bambusicola* Teng & S. H. Ou	Bamboo	China	Zhang & Wang (1999)
	Lasmenia balansae Speg.	*Bambusa* sp.	China	Jiang et al. (2022)
	Lasmenia phyllostachydis Sawada	*Dendrocalamus latiflorus, Phyllostachys makinoi*	China	Jiang et al. (2022)
箣竹生毛球菌	*Lasiosphaeria culmorum* I. Miyake & Hara	*Phyllostachys bamb*	Japan	Hino et al. (1961)
	Lembosia tikusensis Teng	*Phyllostachys nigra*	China	Zhang & Wang (1999)
船盾壳	*Leptosphaeria arundinacea* (Sowerby) Sacc.	*Bashania fangiana*	China	Zhang & Wang (1999)
芦苇小球腔菌	*Leptosphaeria bambusae* (I. Miyake & Hara) Sacc.	Bamboo	China	Xu et al. (2006)
箣竹小球腔菌	*Leptosphaeria lelebae* I. Hino & Katum.	*Leleba multiplex*	Japan	Hino et al. (1961)
	Leptosphaeria minoensis Hara	*Phyllostachys bamb*	Japan	Hino et al. (1961)
	Leptosphaeria sasae Hara	Bamboo	Japan	Hino et al. (1961)
	Leptosphaeria sasaecola Hara	Bamboo	Japan	Hino et al. (1961)
	Leptosphaeria scabrispora Teng	Bamboo	China	Xu et al. (2006)
疣孢小球腔菌	*Leptosphaeria tigrisoides* Hara	Bamboo	China	Xu et al. (2006)
虎斑小球腔菌	*Leptospora inquinans* I. Hino & Katum.	*Phyllostachys bamb*	Japan	Hino et al. (1961)
	Leptospora phyllostachydis I. Hino & Katum.	Bamboo	Japan	Hino et al. (1961)

续表

中文	学名	寄主	国家（地区）	参考文献
	Leptosporella bambusae D. Q. Dai & K. D. Hyde	Bamboo	Thailand	Dai et al. (2017)
	Leptostroma macrosporum Teng	*Indocalamus*	China	Zhang & Wang (1999)
大孢半壳孢	*Leptothyrium japonicum* Hara	Bamboo	Japan	Hino et al. (1961)
	Ligninsphaeria jonesii Jin F. Zhang, Jian K. Liu, K. D. Hyde & Zuo Y. Liu	Bamboo	Thailand	Zhang et al. (2016)
	Limacinia bambusicola I. Hino & Katum.	*Pleioblastus simoni*	Japan	Hino et al. (1961)
	Linearistroma lineare (Rehm) Höhn.	*Ochlandra travancorica*	India	Huang et al. (2023)
	Linocarpon bambusicola L. Cai & K. D. Hyde	*Bambusa* sp.	Philippines	Cai et al. (2004)
	Linochora howardii Syd.	*Bambusa multiplex*	China	Xu et al. (2006)
镰形壳线孢	*Linopeltis ryukyuensis* I. Hino & Katum.	*Pleioblastus* sp.	Japan	Hino et al. (1961)
	Lisea australis Speg.	Bamboo	China	Xu et al. (2006)
箣竹紫壳	*Lisea australis* var. *bambusae* Teng	*Bambusa* sp.	China	Zhang & Wang (1999)
箣竹紫壳	*Lisea bambusae* I. Hino & Katum.	*Phyllostachys bamb*	Japan	Hino et al. (1961)
	Loculistroma bambusae F. Patt., Charles	*Phyllostachys sulph*	China	Xu et al. (2006)
箣竹腔座壳	*Lophiostoma arundinis* (Pers.) Ces. & De Not.	*Sasa palmata*	Japan	Tanaka and Harada (2003a)
芦竹夏孢锈菌	*Macrophoma cruenta* (Fr.) Ferraris	*Polygonatum humile*	China	Zhang & Wang (1999)
血红大茎点菌	*Marasmiellus corticum* Singer	Bamboo	China	Xu et al. (2006)
皮微皮伞	*Marasmius equicrinis* F. Muell. ex Berk.	Bamboo	Japan	Hino et al. (1961)
	Massarina arundinariae (Ellis & Everh.) M. E. Barr	*Phyllostachys bamb*	Japan	Tanaka and Harada (2003a)
	Massarina bambusina Teng	*Sasa kurilensis; Phyl*	Japan	Tanaka and Harada (2003a)
箣竹透孢黑团壳	*Massarina pustulata* I. Hino & Katum.	*Sasa veitchii*	Japan	Hino et al. (1961)
	Massarina ryukyuensis (I. Hino & Katum.) Kaz. Tanaka & Y. Harada	*Pleioblastus linearis*	Japan	Tanaka and Harada (2003a)
	Massarina yezoensis I. Hino & Katum.	Bamboo	Japan	Hino et al. (1961)
	Massarinula dendrocalami I. Hino & Katum.	*Dendrocalamus latif*	Japan	Hino et al. (1961)
	Massarinula gloeospora I. Hino & Katum.	*Phyllostachys bamb*	Japan	Hino et al. (1961)
	Melanconium bambusinum Speg.	*Bambusa* sp.	China	Xu et al. (2006)
箣竹黑盘孢	*Melanconium dendrocalami* Petch	*Bambusa* sp.	China	Zhang & Wang (1999)
牡竹黑盘孢	*Melanconium hysterium* Sacc.	*Bambusa* sp.	China	Zhang & Wang (1999)
缝裂黑盘孢	*Melanconium muroianum* I. Hino & Katum.	*Psedosasa japonica*	Japan	Hino et al. (1961)
	Melanconium ryukyuense I. Hino & Katum.	Bamboo	Japan	Hino et al. (1961)
	Melanconium shiraianum P. Syd.	*Bambusa omeiensis*	China	Xu et al. (2006)
竹黑盘孢	*Melanconium sphaerospermum* (Pers.) Link	*Bambusa* sp.	China	Zhang & Wang (1999)
圆孢黑盘孢	*Melanopsamma aggregata* I. Hino & Katum.	*Phyllostachys bamb*	Japan	Hino et al. (1961)

续表

中文	学名	寄主	国家（地区）	参考文献
	Melasmia phyllostachydis Hara	*Phyllostachys bamb*	Japan	Hino et al. (1961)
	Meliola acristae Hansf.	*Phyllostachys sulph*	China	Zhang & Wang (1999)
轴榈小煤炱	*Meliola bambusae* Pat.	*Bambusa* sp.	China	Xu et al. (2006)
箣竹小煤炱	*Meliola garciniae* H. S. Yates	*Garcinia multiflora*	China	Zhang et al. (2010)
藤黄小煤炱	*Meliola garciniicola* G. Z. Jiang	*Garcinia oligantha*	China	Jiang et al. (1987)
山竹子生小煤炱	*Meliola mammeicola* Hansf.	*Garcinia multiflora*	China	Xu et al.(2008)
黄果木生小煤炱	*Meliola phyllostachydis* W. Yamam.	Bamboo	China	Xu et al. (2006)
刚竹小煤炱	*Meliola pseudosasae* I. Hino	*Sasa borealis*	Japan	Hino et al. (1961)
	Meliola tenella var. *atalantiae* (Pat.) Hansf.	*Bambusa* sp.	China	Zhang & Wang (1999)
酒饼勒小煤炱	*Meliolina stomata* (Hara) Hara	*Phyllostachys bamb*	Japan	Hino et al. (1961)
	Melomastia yezoensis I. Hino & Katum.	*Sasa kurilensis*	Japan	Hino et al. (1961)
	Melophia polygonati T. Miyake	*Polygonatum odorat*	China	Zhang & Wang (1999)
黄精壳柱孢	*Mendogia bambusina* Racib.	Bamboo	Thailand	Dai et al. (2017)
刚竹亚球腔菌	*Metasphaeria deviata* Syd.	*Phyllostachys sulph*	China	Xu et al. (2006)
孤生亚球腔菌	*Metasphaeria fusariispora* (Mont.) Sacc.	*Phyllostachys faberi*	China	Xu et al. (2006)
镰孢亚球腔菌	*Metasphaeria phyllostachydis* Hara	*Phyllostachys bamb*	Japan	Hino et al. (1961)
	Metasphaeria sp.	*Phyllostachys sulph*	China	Zhang & Wang (1999)
亚球腔菌	*Metasphaeria tuberculosa* I. Hino & Katum.	*Phyllostachys bamb*	Japan	Hino et al. (1961)
	Microcyclella disciformis I. Hino & Katum.	*Pleioblastus simoni*	Japan	Hino et al. (1961)
	Microdiplodia maculata Sacc.	Bamboo	Japan	Hino et al. (1961)
	Micropeltella sasae I. Hino & Katum.	*Sasa borealis*	Japan	Hino et al. (1961)
	Micropeltis ryukyuensis I. Hino & Katum.	*Phyllostachys nigra*	Japan	Hino et al. (1961)
	Microthyriella disseminata I. Hino & Katum.	*Phyllostachys bamb*	Japan	Hino et al. (1961)
	Miyakeamyces bambusae I. Hino & Katum.	Bamboo	Japan	Hino et al. (1961)
	Monodictys castaneae (Wallr.) S. Hughes	*Bambusa* sp.	China	Jiang et al. (2022)
	Monodictys levis (Wiltshire) S. Hughes	*Bambusa* sp.	China	Jiang et al. (2022)
	Monodictys paradoxa (Corda) S. Hughes	*Bambusa* sp.	China	Jiang et al. (2022)
	Monodictys putredinis (Wallr.) S. Hughes	*Bambusa* sp.	China	Jiang et al. (2022)
	Munkiella shiraiana (P. Syd.) I. Miyake & Hara	*Bambusa omeiensis*	China	Xu et al. (2006)
白井隔孢盾壳	*Muroia nipponica* I. Hino & Katum.	*Sasa kurilensis*	Japan	Hino et al. (1961)
	Mutinus bambusinus (Zoll.) E. Fisch.	ground	China	Zhang & Wang (1999)
竹林蛇头菌	*Mycosphaerella bambusifolia* I. Miyake & Hara	*Phyllostachys sulph*	China	Xu et al. (2006)
刚竹球腔菌	*Mycosphaerella inaequalis* I. Hino & Katum.	*Sasa borealis*	Japan	Hino et al. (1961)
	Mycosphaerella phyllostachydis (Hara) Hara	*Phyllostachys bamb*	Japan	Hino et al. (1961)
	Myriangium bambusae Hara	*Phyllostachys sulph*	China	Zhang & Wang (1999)
箣竹多腔菌	*Myriangium haraeanum* I. Hino & Katum.	*Bambusa* sp.	China	Xu et al. (2006)

续表

中文	学名	寄主	国家（地区）	参考文献
竹鞘多腔菌	*Myrmaecium decorticans* I. Hino & Katum.	*Phyllostachys bamb*	Japan	Hino et al. (1961)
	Myrmaecium muroianum I. Hino & Katum.	*Pleioblastus simoni*	Japan	Hino et al. (1961)
	Myrothecium chiangmaiense D. Q. Dai & K. D. Hyde	Bamboo	Thailand	Dai et al. (2017)
	Myrothecium cylindrosporum D. Q. Dai & K. D. Hyde	Bamboo	Thailand	Liu et al. (2015)
	Myrothecium thailandicum D. Q. Dai & K. D. Hyde	Bamboo	Thailand	Dai et al. (2017)
	Myrothecium uttaraditense D. Q. Dai & K. D. Hyde	Bamboo	Thailand	Dai et al. (2017)
	Nectria ditissima Tul. & C. Tul.	*Dendrocalamus latif*	China	Xu et al. (2006)
鲜红丛赤壳	*Nectria exigua* I. Hino & Katum.	*Sasa paniculata*	Japan	Hino et al. (1961)
	Nectria phyllostachydis Hara	Bamboo	Japan	Hino et al. (1961)
	Nectria pseudotrichia Berk. & M. A.	Bamboo	Thailand	Dai et al. (2017)
	Nectria sasae-kurilensis S. Imai	Bamboo	Japan	Hino et al. (1961)
	Nectria variabilis Hara	Bamboo	Japan	Hino et al. (1961)
	Nemania nummularioides (Rehm) G. J. D. Sm. & K. D. Hyde	Bamboo	China	Jiang et al. (2022)
	Neoanthostomella pseudostromatic D. Q. Dai & K. D. Hyde	Bamboo	Thailand	Dai et al. (2017)
	Neocapnodium tanakae (Shirai & Hara) W. Yamam.	*Bambusa dolichocla*	China	Xu et al. (2006)
田中新煤炱	*Neodeightonia microspora* D. Q. Dai & K. D. Hyde	Bamboo	Thailand	Dai et al. (2017)
	Neodeightonia subglobosa C. Boot	*Bambusa arundinac*	Thailand	Liu et al. (2015)
	Neogaeumannomyces bambusicola D. Q. Dai & K. D. Hyde	Bamboo	Thailand	Liu et al. (2015)
	Neokalmusia brevispora (Nagas. & Y. Otani) Kaz. Tanaka, Ariyaw. & K.D. Hyde	*Sasa senanensis*	Japan	Ariyawansa et al. (2014)
	Neokalmusia didymospora D. Q. Dai & K. D. Hyde	Bamboo	Thailand	Dai et al. (2016)
	Neokalmusia scabrispora (Teng) Kaz. Tanaka, Ariyaw. & K. D. Hyde (Teng) Kaz. Tanaka, Ariyaw. & K. D. Hyde	*Phyllostachys bamb*	Japan	Tanaka et al. (2005)
	Neoophiosphaerella sasicola (Nagas. & Y. Otani) Kaz. Tanaka & K. Hiray.	*Sasa senanensis*	Japan	Tanaka et al. (2005)
	Neopeckia japonica Syd., P. Syd.	Bamboo	Japan	Hino et al. (1961)
	Neoroussoella bambusae Phook., Ji	*Bambusa* sp.	Thailand	Liu et al. (2014)
	Neottiospora take I. Hino	Bamboo	Japan	Hino et al. (1961)
	Nigrospora bambusae Mei Wang & L. Cai	Bamboo	China	Jiang et al. (2022)
	Nigrospora oryzae (Berk. & Broome) Petch	*Bambusa tuldoides*, *Phyllostachys nigra*, *Phyllostachys* sp.	China	Jiang et al. (2022)
	Nigrospora osmanthi Mei Wang & L. Cai	*Phyllostachys nigra*	China	Jiang et al. (2022)
	Occultibambusa bambusae D. Q. Dai & K. D. Hyde	Bamboo	Thailand	Dai et al. (2017)

续表

中文	学名	寄主	国家（地区）	参考文献
	Occultibambusa fusispora Phook., D. Q. Dai & K. D. Hyde	Bamboo	Thailand	Dai et al. (2017)
	Occultibambusa pustula D. Q. Dai & K. D. Hyde	Bamboo	Thailand	Dai et al. (2017)
	Oedocephalum glomerulosum (Bull.) Sacc.	*Phyllostachys* sp.	China	Xu et al. (2006)
堆孢珠头霉广	*Oligoporus undosus* (Peck) Gilb. & Ryvarden	Bamboo	China	Xu et al. (2006)
波状褐腐干酪	*Ophiomassaria haraeana* I. Hino & Katum.	Bamboo	Japan	Hino et al. (1961)
	Ophionectria hidakaeana I. Hino & Katum.	*Pleioblastus* sp.	Japan	Hino et al. (1961)
	Ophiosporella komarowii (Jacz.) Petr.	*Polygonatum humile*	China	Zhang & Wang (1999)
小玉竹盘蛇孢	*Oxydothis bambusicola* Shenoy, Jeewon & K. D. Hyde	*Bambusa* sp.	China	Shenoy et al. (2005)
	Oxydothis phoenicis S. N. Zhang, K. D. Hyde & J. K. Liu	Bamboo	China	Jiang et al. (2022)
	Papularia arundinis (Corda) Fr.	*Phyllostachys* sp.	China	Xu et al. (2006)
芦苇阜孢	*Parabambusicola bambusina* (Teng) Kaz. Tanaka & K. Hiray.	*Sasa kurilensis*	Japan	Tanaka et al. (2015)
	Parodiopsis gregaria I. Hino & Katum.	*Sasa kurilensis*	Japan	Hino et al. (1961)
	Passalora aterrima Bres.	*Sinarundinaria*	China	Xu et al. (2006)
深黑钉孢	*Passalora bambusae* (Cooke) Kamal	*Bambusa spinosa*	India	Kamal (2010)
	Paxillus atrotomentosus (Batsch) Fr.	Bamboo	China	Xu et al. (2006)
	Penicilliopsis bambusae Nag Raj & Govindu	*Bambusa* sp.	Japan, India	Huang et al. (2023)
黑毛桩菇	*Penzigomyces flagellatus* (S. Hughes) *Subram.*	Bamboo	Ghana, Hong Kon	Ellis (1976); Zhou et al. (2001)
鞭状节链孢	*Penzigomyces uapacae* (M. B. Ellis) Subram.	*Phyllostachys bamb*	Europe, China	Ellis (1976); Zhou et al. (2001)
竹生节链孢	*Perenniporia bambusicola* Choeyklin, T. Hatt. & E. B. G. Jones	Bamboo	Thailand	Choeyklin et al. (2009)
	Periconia cookei E. W. Mason & M. B. Ellis	*Bambusa* sp.	India	Huang et al. (2023)
	Periconia oambusina Teng	Bamboo	China	Zhang & Wang (1999)
箣竹黑团孢	*Peroneutypa scoparia* (Schwein.) Carmarán & A. I. Romero	Bamboo	Thailand	Dai et al. (2017)
	Pestalotiopsis flagisetula (Guba) Y. X.	*Garcinia multiflora*	China	Benjamin et al. (1961)
鞭状毛拟盘多	*Phacodothis muriana* I. Hino	*Sasa* sp.	Japan	Hino et al. (1961)
	Phaeoacremonium sphinctrophoru L. Mostert, Summerb. & Crous	Bamboo	Thailand	Dai et al. (2017)
	Phaeoisaria pseudoclematidis D. Q. Dai & K. D. Hyde	Bamboo	Thailand	Liu et al. (2015)
	Phaeosaccardinula javanica (Zimm.) W. Yamam.	*Dendrocalamus latif*	China	Xu et al. (2006)
爪哇黑壳炱	*Phaeosphaeria bambusae* I. Miyake & Hara	*Pleioblastus simoni*	Japan, China	Tanaka and Harada (2004)
竹暗球壳	*Phaeosphaeria brevispora* (Nagas. & Y. Otani) Shoemaker & C. E. Babc.	*Sasa* sp.	Japan	Tanaka et al. (2009)

续表

中文	学名	寄主	国家（地区）	参考文献
	Phaeosphaeria oryzae I. Miyake	*Bambusa multiplex*	Japan	Tanaka and Harada (2004)
	Phaeosphaeria sp. Tanaka	*Sasa kurilensis*	Japan	Tanaka and Harada (2004)
	Phaeospora sasae Hara	*Phyllostachys bamb*	Japan	Hino et al. (1961)
	Phakopsora incompleta (Syd. & P. Syd.) Cummins	*Microstegium*	China	Zhang & Wang (1999)
	Phakopsora loudetiae Cummins	*Bambusa bambos*	Philippines	Huang et al. (2023)
不全层锈菌	*Phellinus gilvus* (Schwein.) Pat.	Bamboo	China	Zhang & Wang (1999)
淡黄木层菌	*Phellinus senex* (Nees & Mont.) Imazeki	Bamboo	China	Zhang & Wang (1999)
栗色木层菌	*Phellinus torulosus* (Pers.) Bourdot & Galzin	*Bambusa* sp.	China	Xu et al. (2006)
簇毛木层孔菌	*Phialosporostilbe gregariclava* Shirouzu & Y. Harada	*Sasa nipponica*	Japan	Shirouzu and Harada (2004)
	Philonectria variabilis Hara	Bamboo	Japan	Hino et al. (1961)
	Phlyctaena muroiana I. Hino & Katum.	*Phyllostachys bamb*	Japan	Hino et al. (1961)
	Phoma arundinacea Sacc.	*Bambusa omeiensis*	China	Xu et al. (2006)
芦苇茎点霉	*Phoma bambusina* Speg.	Bamboo	Japan	Hino et al. (1961)
	Phoma sinobambusae I. Hino & Katum.	*Sinobambusa tootsik*	Japan	Hino et al. (1961)
	Phomachora punctulata I. Hino & Katum.	Bamboo	Japan	Hino et al. (1961)
	Phomatospora yukawana I. Hino & Katum.	*Sasa* sp.	Japan	Hino et al. (1961)
	Phomatospora punctulata I. Hino & Katum.	*Psedosasa japonica*	Japan	Hino et al. (1961)
	Phragmocarpella japonica Hara	*Bambusa* sp.	China	Xu et al. (2006)
日本蠕孢盾壳	*Phragmocarpella sasae* Sawada	Bamboo	Japan	Hino et al. (1961)
	Phragmothyriella muroiana I. Hino & Katum.	*Sasaella heterophyll*	Japan	Hino et al. (1961)
	Phragmothyrium bambusicola (Henn. & Shirai) I. Hino	Bamboo	Japan	Hino et al. (1961)
	Phragmothyrium japonicum I. Hino & Hidaka	Bamboo	Japan	Hino et al. (1961)
	Phragmothyrium muroianum I. Hino & Katum.	*Pleioblastus* sp.	Japan	Hino et al. (1961)
	Phragmothyrium semiarundinariae I. Hino & Hidaka	*Semiarundinaria yas*	Japan	Hino et al. (1961)
	Phyllachora phyllostachydis Hara	*Bambusa* sp.	China	Xu et al. (2006)
刚竹黑痣菌	*Phyllachora arundinaria* Orton	*Arundinaria tecta*	U.S.A.	Pearce et al. (2000)
	Phyllachora bambusae (Sacc.) Cooke	Bamboo	Malabar, India	Pearce et al. (2000)
	Phyllachora chimonobambusae I. Hino & Katum.	*Chimobambusae ma*	Japan	Pearce et al. (2000)
	Phyllachora eximia Syd. & P. Syd.	*Arthrostylidium* sp.	Trinidad, German	Pearce et al. (2000)
	Phyllachora gracilis (Speg.) Cooke	*Bambusa chungii*	China	Xu et al. (2006)
竹子黑痣菌	*Phyllachora graminis* (Pers.) Fuckel	*Sasa longiligulata*	China	Zhang & Wang (1999)
禾黑痣菌	*Phyllachora hyllostachydis* Hara	Bamboo	Japan	Hino et al. (1961)
	Phyllachora indocalami Sawada	*Indocalamus tessella*	China	Xu et al. (2006)

续表

中文	学名	寄主	国家（地区）	参考文献
箬竹黑痣菌	*Phyllachora lelebae* Sawada	*Bambusa multiplex*	China	Xu et al. (2006)
孝顺竹黑痣菌	*Phyllachora leptotheca* Theiss. & Syd.	*Microstegium*	China	Zhang & Wang (1999)
小幕草黑痣菌	*Phyllachora longinaviculata* Parbery	*Bambusa*	Java, Indonesia	Pearce et al. (2000)
	Phyllachora maculans (Mont.) Cooke	*Bambusa* sp.	China	Xu et al. (2006)
斑污黑痣菌	*Phyllachora malabarensis* Syd., P. Syd. & E. J. Butler	Bamboo	Malabar, India	Pearce et al. (2000)
	Phyllachora megastroma Pat.	Bamboo	Congo	Pearce et al. (2000)
	Phyllachora microstegii Sawada	*Microstegium*	China	Zhang & Wang (1999)
莠竹黑痣菌	*Phyllachora orbicula* Rehm	*Bambusa* sp.	China	Xu et al. (2006)
圆黑痣菌	*Phyllachora pachinensis* Sawada	*Bambusa pachinensi*	China	Pearce et al. (2000)
	Phyllachora permutata Petr.	*Arundinaria tessellat*	South Africa	Pearce et al. (2000)
	Phyllachora phragmitis-karkae Sawada	*Phragmites karka*	China	Zhang & Wang (1999)
卡开芦竹黑痣	*Phyllachora phyllostachydis* Hara	*Phyilostachys bamb*	Japan, China	Pearce et al. (2000)
刚竹黑痣菌	*Phyllachora sasae* I. Hino & Katum.	*Sasa*	Japan	Pearce et al. (2000)
白井黑痣菌	*Phyllachora shiraiana* P. Syd.	*Arundinaria* sp.	China	Xu et al. (2006)
	Phyllachora sinensis Sacc.	*Bambusa* sp.	China	Zhang & Wang (1999)
中国黑痣菌	*Phyllachora tetrasperma* Sawada	*Sasa panieulata*	Japan	Pearce et al. (2000)
	Phyllachora tetraspora Chardón	*Bambusa vulgaris*	Dominican Republ	Pearce et al. (2000)
	Phyllachora tonkinensis Sacc. & P. Syd.	Bamboo	Africa, Brazil	Pearce et al. (2000)
	Phyllosticta bacilliformis Padwick & Merh	Bamboo	Japan	Hino et al. (1961)
	Phyllosticta bambusina (Speg.) Speg.	*Phyllostachys glauc*	China	Xu et al. (2006)
竹叶点霉	*Phyllosticta phyllostachydis* Hara	Bamboo	Japan	Hino et al. (1961)
	Phyllosticta take I. Miyake & Hara	*Bambusa omeiensis*	China	Xu et al. (2006)
慈竹叶点霉	*Physalacria sasae* S. Imai	Bamboo	Japan	Hino et al. (1961)
	Physalospora inamoena I. Hino & Katum.	*Phyllostachys bamb*	Japan	Hino et al. (1961)
	Physalospora punctulata I. Hino & Katum.	*Phyllostachys bamb*	Japan	Hino et al. (1961)
	Physalospora reinkingiana Sacc.	Bamboo	China	Xu et al. (2006)
竹茎囊孢壳	*Physopella inflexa* (S. Ito) Buriticá & J. F. Hennen	*Phyllostachys* sp.	China	Xu et al. (2006)
竹串孢层锈菌	*Physospora rubiginosa* (Fr.) Fr.	Bamboo	China	Xu et al. (2006)
锈色肿梗霉	*Piptoporus roseovinaceus* Choeyklin, T. Hatt. & E. B. G. Jones	Bamboo	Thailand	Choeyklin et al. (2009)
	Pithomyces graminicola R. Y. Roy & B. Rai	*Dendrocalamus* sp., *Phyllostachys makinoi*	China	Jiang et al. (2022)
	Pithomyces longipes X. G. Zhang & T. Y. Zhang	*Bambusa ventricosa*	China	Jiang et al. (2022)
	Pleurophragmium bambusinum D. Q. Dai & K. D. Hyde	Bamboo	Thailand	Dai et al. (2017)
	Podosporium compactum Teng	Bamboo	China	Zhang & Wang (1999)

续表

中文	学名	寄主	国家（地区）	参考文献
紧密束柄霉	*Podosporium minus* Sacc.	*Bambusa* sp.	China	Zhang & Wang (1999)
小束柄霉	*Podosporium muroianum* I. Hino & Katum.	*Pleioblastus* sp.	Japan	Hino et al. (1961)
	Polyplosphaeria fusca Kaz. Tanaka & K. Hiray.	*Pleioblastus chino*	Japan	Tanaka et al. (2009)
	Polyporus mylittae Sacc.	Bamboo	China	Xu et al. (2006)
雷丸	*Polystigma haraeanum* Sacc.	*Phyllostachys bamb*	Japan	Hino et al. (1961)
	Polystigma uniloculare I. Hino & Katum.	*Psedosasa japonica*	Japan	Hino et al. (1961)
	Prosthemiella bambusina Syd.	*Bambusa multiplex*	China	Xu et al. (2006)
簕竹壳附霉	*Pseudoastrosphaeriella africana* (D. Hawksw.) Phook. & K. D. Hyde	Bamboo	Thailand	Phookamsak et al. (2015)
	Pseudoastrosphaeriella bambusae Phook. & K. D. Hyde	Bamboo	Thailand	Phookamsak et al. (2015)
	Pseudoastrosphaeriella longicolla Phook. & K. D. Hyde	Bamboo	Thailand	Phookamsak et al. (2015)
	Pseudoastrosphaeriella papillata (K. D. Hyde & J. Fröhl.) Phook. & K. D. Hyde	Bamboo	Thailand	Phookamsak et al. (2015)
	Pseudoastrosphaeriella thailandensis Phook., Z. L. Luo & K. D. Hyde	Bamboo	Thailand	Phookamsak et al. (2015)
	Pseudolachnea bubakii Ranoj.	Bamboo	China	Zhang & Wang (1999)
假毛壳孢	*Pseudolachnella scolecospora* (Teng & C. I. Chen) Teng	*Phyllostachys* sp.	China	Xu et al. (2006)
旋孢小假毛壳	*Pseudolachnella yakushimensis* G. Sato, Kaz. Tanaka & Hosoya	*Pleioblastus* sp.	Japan	Sato et al. (2008)
	Pseudotetraploa curviappendiculat (Sat. Hatak., Kaz. Tanaka & Y. Harada) Kaz. Tanaka & K. Hiray.	*Sasa kurilensis; Sas*	Japan	Hatakeyama et al. (2005); Tanaka et al. (2009)
	Pseudotetraploa javanica (Rifai, Zainuddin & Cholil) Kaz. Tanaka & K. Hiray.	*Sasa* sp.	Japan	Hatakeyama et al. (2005); Tanaka et al. (2009)
	Pseudotetraploa longissima (Sat. Hatak., Kaz. Tanaka & Y. Harada) Kaz. Tanaka & K. Hiray.	*Pleioblastus chino*	Japan	Hatakeyama et al. (2005); Tanaka et al. (2009)
	Psiloglonium sasicola (N. Amano) E. Boehm & C. L. Schoch	Bamboo	Thailand	Liu et al. (2015)
	Pteridiospora chiangraiensis Phook. & K. D. Hyde	Bamboo	Thailand	Phookamsak et al. (2015)
	Pteridiospora javanica Penz. & Sacc.	Bamboo	Thailand, Indonesi	Phookamsak et al. (2014)
	Pterula penicellata Berk. ex Lloyd	Bamboo	China	Xu et al. (2006)
龙须菌	*Puccinia arundinariae* Schwein.	*Phyllostachys sulph*	China	Xu et al. (2006)
青篱竹柄锈菌	*Puccinia bambusicola* S. X. Wei & J. Y. Zhuang	*Bambusa* sp.	China	Xu et al. (2006)
竹生柄锈菌	*Puccinia brachystachyicola* I. Hino & Katum.	*Brachystachyum den*	China	Xu et al. (2006)
短穗竹柄锈菌	*Puccinia dispori* Syd.	*Disporum cantonien*	China	Zhang & Wang (1999)
万寿竹柄锈菌	*Puccinia flammuliformis* I. Hino & Katum.	Bamboo	China	Xu et al. (2006)
焰状柄锈菌	*Puccinia ignava* (Arthur) Arthur	*Bambusa* sp.	China	Zhang & Wang (1999)
簕竹柄锈菌	*Puccinia kusanoi* Dietel	*Bambusa* sp.	China	Xu et al. (2006)

续表

中文	学名	寄主	国家（地区）	参考文献
草野柄锈菌	*Puccinia kwanhsienensis* F. L. Tai	*Bambusa* sp.	China	Xu et al. (2006)
灌县柄锈菌	*Puccinia longicornis* Pat. & Har.	*Bambusa arundinac*	China	Xu et al. (2006)
长角柄锈菌	*Puccinia lophatheri* (Syd. & P. Syd.) Hirats. f.	*Centotheca latifolia*	China	Xu et al. (2006)
淡竹叶柄锈菌	*Puccinia machilicola* Cummins	Bamboo	China	Xu et al. (2006)
桢楠生柄锈菌	*Puccinia melanocephala* Syd. & P. Syd.	*Phyllostachys sulph*	China	Zhang & Wang (1999)
黑顶柄锈菌	*Puccinia mitriformis* S. Ito	*Bambusa* sp.	China	Zhang & Wang (1999)
僧帽状柄锈菌	*Puccinia neoporteri* I. Hino & Katum.	Bamboo	China	Xu et al. (2006)
新波特柄锈菌	*Puccinia nigroconoidea* I. Hino & Katum.	*Phyllostachys* sp.	China	Xu et al. (2006)
黑锥柄锈菌	*Puccinia phyllostachydis* Kusano	*Bambusa* sp.	China	Xu et al. (2006)
毛竹柄锈菌	*Puccinia polliniae* Barclay	*Microstegium*	China	Zhang & Wang (1999)
金茅柄锈菌	*Puccinia polliniae-imberbis* (S. Ito) Hirats.	*Microstegium*	China	Zhang & Wang (1999)
秃裸金茅柄锈	*Puccinia polliniicola* Syd.	*Microstegium*	China	Zhang & Wang (1999)
金茅生柄锈菌	*Puccinia sasae* Kusano	*Sasa borealis*	Japan	Hino et al. (1961)
	Puccinia scabrida F. He & Kakish.	*Phyllostachys* sp.	China	Xu et al. (2006)
粗糙柄锈菌	*Puccinia sinarundinariae* J. Y. Zhuang & S. X. Wei	*Fargesia spathacea*	China	Xu et al. (2006)
箭竹柄锈菌	*Puccinia sinarundinariicola* J. Y. Zhuang & S. X. Wei	*Sinarundinaria chu*	China	Xu et al. (2006)
箭竹生柄锈菌	*Puccinia tenella* I. Hino & Katum.	*Bambusa* sp.	China	Xu et al. (2006)
娇嫩柄锈菌	*Puccinia xanthosperma* Syd. & P. Syd.	*Thamnocalamus coll*	China	Xu et al. (2006)
黄孢柄锈菌	*Pustulomyces bambusicola* D. Q. Dai, Bhat & K. D. Hyde	Bamboo	Thailand	Dai et al. (2014a)
	Quadricrura bicornis Kaz. Tanaka, K. Hiray. & H. Yonez.	*Sasa kurilensis*	Japan	Tanaka et al. (2009)
	Quadricrura meridionalis Kaz. Tanaka & K. Hiray.	Bamboo	Japan	Tanaka et al. (2009)
	Quadricrura septentrionalis Kaz. Tanaka, K. Hiray. & Sat. Hatak.	*Sasa kurilensis*	Japan	Tanaka et al. (2009)
	Rehmiodothis bambusae R. K. Verma & Soni	*Bambusa vulgaris*	India	Verma et al. (2008)
	Repetophragma subulata (Cooke & Ellis) Subram.	*Liquidambar*	USA, Hong Kong	Ellis (1976); Zhou et al. (2001)
	Requienella seminuda (Pers.) Boise	Bamboo	China	Jiang et al. (2022)
钻形环梗霉	*Rhabdospora pleioblasti* Hara	Bamboo	Japan	Hino et al. (1961)
	Rhynchosphaeria bambusae Teng	Bamboo	China	Xu et al. (2006)
箣竹长嘴壳	*Rigidoporus* cf. *lineatus* (Pers.) Ryvarden	Bamboo	Malaysia	Choeyklin et al. (2009)
	Rosellinia decipiens Penz. et Sacc.	Bamboo	China	Xu et al. (2006)
迷惑座坚壳	*Rosellinia emergens* Sacc.	Bamboo	China	Xu et al. (2006)
亚大孢座坚壳	*Rosellinia congesta* I. Hino & Katum.	*Phyllostachys bamb*	Japan	Hino et al. (1961)
	Rosellinia culmicola Teng	Bamboo	China	Xu et al. (2006)
秆生座坚壳	*Rosellinia muroiana* I. Hino & Katum.	Bamboo	Japan	Hino et al. (1961)
	Roussoella angustior D. Q. Dai & K.D. Hyde	Bamboo	Thailand	Ariyawansa et al. (2015)
	Roussoëlla angustispora D. Q. Zhou, L. Cai & K. D. Hyd	Bamboo	Hong Kong	Zhou et al. (2003)

续表

中文	学名	寄主	国家（地区）	参考文献
	Roussoella chiangraina Phook., Jian K. Liu & K. D. Hyde	Bamboo	Thailand	Liu et al. (2014)
	Roussoëlla hysterioides (Ces.) Höhn.	Bamboo	China	Zhou et al. (2003)
	Roussoëlla intermedia Y. M. Ju, J. D. Rogers & Huhndorf	Bamboo	Hong Kong	Zhou et al. (2003)
	Roussoella japanensis Kaz. Tanaka, Jian K. Liu & K. D. Hyde	*Sasa veitchii* var. *vei*	Japan	Liu et al. (2014)
	Roussoella magnatum D. Q. Dai & K. D. Hyde	Bamboo	Thailand	Ariyawansa et al. (2015)
	Roussoella mukdahanensis Phook., D. Q. Dai & K. D. Hyde	Bamboo	Thailand	Dai et al. (2017)
	Roussoella neopustulans D. Q. Dai, Jian K. Liu & K. D. Hyde	Bamboo	Thailand	Liu et al. (2014); Dai et al. (2017)
	Roussoella nitidula Sacc. & Paol.	Bamboo	Malaysia/ Thailand	Liu et al. (2014)
	Roussoella pseudohysterioides D. Q. Dai & K. D. Hyde	Bamboo	Thailand	Dai et al. (2017)
	Roussoella pustulans (Ellis & Everh.) Y. M. Ju, J. D. Rogers & Huhndorf	*Sasa kurilensis*	Japan	Liu et al. (2014)
	Roussoella pustulata D. Q. Dai & K. D. Hyde	Bamboo	Thailand	Dai et al. (2017)
	Roussoella scabrispora (Höhn.) Aptroot	Bamboo	Thailand	Liu et al. (2014)
	Roussoella siamensis Phook., Jian K. Liu & K. D. Hyde	*Bambusa* sp.	Thailand	Liu et al. (2014); Dai et al. (2017)
	Roussoella sp. (T. aristata s. l.)	*Sasa kurilensis*	Japan	Tanaka et al. (2009)
	Roussoella thailandica D. Q. Dai, Jian K. Liu & K. D. Hyde	Bamboo	Thailand	Liu et al. (2014)
	Roussoella verrucispora Kaz. Tanaka, Jian K. Liu & K. D. Hyde	*Sasa kurilensis*	Japan	Liu et al. (2014)
	Roussoellopsis japonica (I. Hino & Katum.) I. Hino & Katum.	*Phyllostachys bamb*	Japan	Liu et al. (2014)
	Roussoellopsis macrospora (I. Hino & Katum.) I. Hino & Katum.	Bamboo	Thailand	Liu et al. (2014)
	Roussoellopsis sp. I. Hino & Katum.	*Sasa kurilensis*	Japan	Liu et al. (2014)
	Roussoellopsis tosaensis I. Hino & Katum.	Bamboo	Japan	Liu et al. (2014)
	Rubroshiraia bambusae D. Q. Dai & K. D. Hyde	Bamboo	China	Dai et al. (2019)
	Sarocladium oryzae (Sawada) W. Gams & D. Hawksw.	*Bambusa* sp.	Bangladesh	Huang et al. (2023)
	Savoryella lignicola E. B. G. Jones & R. A. Eaton	*Bambusa* sp.	China	Jiang et al. (2022)
	Schizophyllum commune Fr.	Bamboo	Japan	Hino et al. (1961)
	Schizostoma muroianum I. Hino & Katum.	*Phyllostachys bamb*	Japan	Hino et al. (1961)
	Schizothyrium pleioblasti I. Hino & Katum.	*Pleioblastus simoni*	Japan	Hino et al. (1961)
	Scirrhia bambusina Penz. & Sacc.	Bamboo	Japan	Hino et al. (1961)
	Scirrhia linearistromatifera I. Hino & Katum.	*Pleioblastus simoni*	Japan	Hino et al. (1961)
	Scirrhiella curvispora Speg.	*Shibataea kumasaca*	Japan	Hino et al. (1961)

续表

中文	学名	寄主	国家（地区）	参考文献
	Sclerographium fuligineum I. Hino & Katum.	*Phyllostachys bamb*	Japan	Hino et al. (1961)
	Sclerotium fumigatum N. Nakata ex Hara	*Bambusa* sp.	China	Xu et al. (2006)
灰色小核菌	*Sclerotium japonicum* S. Endo & Hidaka	Bamboo	Japan	Hino et al. (1961)
刚竹单隔孢	*Scolecotrichum phyllostachydis* Ten	*Phyllostachys* sp.	China	Xu et al. (2006)
	Scorias capitata Sawada	*Bambusa omeiensis*	China	Xu et al. (2006)
头状胶壳炱	*Scorias communis* W. Yamam.	*Bambusa dolichocla*	China	Xu et al. (2006)
普通胶壳炱	*Scyphospora phyllostachydis* L. A. Kantsch.	*Phyllostachys nigra*	Japan	Hino et al. (1961)
	Septobasidium albidum Pat.	*Phyllostachys* sp.	China	Xu et al. (2006)
白隔担耳	*Septobasidium bogoriense* Pat.	*Phyllostachys glauc*	China	Xu et al. (2006)
茂物隔担耳	*Septocytella bambusina* Syd.	*Bambusa* sp.	China	Xu et al. (2006)
箣竹腔座霉	*Septoria bambusae* Brunaud	Bamboo	Japan	Hino et al. (1961)
	Septothyrella nipponica I. Hino & Katum.	*Pleioblastus simoni*	Japan	Hino et al. (1961)
	Seriascoma didymospora Phook., D. Q. Dai, Karun. & K. D. Hyde	Bamboo	Thailand	Dai et al. (2017)
	Serpula similis (Berk. & Broome) Ginns	Bamboo	China	Xu et al. (2006)
相似干腐苗	*Shanoria bambusarum* Subram. & K. Ramakr.	*Phyllostachys hetero*	China	Xu et al. (2006)
竹向氏霉	*Shiraia bambusicola* Henn.	*Bambusa omeiensis*	China	Xu et al. (2006)
竹黄	*Shiraiella phyllostachydis* (Syd. & P. Syd.) Hara	*Phyllostachys* sp.	China	Xu et al. (2006)
	Spiropes scopiformis (Berk.) M. B. Ellis	*Bambusa vulgaris*, *Bambusa bambos*, *Dendrocalamus strictus*, *Ochlandra travancorica*, *Ochlandra ebracteata*	India	Huang et al. (2023)
刚竹假竹黄	*Sphaeria bambusae* Lev.	*Bambusa arundinacea*		Léveillé(1845)
	Sphaeria fusariispora Mont.	*Bambusa* sp.		Montagne (1855)
	Sphaeria hypoxantha Lev.	*Bambusa arundinacea*		Léveillé(1846)
	Sphaerocolla pleloblasti I. Hino & Katum. leioblasti I. Hino	*Pleioblastus* sp.	Japan	Hino et al. (1961)
	Sphaeropezia bambusina Hara	Bamboo	Japan	Hino et al. (1961)
	Sphaerophragmium sp.	*Monstera deliciosa*	China	Xu et al. (2006)
球锈菌	*Sphaerulina bambusicola* G. C. Zhao	*Bambusa* sp.	China	Zhao and Zhao (2012)
	Sphaerulina phyllostachydis I. Hino & Katum.	*Phyllostachys bamb*	Japan	Hino et al. (1961)
	Sphaerulina take Hara	Bamboo	Japan	Hino et al. (1961)
	Sporidesmium ehrenbergii M. B. Ellis	*Tilia*	Europe, China	Ellis (1976); Zhou et al. (2001)
尹氏链束霉	*Sporidesmium eucalypti* M. B. Ellis & D. E. Shaw	*Eucalyptus*	New Guinea, Hon	Ellis (1976); Zhou et al. (2001)
桉树链束霉	*Sporidesmium eupatoriicola* M. B. Ellis	*Eupatorium*	Sierra Leone, Hon	Ellis (1976); Zhou et al. (2001)

续表

中文	学名	寄主	国家（地区）	参考文献
泽菌链束霉	*Sporidesmium fragilissimum* (Berk. & M. A. Curtis) M. B. Ellis	*Smilax*	USA, China	Ellis (1976); Zhou et al. (2001)
脆硬链束霉	*Sporidesmium penzigii* M. B. Ellis	*Sinobambusa tootsik*	Java, Hong Kong	Ellis (1976); Zhou et al. (2001)
彭氏链束霉	*Sporidesmium verrucisporum* M. B. Ellis	*Uvaria*	Sierra Leone, Hon	Ellis (1976); Zhou et al. (2001)
疣孢链束霉	*Sporodesmium globuliferum* I. Hino & Katum.	*Pleioblastus nezasa*	Japan	Hino et al. (1961)
	Sporonema nigropunctata I. Hino & Katum.	*Phyllostachys bamb*	Japan	Hino et al. (1961)
	Stagonospora phyllostachydis Hara	Bamboo	Japan	Hino et al. (1961)
	Stachylidium bicolor Link	*Phyllostachys* sp.	China	Jiang et al. (2022)
	Stenocarpella maydis (Berk.) B. Sutton	*Bambusa tuldoides*	China	Jiang et al. (2022)
	Stereostratum corticioides (Berk. & Broome) H. Magn.	Bamboo	China	Xu et al. (2006)
皮状硬层锈菌	*Stigmatodothis sasae* (Hara) I. Hino & Katum.	*Sasa borealis*	Japan	Hino et al. (1961)
	Telimena graminis (Höhn.) Theiss. & Syd.	*Phyllostachys hetero*	China	Xu et al. (2006)
禾丝蠕孢壳	*Telimena haraeana* I. Hino & Katum.	*Pleioblastus simoni*	Japan	Hino et al. (1961)
	Telimena pleioblasti I. Hino & Katum.	*Pleioblastus simoni*	Japan	Hino et al. (1961)
	Tetraploa aristata Berk. & Broome	*Bambusa* sp.	China	Xu et al. (2006)
芒四绺孢	*Tetraploa* sp. (T. aristata s. l.)	Bamboo	Japan	Tanaka et al. (2009)
	Tetraplosphaeria nagasakiensis Kaz. Tanaka & K. Hiray.	Bamboo	Japan	Tanaka et al. (2009)
	Tetraplosphaeria sasicola Kaz. Tanaka & K. Hiray.	*Sasa senanensis*	Japan	Tanaka et al. (2009)
	Tetraplosphaeria tetraploa (Scheuer) Kaz. Tanaka & K. Hiray.	Bamboo	China	Tanaka et al. (2009)
	Tetraplosphaeria yakushimensis Kaz. Tanaka, K. Hiray. & Hosoya	*Arundo donax*	Japan	Tanaka et al. (2009)
	Trematosphaerella bambusae (I. Miyake & Hara) I. Hino & Katum.	*Bambusa* sp.	China	Zhang & Wang (1999)
簕竹小陷壳	*Trematosphaeria trochus* (Penz. & Sacc.) Teng	Bamboo	China	Zhang & Wang (1999)
	Tremella fuciformis Berk.	*Bambusa* sp.	India	Huang et al. (2023)
圆锥陷球壳	*Trichosphaeria bambusina* Höhn.	Bamboo	Japan	Hino et al. (1961)
	Trichothecium roseum (Pers.) Link	Bamboo	Japan	Hino et al. (1961)
	Triplosphaeria acuta Kaz. Tanaka & K. Hiray.	*Sasa nipponica*	Japan	Tanaka et al. (2009)
	Triplosphaeria amaxima (T. aristata s. l.)	*Sasa kurilensis*	Japan	Tanaka et al. (2009)
	Triplosphaeria cylindrica Kaz. Tanaka & K. Hiray.	*Sasa kurilensis*	Japan	Tanaka et al. (2009)
	Triplosphaeria maxima Kaz. Tanaka & K. Hiray.	*Sasa kurilensis*	Japan	Tanaka et al. (2009)
	Triplosphaeria sp. (T. aristata s. l.)	*Sasa kurilensis*	Japan	Tanaka et al. (2009)
	Triplosphaeria yezoensis (I. Hino & Katum.) Kaz. Tanaka & K. Hiray.	*Sasa palmata*	Japan	Tanaka et al. (2009)
	Triposporiopsis spinigera (Höhn.) W. Yamam.	*Bambusa dolichocla*	China	Xu et al. (2006)
刺三叉孢炱	*Tubercularia maeshimana* I. Hino & Katum.	Bamboo	Japan	Hino et al. (1961)

续表

中文	学名	寄主	国家（地区）	参考文献
	Tubeufia javanica Penz. & Sacc.	Bamboo	Thailand, China	Boonmee et al. (2014); Dai et al. (2017)
爪哇毛筒壳	*Tubeufia longiseta* D. Q. Dai & K. D. Hyde	Bamboo	Thailand	Dai et al. (2017)
	Tubeufia nigrotuberculata I. Hino & Katum.	*Phyllostachys bamb*	Japan	Hino et al. (1961)
	Tubeufia javanica Penz. & Sacc.	*Bambusa* sp.	China	Xu et al. (2006)
爪哇毛筒壳	*Uredo arundinis-donacis* F. L. Tai	*Arundo donax*	China	Zhang & Wang (1999)
	Uredo bambusae-nanae J. M. Yen	*Arundinaria* sp., *Sasa* sp.	Japan	Huang et al. (2023)
芦竹夏孢锈菌	*Uredo dendrocalami* Petch	*Dendrocalamus latif*	China	Xu et al. (2006)
麻竹夏孢锈菌	*Uredo ditissima* (Syd.) Cummins	*Dendrocalamus latif*	China	Xu et al. (2006)
极丰夏孢锈菌	*Uredo haloxyli* Kravtzev.	*Dendrocalamus*	China	Xu et al. (2006)
梭梭夏孢锈菌	*Uredo ignava* Arthur	Bamboo	China	Xu et al. (2006)
竹夏孢锈菌	*Urocystis paridis* (Unger) Thüm.	*Polygonatum humile*	China	Mordue et al.(1981)
重楼条黑粉菌	*Ustilaginoidea polliniae* Teng	*Microstegium*	China	Zhang & Wang (1999)
金茅绿核菌	*Ustilago shiraiana* Henn.	*Arundinaria*	China	Xu et al. (2006)
竹黑粉菌	*Ustulina deusta* (Hoffm.) Maire	Bamboo	China	Xu et al. (2006)
炭垫焦菌	*Vamsapriya bambusicola* D. Q. Dai, Bhat & K. D. Hyde	Bamboo	Thailand	Dai et al. (2014c); Dai et al. (2017)
	Vamsapriya indica Gawas & Bhat	Bamboo	Thailand, India	Dai et al. (2014c); Gawas and Bhat (2005)
	Vamsapriya khunkonensis D. Q. Dai, Bhat & K. D. Hyde	Bamboo	Thailand	Dai et al. (2014c)
	Vararia pallescens (Schwein.) D. P. Rogers & H. S. Jacks.	Bamboo	China	Zhang & Wang (1999)
苍白叉丝草菌	*Vermicularia straminis* Cooke & Harkn.	Bamboo	Japan	Hino et al. (1961)
	Versicolorisporium triseptatum Sat. Hatak., Kaz. Tanaka & Y. Harada	*Pleioblastus chino*	Japan	Hatakeyama et al. (2008)
	Vestergrenia globosa I. Hino & Katum.	*Sinobambusa tootsik*	Japan	Hino et al. (1961)
	Vialaea bambusae Hara	Bamboo	Japan	Hino et al. (1961)
	Wallrothiella subiculosa Höhn.	*Phyllostachys makinoi*	China	Jiang et al. (2022)
	Xenosporella berkeleyi (M. A. Curtis) Linder	*Phyllostachys* sp.	China	Xu et al. (2006)
勃氏小异孢霉	*Xenosporella dendrocalami* Panwar	*Dendrocalamus latif*	China	Xu et al. (2006)
	Xenosporium indicum Panwar, Purohit & Gehlot	*Bambusa* sp.	India	Huang et al. (2023)
麻竹小异孢霉	*Xylaria badia* Pat.	Bamboo	China	Ju et al. (1999)
褐色炭角菌	*Xylaria bambusicola* Y. M. Ju & J. D. Rogers	Bamboo	Thailand	Dai et al. (2017)
竹生炭角菌	*Xylaria scopiformis* Mont. ex Berk. & Broome	Bamboo	China	Xu et al. (2006)
细枝炭角菌	*Xylaria take* Hara	Bamboo	Japan	Hino et al. (1961)
	Yoshinagella phyllostachydis I. Hino & Katum.	*Phyllostachys bamb*	Japan	Hino et al. (1961)
	Zythia australis I. Hino & Katum.	*Phyllostachys bamb*	Japan	Hino et al. (1961)
	Zythia stromaticola Henn. & Shirai	Bamboo	Japan	Hino et al. (1961)

注：空格表示该物种目前无中文名称。

参考文献

葛起新，陈育新，徐同，2009. 中国真菌志 . 第三十八卷，拟盘多毛孢属 [M]. 北京：科学出版社 .

胡炎兴，1996. 中国真菌志 . 第四卷，小煤炱目 (I)[M]. 北京：科学出版社 .

任春光，桑维钧，刘曼，等，2008. 撑绿竹炭疽病的病原鉴定及防治药剂筛选 [J]. 安徽农业科学 (4):1476–1477.

徐梅卿，戴玉成，范少辉，等，2006. 中国竹类病害记述及其病原物分类地位 (上)[J]. 林业科学研究 (6): 692–699.

张立钦，王雪根，1999. 中国竹类真菌资源 [J]. 竹子研究汇刊 (3): 66–72.

周德群，夏景壕，路炳声，2002. 中国竹类上的小花口壳属 (*Anthostomella* Sacc.) 记述 [J]. 贵州科学 (1): 52–58.

赵光材，赵瑞琳 . 云南森林高等微真菌 [M]. 昆明：云南科技出版社，2012.

ADAMČÍK S, CAI L, CHAKRABORTY D, et al，2015. Fungal Biodiversity Profiles 1–10[J]. Cryptogamie, Mycologie, 36: 121–1.

ARIYAWANSA H A, HYDE K D, JAYASIRI S C, et al，2015. Fungal diversity notes 111–252—taxonomic and phylogenetic contributions to fungal taxa[J]. Fungal Diversity, 75(1): 27–274.

ARIYAWANSA H A, TANAKA K, THAMBUGALA K M, et al，2014. A molecular phylogenetic reappraisal of the Didymosphaeriaceae (= Montagnulaceae)[J]. Fungal Diversity, 68: 69–104.

BENJAMIN C R , GUBA E F, 1961. Monograph of *Monochaetia* and *Pestalotia*[J]. Mycologia, 52(6): 966.

BOONMEE S, ROSSMAN A Y, LIU J K, et al，2014. Tubeufiales, ord. nov., integrating sexual and asexual generic names[J]. Fungal Diversity, 68(1): 239–298.

BOONMEE S, ZHANG Y, CHOMNUNTI P, et al，2011. Revision of lignicolous Tubeufiaceae based on morphological reexamination and phylogenetic analysis[J]. Fungal Diversity, 51(1): 63–102.

CAI L, ZHANG K, MCKENZIE E H C, et al，2004. *Linocarpon bambusicola* sp. nov. and *Dictyochaeta curvispora* sp. nov. from bamboo submerged in freshwater[J]. Nova Hedwigia, 78(3–4): 439–445.

CHAVERRI P, CANDOUSSAU F, SAMUELS G J, *Hypocrea phyllostachydis* and its *Trichoderma* anamorph, a new bambusicolous species from France[J]. Mycological Progress, 2004, 3(1): 29–36.

CHOEYKLIN R, HATTORI T, JARITKHUAN S, et al，2009. Bambusicolous polypores collected in Central Thailand[J]. Fungal Diversity, 36:121–128.

CROUCH J A, CLARKE B B, WHITE J F, et al，2009. Systematic analysis of the falcate-spored graminicolous *Colletotrichum* and a description of six new species from warm-season grasses[J]. Mycologia, 101(5): 717–732.

DAI D Q, JAYARAMA BHAT D, LIU J K, et al，2012. *Bambusicola*, a new genus from bamboo with asexual and sexual morphs[J]. Cryptogamie, Mycologie, 33(3): 363–379.

DAI D Q, WIJAYAWARDENE N N, BHAT D J, et al，2014a. *Pustulomyces* gen. nov. accommodated in Diaporthaceae, Diaporthales, as revealed by morphology and molecular analyses[J]. Cryptogamie, Mycologie, 35(1): 63–72.

DAI D Q, WIJAYAWARDENE N N, BHAT D J, et al，2014b. The phylogenetic placement of eriosporella bambusicolasp. nov. in Capnodiales[J]. Cryptogamie, Mycologie, 35(1): 41–49.

DAI D Q, BAHKALI A H, LI Q R, et al，2014c. *Vamsapriya* (Xylariaceae) re-described, with two new species and molecular sequence Data[J]. Cryptogamie, Mycologie, 35(4): 339–357.

Dai D Q, PHOOKAMSAK R, WIJAYAWARDENE N N, et al，2017. Bambusicolous fungi[J]. Fungal Diversity, 82: 1–105.

DAI D Q, WIJAYAWARDENE N N, TANG L Z, et al，2019. *Rubroshiraia* gen. nov., a second hypocrellin-producing genus in Shiraiaceae (Pleosporales)[J]. MycoKeys, 58: 1–26.

DAI L D, WU S H, NAKASONE K K, et al，2017. Two new species of *Aleurodiscus* s.l. (Russulales, Basidiomycota) on bamboo from tropics[J]. Mycoscience, 58(3): 213–220.

DUBEY R, 2018. *Goosiomyces* bambusicola - A new cheirosporous anamorphic species from Western Ghats, India[J]. Current Research in Environmental & Applied Mycology, 4(2): 211–216.

DUBEY R, NEELIMA A, 2013. *Kamalomyces mahabaleshwarensis* sp. nov. (Tubeufiaceae) from the Western Ghats, India[J]. Mycosphere, 4(4): 760–64.

ELLIS Martin B, 1976. More Dematiaceous Hyphomycetes[Z].

GAWAS P, BHAT D J. 2005. *Vamsapriya indica* gen. et sp. nov., a bambusicolous, synnematous fungus from India[J]. Mycotaxon, 94: 149–154.

HASHIMOTO A, SATO G, MATSUDA T, et al，2015. Molecular taxonomy of Dinemasporium and its allied genera[J]. Mycoscience, 56(1): 86–101.

HATAKEYAMA S, TANAKA K, HARADA Y, 2005. Bambusicolous fungi in Japan (5): three species of *Tetraploa*[J]. Mycoscience, 46(3): 196–200.

HATAKEYAMA S, TANAKA K, HARADA Y, 2008. Bambusicolous fungi in Japan (7): a new coelomycetous genus, *Versicolorisporium*[J]. Mycoscience, 2008, 49(3): 211–214.

HINO I, KATUMOTO K, 1961. Illustrationes fungorum bambusicolorum IX[J]. Bulletin of the Faculty of Agriculture Yamaguti University, 12: 151–162.

HOSAGOUDAR V B, ABRAHAM T K, 2000. A list of *Asterina* Lev. species based on the literature[J]. Journal of economic and taxonomic botany, 24(3): 557–587.

HUANG L, HE J, TIAN CM, et al，2023. Bambusicolous fungi, diseases, and insect pests of bamboo[J]. Forest Microbiology, 3: 415–440.

JAKLITSCH W M, FOURNIER J, DAI D Q, et al，2015. *Valsaria* and the Valsariales[J]. Fungal Diversity, 73(1): 159–202.

JIANG H, PHOOKAMSAK R, HONGSANAN S, et al，2022. A Review of Bambusicolous Ascomycota in China with an Emphasis on Species Richness in Southwest China[J]. Studies in Fungi, 7(1): 1–33.

JOHNSTON A, 1960. A supplement to a host list of plant diseases in Malaya[J]. Mycological Papers, 77: 30–33.

JU Y M, ROGERS J D, 1999. The Xylariaceae of Taiwan (excluding *anthostomella*)[J]. Mycotaxon, 73: 343–440.

JU Y M, ROGERS J D, 1994. *Kretschmariella culmorum* (Cooke) comb. nov. and notes on some other monocot–inhabiting xylariaceous fungi[J]. Mycotaxon, 51: 241–255.

Kamal, 2010. Cercosporoid fungi of India[M]. Dehradun: Bishen Singh Mahendra Pal Singh Publication.

KUHNERT E, FOURNIER J, PERŠOH D, et al，2014. New *Hypoxylon* species from Martinique and new evidence on the molecular phylogeny of *Hypoxylon* based on ITS rDNA and β–tubulin data[J]. Fungal Diversity, 64(1): 181–203.

LÉVEILLÉ J H, 1845. Champignons exotiques[J]. Annales des Sciences Naturelles Botanique, 3(3): 38–71.

LÉVEILLÉ J H, 1846. Descriptions des champignons de l'herbier du Muséum de Paris[J]. Annales des Sciences Naturelles Botanique, 5: 249–305.

LIU J K, PHOOKAMSAK R, JONES E B G, et al，2011. *Astrosphaeriella* is polyphyletic, with species in *Fissuroma* gen. nov., and *Neoastrosphaeriella* gen. nov.[J]. Fungal Diversity, 51(1): 135–154.

LIU J K, PHOOKAMSAK R, DOILOM M, et al，2012. Towards a natural classification of Botryosphaeriales[J]. Fungal Diversity, 2012: 149–210.

LIU J K, PHOOKAMSAK R, DAI D Q, et al，2014. Roussoellaceae, a new pleosporalean family to accommodate the genera *Neoroussoella* gen. nov., *Roussoella* and *Roussoellopsis*[J]. Phytotaxa, 181(1): 1.

LIU Y, LIU Z, WONGKAEW S, 2012. Developing characteristics and relationships of *Shiraia* bambusicola with Bamboo[J]. Songklanakarin Journal of Science and Technology, Songklanakarin Journal of Science and Technology, 34: 17–22.

MELO I, CARDOSO C, 2007. A adições à lista de fungos afiloforóides (Basidiomycetes) da Península Ibérica[J]. Portugaliae Acta Biologic, 22: 305–311.

MONTAGNE J, 1855. Cryptogamia Guyanensis seu plantarum cellularium in Guyana gallica annis 1835-1849 a cl. Leprieur collectarum enumeratio universalis[J]. Annales des Sciences Naturelles Botanique, 4(3): 91–144.

MORDUE J E M, WALLER J M，2021. *Urocystis agropyri*. [Descriptions of Fungi and Bacteria][M]. Wallingford: CAB Internationd.

NIE T, TIAN Y, LIU S L, et al，2017. Species of *Hymenochaete* (Hymenochaetales, Basidiomycota) on bamboos from East Asia, with descriptions of two new species[J]. MycoKeys, 20: 51–65.

PARKASH V, 2017. *Gelatinomyces conus* sp nov (Ascomycota, Leotiomycetes): a new bambusicolous fungal species from North-East India[J]. Taiwania, 62(3): 261–264.

PARRIS G K, 1959. A revised host index of Mississippi plant diseases[J]. Mississippi State University, Botany Department Miscellaneous Publication, 1: 1–146.

PEARCE C A, REDDELL P, HYDE K D, 2000. A member of the *Phyllachora shiraiana* complex (Ascomycota) on *Bambusa arnhemica*: a new record for Australia[J]. Australasian Plant Pathology, 29(3): 205–210.

PHOOKAMSAK R, LIU J K, MANAMGODA D S, et al，2014. Epitypification of Two Bambusicolous Fungi from Thailand[J]. Cryptogamie, Mycologie, 35(3): 239–256.

PHOOKAMSAK R, LU Y Z, HYDE K D, et al，2018. Phylogenetic characterization of two novel *Kamalomyces* species in Tubeufiaceae (Tubeufiales)[J]. Mycological Progress, 17(5): 647–660.

PHOOKAMSAK R, NORPHANPHOUN C, TANAKA K, et al，2015. Towards a natural classification of *Astrosphaeriella*-like species; introducing Astrosphaeriellaceae and Pseudoastrosphaeriellaceae fam. nov. and *Astrosphaeriellopsis*, gen. nov.[J]. Fungal Diversity, 74(1): 143–197.

Saccardo P A, 1908. Notae mycologicae[J]. Annales Mycologici, 6: 553–599.

SANOAMUANG N, JITJAK W, RODTONG S, et al，2013. *Gelatinomyces siamensis* gen. sp. nov. (Ascomycota, Leotiomycetes, incertae sedis) on bamboo in Thailand[J]. IMA Fungus, 4(1): 71–87.

SATO G, TANAKA K, HOSOYA T, 2008. Bambusicolous fungi in Japan (8): a new species of *Pseudolachnella* from Yakushima Island, southern Japan[J]. Mycoscience, 49(6): 392–394.

SATO T, MORIWAKI J, UZUHASHI S, et al，2012. Molecular phylogenetic analyses and morphological re-examination of strains belonging to three rare *Colletotrichum* species in Japan[J]. Microbiology and Culture Collections, 28: 121–134.

SENANAYAKE I C, MAHARACHCHIKUMBURA S S N, HYDE K D, et al，2015. Towards unraveling relationships in Xylariomycetidae (Sordariomycetes)[J]. Fungal Diversity, 73(1): 73–144.

SHENOY B D, JEEWON R, HYDE K D, 2005. *Oxydothis bambusicola*, a new ascomycete with a huge subapical ascal ring found on bamboo in Hong Kong[J]. Nova Hedwigia, 80(3–4): 511–518.

SHIROUZU T, HARADA Y, 2004. Bambusicolous fungi in Japan (2): *Phialosporostilbe gregariclava*, a new anamorphic fungus from *Sasa*[J]. Mycoscience, 45(6): 390–394.

SUWANNASAI N, RODTONG S, THIENHIRUN S, et al. 2005. New species and phylogenetic relationships of *Hypoxylon* species found in Thailand inferred from the internal transcribed spacer regions of ribosomal DNA sequences[J]. Mycotaxon, 94: 303–324.

TANAKA K, HARADA Y, BARR M E, 2005. Bambusicolous fungi in Japan (3): a new combination, *Kalmusia scabrispora*[J]. Mycoscience, 46(2): 110–113.

TANAKA K, HARADA Y, 2004. Bambusicolous fungi in Japan (1): four *Phaeosphaeria species*[J]. Mycoscience, 45(6): 377–382.

TANAKA K, HARADA Y, 2005. Bambusicolous fungi in Japan (4): a new combination, Astrosphaeriella aggregata[J]. Mycoscience, 46(2): 114–118.

TANAKA K, HARADA Y, 2003. Pleosporales in Japan (1): the genus *Lophiostoma*[J]. Mycoscience, 44(2): 115–121.

TANAKA K, HIRAYAMA K, YONEZAWA H, et al，2009. Molecular taxonomy of bambusicolous fungi: Tetraplosphaeriaceae, a new pleosporalean family with *Tetraploa*-like anamorphs[J]. Studies in Mycology, 64: 175–209.

TANAKA K, HIRAYAMA K, YONEZAWA H, et al，2015. Revision of the Massarineae (Pleosporales, Dothideomycetes) [J]. Studies in Mycology, 82(1): 75–136.

VERMA RK, SHARMA N, SONI KK, et al，2008. Forest fungi of central India[M]. Lucknow: International Book Distributing Company.

WANG Q T, LIU F, HOU C L, et al，2021. Species of Colletotrichum on bamboos from China[J]. Mycologia, 113(2): 450–458.

YANG C, BARAL H O, XU X, et al，2019. *Parakarstenia phyllostachydis*, a new genus and species of non-lichenized Odontotremataceae (Ostropales, Ascomycota) [J]. Mycological Progress, 18(6): 833–845.

YANG C L, XU X L, LIU Y G, 2019. Two new species of Bambusicola (Bambusicolaceae, Pleosporales) on Phyllostachys heteroclada from Sichuan, China[J]. Nova Hedwigia, 108(3-4): 527–545.

ZENG Z Q, ZHUANG W Y, 2017. Eight new combinations of Bionectriaceae and Nectriaceae[J]. Mycosystema, 36: 278–281.

ZHANG J F, LIU J K, HYDE K D, et al，2016. *Ligninsphaeria jonesii* gen. et. sp. nov., a remarkable bamboo inhabiting ascomycete[J]. Phytotaxa, 247(2): 109.

ZHANG M, WU H Y, WANG Z Y, 2010. Taxonomic studies of *Helminthosporium* from China 5. Two new species from Hunan and Sichuan Province[J]. Mycotaxon, 113(1): 95–99.

ZHAO K N, YIN G H, ZHAO G Z, et al，2013. *Embryonispora*, a new genus of hyphomycetes from China[J]. Mycotaxon, 126(1): 77–81.

ZHOU D Q, CAI L, HYDE K D, 2003. *Astrosphaeriella* and *Roussoella* species on bamboo from Hong Kong and Yunnan, China, including a new species of *Roussoella*[J]. Cryptogamie Mycologie, 24: 191–197.

ZHOU D Q, HYDE K D, WU X L, 2001. New records of *Ellisembia*, Penzigomyces, Sporidesmium and Repetophragma species on bamboo from China[J]. Acta Botanica Yunnanica, 23:45–51.

Zhuang W Y, Guo L, Guo S Y, et al，2001. Higher Fungi of Tropical China[M]. US: Mycotaxon Ltd.